Einführung
in die
Markscheidekunde

mit besonderer Berücksichtigung des
Steinkohlenbergbaues

Von

Dr. L. Mintrop
Leiter der berggewerkschaftlichen Markscheiderei
ord. Lehrer an der Bergschule zu Bochum

Zweite, verbesserte Auflage
Manuldruck 1923

Mit 191 Figuren und 5 mehrfarbigen Tafeln in Steindruck

Springer-Verlag Berlin Heidelberg GmbH

Additional material to this book can be downloaded from http://extras.springer.com

ISBN 978-3-662-30288-0   ISBN 978-3-662-30321-4 (eBook)
DOI 10.1007/978-3-662-30321-4

Softcover reprint of the hardcover 2nd edition 1923

Vorwort zur ersten Auflage.

Zu der Abfassung des vorliegenden Buches bin ich veranlaßt worden durch das mir in meinem Lehramt entgegengetretene Bedürfnis nach einem Werke, das geeignet ist, die angehenden technischen Grubenbeamten so weit in die Markscheidekunde einzuführen, als es für ihre späteren Stellungen notwendig oder wünschenswert erscheint. Der hierdurch gekennzeichnete Zweck des Buches bestimmte die Auswahl und die Behandlung des Stoffes, wobei naturgemäß besondere Rücksicht auf die Verhältnisse im Rheinisch-Westfälischen Steinkohlenbezirk genommen wurde. Es kommt diese Beschränkung außer in vielen Messungsbeispielen vor allem in dem Abschnitt über die Grubenbilder und in den farbigen Tafeln zum Ausdruck, auf denen die verschiedenen Rißarten des Grubenbildes im Oberbergamtsbezirk Dortmund dargestellt sind. Auf die Beifügung und die farbige Ausführung dieser Tafeln wurde besonderer Wert gelegt, weil das Verständnis des Grubenbildes für den technischen Grubenbeamten das Wichtigste aus der Markscheidekunde ist. Eine gründliche Kenntnis der Rißarten setzt aber bis zu einem gewissen Grade auch das Verständnis der Unterlagen, insbesondere der Messungen und Berechnungen voraus, auf denen die bildlichen Darstellungen beruhen. Dementsprechend waren auch die hauptsächlichsten Geräte und Meßverfahren zu behandeln, um so mehr, als von den technischen Grubenbeamten verlangt wird, daß sie kleinere markscheiderische Messungen ausführen und einfache Aufgaben lösen können. Mit Rücksicht hierauf sind in dem letzten Abschnitt die am häufigsten vorkommenden Aufgaben durch Figuren und Beispiele ausführlich erläutert worden.

Wenn das Buch umfangreicher ist, als es für seinen oben ausgesprochenen Zweck auf den ersten Blick notwendig erscheinen mag, so liegt der Grund dafür einmal in der Notwendigkeit, einen einigermaßen vollständigen Überblick über die Grundzüge der Markscheidekunde zu bieten und ferner in der Ausstattung des Buches mit zahlreichen Figuren und ausführlichen Messungs- und Berechnungsbeispielen. Die einzelnen Absätze sind jedoch kurz und soviel als möglich so abgefaßt worden, daß dem jeweiligen Bedürfnis entsprechend eine Auswahl unter ihnen getroffen werden kann. Das Buch wendet sich also in erster Linie an alle, die einen Einblick in die Markscheidekunde tun wollen, jedoch werden auch die angehenden Markscheider und die Markscheidergehilfen manches Wissenswerte darin finden, worüber eine zusammenfassende Darstellung bisher nicht geboten worden ist.

Der Westfälischen Berggewerkschaftskasse, die ihre Zeichenkräfte zur Verfügung stellte, sei auch an dieser Stelle bestens gedankt. Die Zeichnungen zu den Figuren und Tafeln sind nach Entwürfen des Verfassers durch den berggewerkschaftlichen Zeichner Herrn Fr. Gries angefertigt worden.

Den Herren Markscheidern G. Schulte und W. Löhr danke ich herzlichst für ihre tatkräftige Unterstützung beim Lesen der Druckbogen.

Bochum, im Mai 1912.

Mintrop.

Vorwort zur zweiten Auflage.

Die günstige Aufnahme und der schnelle Absatz der ersten Auflage des Buches beweisen am besten das Bedürfnis, für das es geschrieben worden ist. Auch in Kriegszeiten ist die Nachfrage nicht erloschen, so daß ich mich zu einer neuen Auflage entschließen mußte, deren Bearbeitung ich lieber auf friedliche Zeiten verschoben hätte. Da aber weder in den Besprechungen der ersten Auflage noch während ihrer Erprobung im Unterricht von meinen Amtsgenossen und mir wesentliche Mängel des Buches festgestellt worden sind, so wird auch die neue Auflage ohne wesentliche Änderungen bestehen können. Es war mir aber möglich, das Buch gründlich durchzusehen. Dabei habe ich besonderen Wert auf die Ausschaltung von Fremdwörtern gelegt, an denen die vermessungskundlichen Bücher durchweg ebenso reich sind, wie unsere ganze wissenschaftliche Welt. Abgesehen vom vaterländischen Standpunkte führte mich dazu die in langjährigem Unterricht gefestigte Überzeugung, daß den Schülern das Verständnis des Dargebotenen durch entbehrliche Fremdwörter vielfach sehr erschwert wird. Von dem Ersatz einiger Fremdwörter in den Figuren durch deutsche Ausdrücke, der eine Änderung der Bildstöcke bedingt hätte, wurde zunächst abgesehen.

Im Felde, September 1916.

Mintrop.

Inhaltsverzeichnis.

Einleitung.

Gegenstand der Markscheidekunde. Die Markscheidekunde umfaßt die Lehre von der Vermessung und bildlichen Darstellung der Grubenfelder und Grubenbaue. Sie lehrt insbesondere die Herstellung des Grubenbildes, d. h. eines Kartenwerkes, das die Feldesgrenzen oder „Markscheiden", die Tagesanlagen und sämtliche unterirdischen Strekken und Abbaufelder enthält. Das Grubenbild ist die unentbehrliche Grundlage für die Aufstellung und Durchführung des Betriebsplanes und dessen Überwachung durch die Bergbehörde.

Soweit die markscheiderischen Messungen die Darstellung der Tagesoberfläche zum Ziele haben, gehören sie in das Gebiet der allgemeinen Landmessung. Zu den Messungen unter Tage werden Geräte und Verfahren angewendet, die der Markscheidekunde allein eigentümlich sind. Es empfiehlt sich daher, zunächst die Grundlagen der allgemeinen Landmessung zu besprechen und dann auf die markscheiderischen Messungen und Berechnungen einzugehen.

Allgemeines über die Ortbestimmung auf der Erde.

1. Der Horizont. In der Ebene erscheint die Erdoberfläche als eine weitausgedehnte Fläche, auf der das Himmelgewölbe in einem großen Kreise aufsetzt. Man nennt diesen Gesichtkreis scheinbaren Horizont. Die Ebene, die sich ringsum ausbreitet, heißt Horizontalebene. In den meisten Fällen ist die Horizontalebene durch Erhebungen und Vertiefungen der Erdoberfläche unterbrochen; man bezieht deshalb alle Messungen auf die Horizontalebene durch den Beobachtungspunkt, auf dessen Lotlinie sie senkrecht steht.

2. Erdkrümmung und Kugelgestalt der Erde. Schreitet ein Beobachter von einem Punkte der Erdoberfläche aus weiter, so tauchen vor ihm allmählich neue Gebiete auf, während andere hinter ihm unter dem scheinbaren Horizont verschwinden. Aus dieser Tatsache ist zu schließen, daß die Erdoberfläche auch abgesehen von Berg und Tal gekrümmt ist. Am deutlichsten fällt die Krümmung am Meere auf, indem von einem ausfahrenden Schiffe zunächst der Rumpf und erst allmählich der Mast verschwindet (Fig. 1). Bei der Annäherung eines Schiffes beobachtet man die umgekehrte Erscheinung. Da die Schnelligkeit

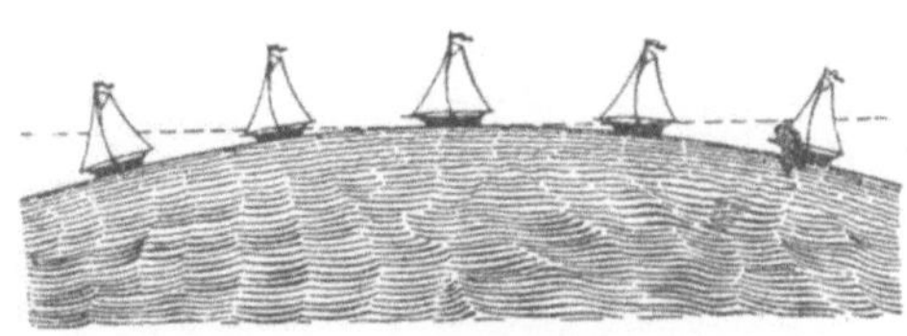

Fig. 1. Kugelgestalt der Erde.

des Auftauchens oder Verschwindens nach allen Richtungen gleich ist, so folgt daraus, daß die Meeroberfläche nach allen Seiten gleichmäßig gekrümmt ist. Die Meerfläche stellt eine Kugeloberfläche dar. Auf dem Festlande ist die Kugelgestalt der Erde wegen der Verzerrung durch Berg und Tal schwerer zu erkennen. Sie bewirkt jedoch, daß der Halbmesser des Gesichtkreises eines Beobachters, dessen Auge sich z. B. 1,6 m über dem Boden befindet, in einer Ebene nur $4^1/_2$ km beträgt. Infolge der Erdkrümmung kann man z. B. auch nicht durch den 20 km langen Simplontunnel sehen (Fig. 2).

Fig. 2. Einfluß der Erdkrümmung in einem Tunnel.

3. Die Größenverhältnisse der Erde. Der Halbmesser der Erdkugel beträgt im Mittel 6370 km, ihr Umfang $2\,\pi \cdot 6370 =$ rd. 40 000 km. Die Erdoberfläche umfaßt 510 000 000 qkm, der Kubikinhalt beträgt 1 080 000 000 000 = rd. 1 Billion ckm.

Zwei Drittel der Oberfläche sind von Wasser bedeckt.

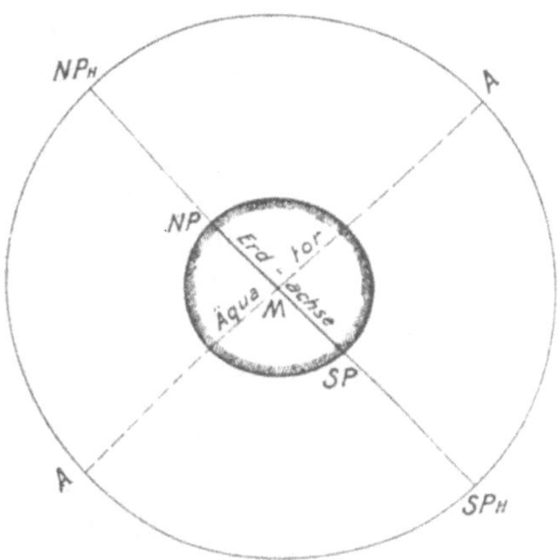

Fig. 3. Erdachse und Gleicher (Äquator).

4. Die Umdrehung der Erde. Im Laufe eines Tages, genauer in 23 Stunden 56 Minuten 4 Sekunden, dreht sich die Erdkugel einmal um sich selbst. Die Umdrehungachse, Erdachse, durchstößt die Erdoberfläche im Nordpol und im Südpol (NP und SP Fig. 3). In der

Verlängerung der Erdachse liegen am Himmelgewölbe die entsprechenden Himmelpole (NP$_H$ und SP$_H$). Die Lage der Erd- und Himmelpole ist unveränderlich, abgesehen von ganz geringen, nur mit den feinsten himmelkundlichen Geräten wahrnehmbaren Schwankungen, deren Ursache in kleinen Verlagerungen der Erdachse infolge der kreiselförmigen Erddrehung liegt.

Die Ebene, die im Erdmittelpunkt senkrecht auf der Erdachse steht, schneidet die Erdoberfläche in einem größten Kreise, dem Gleicher (Fig. 3). Er teilt die Erde in zwei gleiche Teile, in die nördliche und die südliche Halbkugel. Dehnt man die Gleicherebene bis zum Schnitt mit dem Himmelgewölbe aus, so erhält man den Himmelgleicher, durch den der Sternhimmel in eine nördliche und eine südliche Hälfte zerlegt wird.

Am Gleicher ist die Umfanggeschwindigkeit der Erde am größten und zwar $= \dfrac{40\,000\,000}{24\,.\,60\,.\,60} = 464$ m/sek. Trotzdem die schnelle Drehung von allen Gegenständen und Lebewesen an der Erdoberfläche und in der Tiefe mitgemacht wird, empfindet man sie nicht, weil die Anziehungkraft der Erde bedeutend größer ist als die bei der Umdrehung auftretende Fliehkraft.

Mit dem Foucaultschen Pendelversuch läßt sich die Umdrehung der Erde unmittelbar beweisen. Hängt man nämlich einen schweren Körper an einem langen dünnen Faden auf und versetzt ein solches Pendel in Schwingungen, so behält die Schwingungebene ihre Richtung bei, während die Erde sich unter ihr weiterdreht (Fig. 4). An den Polen beträgt die Drehung in 24 Stunden 360°, am Äquator ist sie gleich Null.

Ein anderer Versuch beruht auf der oben erwähnten gleichzeitigen Wirkung von Anziehung- und Fliehkraft. Je weiter ein

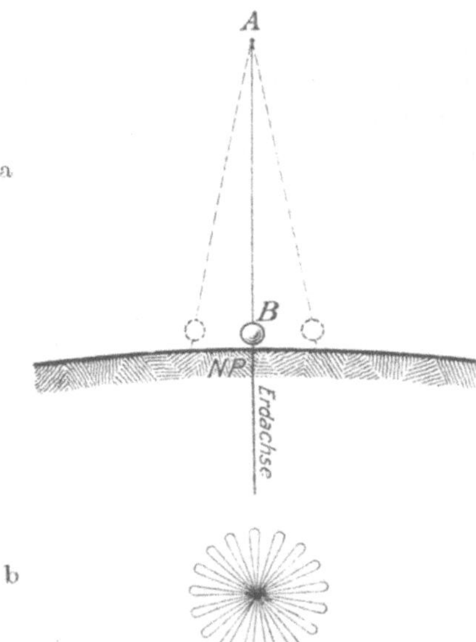

Fig. 4. Nachweis der Erddrehung durch den Foucaultschen Pendelversuch.
a) Lotschnitt durch die Schwingungebene des Pendels.
b) Grundriß der Schwingungfigur.

Punkt vom Erdmittelpunkte entfernt ist, desto größer ist seine Umfanggeschwindigkeit. Läßt man also einen schweren Gegenstand, etwa eine

Bleikugel, in einem Schacht herunterfallen, so eilt er infolge der größeren Umfanggeschwindigkeit im Beginn der Fallbewegung in der Richtung der Erddrehung, d. h. von West nach Ost, voraus. Der Aufschlag-punkt liegt also nicht lotrecht unter dem Ausgangpunkte; die Abweichung beträgt bei einer Fallhöhe von 150 m bereits 3 cm.

5. Die Abplattung der Erde. Eine Folge der Erddrehung ist die Abplattung an den Polen. Da die Fliehkraft am Gleicher am größten ist und nach den Polen hin bis auf Null herabsinkt, so treten die Erd-massen in der Nähe des Gleichers aus der Kugelform hervor und bilden einen wulstartigen Gürtel. Die Erde nimmt dadurch die Gestalt eines Umdrehungellipsoids an mit den Halbachsen a = 6378 km (Gleicher-halbmesser) und b = 6357 km (halbe Erdachse, Fig. 5). Das Abplat-tungverhältnis $\dfrac{a-b}{a}$ ist ungefähr gleich $^1/_{300}$, genauer $^1/_{297}$. Bei vielen Berechnungen kann die Abplattung vernachlässigt und die Erde als eine vollkommene Kugel angesehen werden. Anderseits werden bei den feinsten Messungen, welche die Unterlage für die Darstellung großer Länder bil-den, noch die kleinen Abweichun-gen der wahren Gestalt der Erd-oberfläche von der Form des Umdrehungellipsoids berücksich-tigt. Man nennt die tatsäch-liche Gestalt der Erde „Geoid" und versteht darunter die unter dem Festlande fortgesetzt ge-dachte Oberfläche der ruhenden Meere.

Es gibt verschiedene Ver-fahren zur Ermittlung der Erd-gestalt, z. B. die Messung der

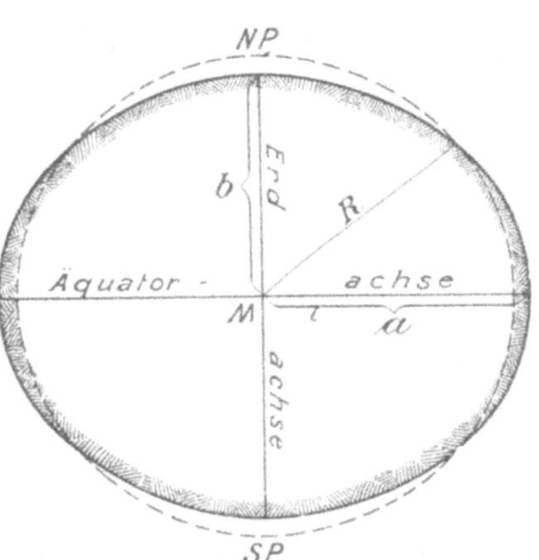

Fig. 5. Abplattung der Erdkugel.

Anziehungkraft (Erdbeschleunigung) mittels Pendelbeobachtungen. Am Gleicher schwingt ein Pendel langsamer als an den Polen, weil es wegen der größeren Entfernung vom Erdmittelpunkt und der größeren Fliehkraft schwächer angezogen wird. Ähnlich verhält es sich an allen Punkten der Erdoberfläche zwischen dem Gleicher und den Polen.

6. Die Lotrichtung. Die Richtung der Schwerkraft ist für jeden Punkt der Erdoberfläche verschieden. Sie läßt sich durch die Rich-tung eines freihängenden Lotfadens verkörpern. Sämtliche Lotrich-tungen laufen annähernd im Erdmittelpunkte zusammen; es würde genau zutreffen, wenn die Erde eine vollkommene Kugel wäre.

Die Neigungen der Lotrichtungen gegeneinander, die Lotkonvergenzen, bewirken, daß die wagerechte Entfernung von zwei Punkten in verschiedenen Entfernungen vom Erdmittelpunkte ungleich ist. Bei größeren markscheiderischen Messungen ist diese Erscheinung leicht zu beobachten. Verbindet man z. B. zwei Schächte, deren Abstand über Tage genau 3000,00 m beträgt, durch eine fehlerfreie Messung in 1000 m Teufe und Lote in den Schächten, so beträgt die Länge unter Tage nur noch 2999,53 m; sie ist infolge der Neigung der beiden Lotrichtungen gegeneinander 47 cm kürzer als über Tage. Die Neigung

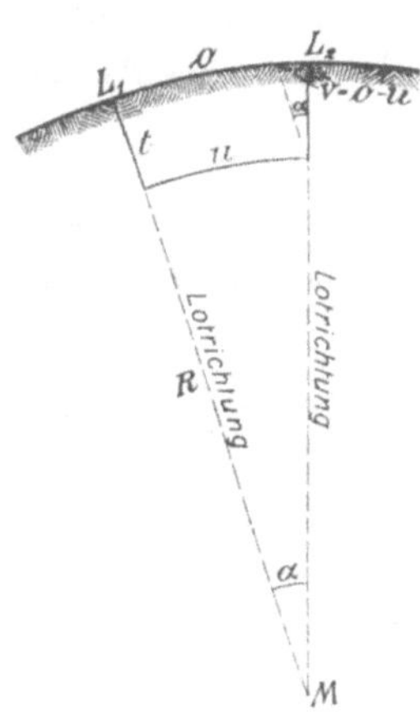

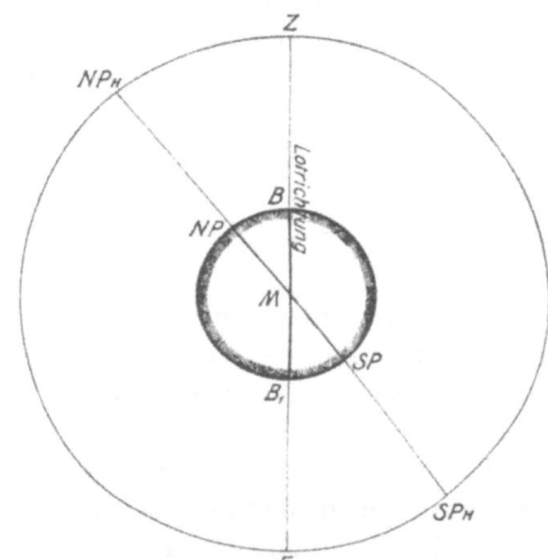

Fig. 6. Lotneigung.   Fig. 7. Vier Hauptpunkte auf der Erde und am Himmelgewölbe.

der Lotrichtungen und die Verkürzung der Verbindunglinie infolge der Lotneigung lassen sich im voraus berechnen. In der Figur 6 seien $L_1 M$ und $L_2 M$ die beiden Lotrichtungen, α ihr Neigungwinkel, o die Entfernung der Lote über Tage, u in der Teufe t, und R der Erdhalbmesser. Dann bestehen die Beziehungen:

$$\frac{\alpha}{360^0} = \frac{o}{2\pi R}, \quad \text{daraus} \quad \alpha = \frac{o}{R} \cdot \frac{180^0}{\pi} = \frac{o}{R} \cdot 57{,}3^0$$

und

$$\frac{o-u}{o} = \frac{t}{R}, \quad \text{daraus} \quad o-u = v = \frac{o\,t}{R}.$$

Da alle Lotrichtungen nach der Teufe zusammenlaufen, so werden auch die an der Tagesoberfläche vermessenen Grubenfelder mit dem Fortschreiten des Bergbaues in die Tiefe kleiner. Ein Feld von 2200000 qm ist bei quadratischem Grundriß in 1000 m Teufe aber immerhin noch

2 199 300 qm groß, die Abnahme beträgt nur 700 qm oder 0,03%. Im Erdmittelpunkte selbst fallen alle Felder in einem Punkte zusammen. Die Abhängigkeit der Länge einer Linie oder der Größe einer Fläche von ihrer Höhenlage nötigt zur Einführung einer bestimmten Vermessungebene; als solche gilt die Meeresfläche.

Verlängert man die Lotlinie eines Beobachtungpunktes (B in der Fig. 7) nach oben bis zum Durchstoß des Himmelgewölbes, so erhält man den Scheitelpunkt oder das Zenit Z; die untere Verlängerung der Lotrichtung geht durch den Erdmittelpunkt M, durchstößt dann die gegenüberliegende Erdoberfläche in dem Gegenpunkt oder Antipodenpunkt B_1 (Antipoden = Gegenfüßler) und trifft das Himmelgewölbe im Fußpunkte oder Nadir F.

7. Die Nord-Süd-Richtung oder der Stern-Meridian. Die vier Punkte B, NP, B_1, SP auf der Erde oder die entsprechenden Punkte Z, NP_H, F, SP_H am Himmelgewölbe (Fig. 7) liegen auf einem Kreise, dessen Ebene die Welt in eine östliche und eine westliche Hälfte trennt. Man nennt den Kreis Meridiankreis, die Ebene Meridianebene; letztere steht im Beobachtungpunkte lotrecht und geht durch den Erdmittelpunkt. Da der Beobachter B seinen Standpunkt auf der Erdoberfläche beliebig wechseln kann, so gibt es unendlich viele Meridiankreise, die aber sämtlich in den unveränderlichen Erd- oder Weltpolen zusammenlaufen.

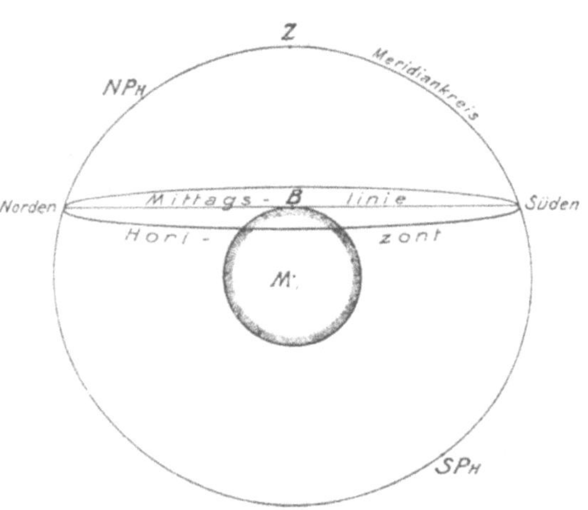

Fig. 8. Mittaglinie oder Meridian.

Die Schnittlinie der Meridianebene mit dem scheinbaren Horizont des Beobachtungortes ergibt die Nord-Süd-Linie oder Mittaglinie (Fig. 8), auch Meridian genannt. Die Bezeichnung Mittaglinie rührt von der Erscheinung her, daß die Sonne gegen Mittag quer durch die Meridianebene geht; sie steht dann gerade über dem Südpunkte des Horizontes.

8. Die Einteilung des Horizontes. Der Horizont wird durch die Nord-Süd-Linie in zwei Hälften geteilt, von denen diejenige, in der Sonne, Mond und Sterne aufgehen, die östliche, die Untergangseite die

westliche genannt werden. Am 21. März und 23. September geht die
Sonne gerade in der Mitte der östlichen Hälfte, in dem Ostpunkte, auf

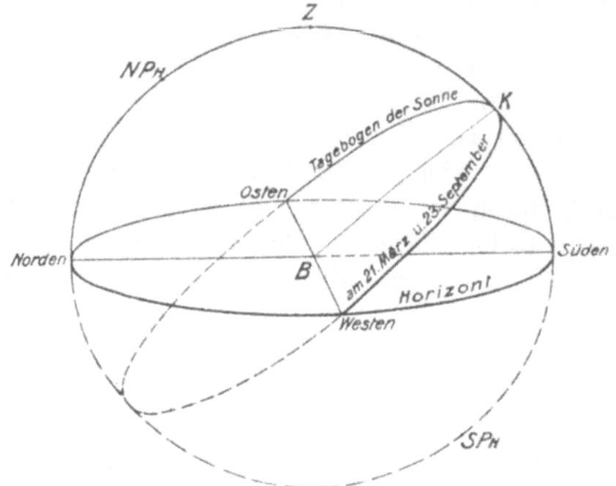

Fig. 9. Osten und Westen.

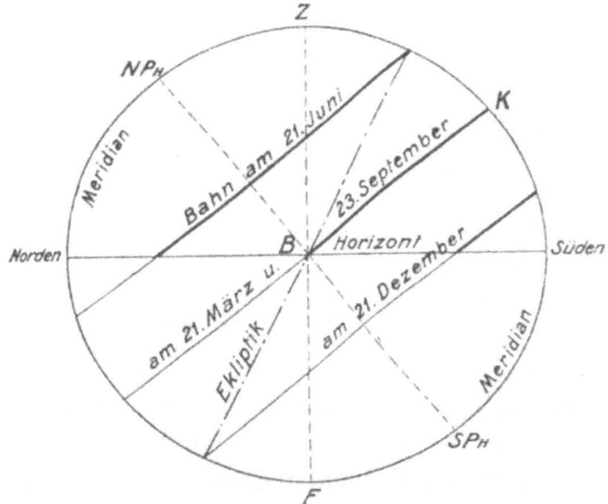

Fig. 10. Bahn der Sonne oder Tag und Nacht in den
verschiedenen Jahreszeiten.

und in der Mitte der westlichen Hälfte, in dem Westpunkte, unter. Sie
steht demnach gerade 12 Stunden über dem Horizont und 12 Stunden
unter demselben, es ist die Zeit der Tag- und Nachtgleichen (Fig. 9).
    Bis zum 21. Juni rücken Aufgang- und Untergangpunkt der
Sonne immer weiter nach Norden hin, der Tagebogen wird größer, der
Nachtbogen kleiner. Am 21. Juni, dem längsten Tage des Jahres, steht

die Sonne am höchsten; dann kehrt sie in der Bahn der Ekliptik scheinbar um, erreicht am 23. September wieder die Ost- und Westpunkte und sinkt bis zum 21. Dezember in ihre tiefste Stellung; der Tag ist dann am kürzesten, die Nacht am längsten (Fig. 10).

Hauptrichtungen im Horizont. Die vier Punkte: Nord, Ost,

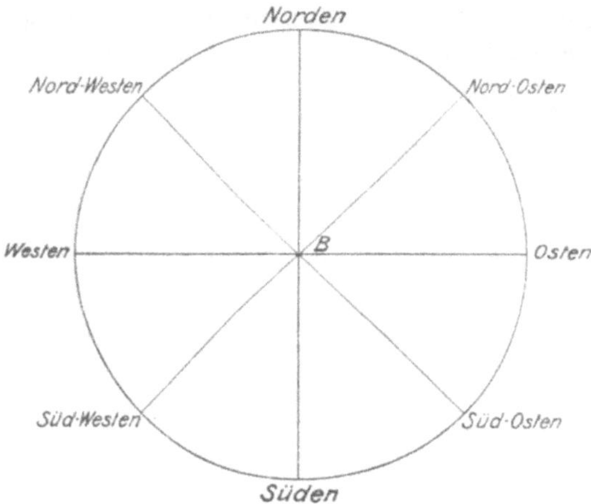

Fig. 11. Haupthimmelrichtungen.

Süd und West sind die vier Hauptpunkte am Horizont. Durch die vier Hauptrichtungen: Norden, Osten, Süden, Westen wird die Ebene des Horizontes in vier Teile, Quadranten, zerlegt. Teilt man diese, so entstehen die vier neuen Himmelrichtungen: Nord-Osten = NO, Süd-Osten = SO, Süd-Westen = SW, Nord-Westen = NW (Fig. 11).

Windrose. Bei weiterer Teilung entsteht die 16 teilige Windrose (Fig. 12), so benannt nach der Angabe der Windrichtungen. Die Zwischenrichtungen lauten:

Nord-Nord-Ost   = NNO
Ost-Nord-Ost   = ONO
Ost-Süd-Ost   = OSO
Süd-Süd-Ost   = SSO
Süd-Süd-West   = SSW
West-Süd-West = WSW
West-Nord-West = WNW
Nord-Nord-West = NNW.

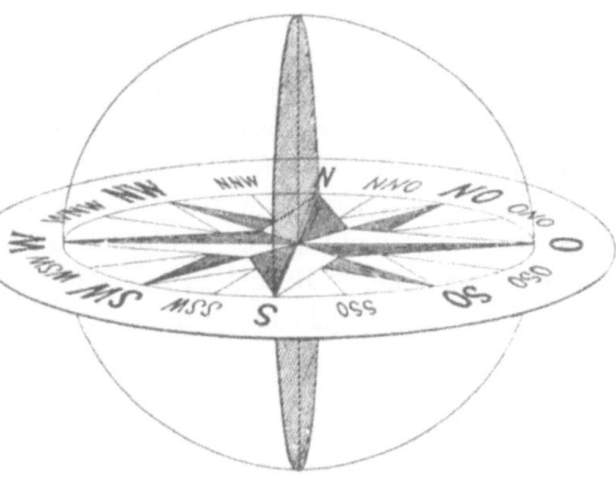

Fig. 12. Windrose.

Kompaßrose. Teilt man die 16 Winkel der Windrose abermals, so entsteht die vom Seefahrer benutzte Kompaßrose mit 32 Richtungen.

9. Die Winkelteilung im Horizont. Der Nordwinkel. Statt den Umkreis des Horizontes durch fortgesetztes Zweiteilen zu zerlegen, teilt man ihn auch wie den Kreis in 360 gleiche Teile oder Grade, so daß jeder Viertelkreis 90⁰ enthält. Jeder Grad wird in 60 Bogenminuten (60′), jede Bogenminute in 60 Bogensekunden (60″) untergeteilt. Ein Vollkreis hat demnach 360 × 60 × 60 = 1 296 000 Bogensekunden.

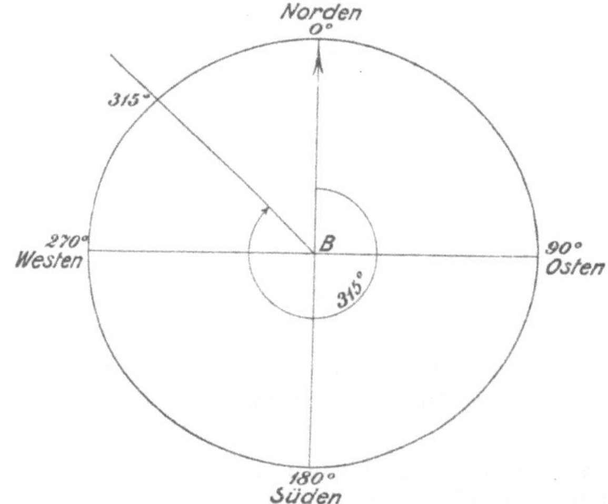

Fig. 13. Nordwinkel.

Die Zählung der Grade im Horizont beginnt mit 0⁰ im Norden und läuft rechtsinnig über Osten (90⁰), Süden (180⁰), Westen (270⁰) nach Norden (360⁰ ≡ 0⁰) zurück.

Nordwinkel. Der Winkel, den eine beliebige Richtung in der Horizontalebene mit der Nordrichtung bildet, heißt Nordwinkel. Eine Linie, die genau nach Osten gerichtet ist, hat also den Nordwinkel 90⁰, eine genau nach Westen führende 270⁰, nach Nordwesten 315⁰ usw. (Fig. 13). Die Nordrichtung oder der Meridian hat den Nordwinkel 0°.

10. Die Einteilung der Erdkugel. Breiten- und Längenkreise. Der Gleicher teilt die Erdkugel in eine nördliche und eine südliche Hälfte. Jede dieser beiden Halbkugeln wird durch beliebig viele zum Gleicher parallele Kreise in einzelne Abschnitte zerlegt. Die Abstände dieser Parallel- oder Breitenkreise werden im Winkelmaß angegeben; man zählt den Winkel, den die Lotlinie des Beobachtungpunktes mit dem Halbmesser des Gleichers bildet (Fig. 16). Der Gleicher hat die Breite 0⁰, von da aus zählt man nach Norden positiv bis +90⁰

im Nordpol und nach Süden negativ bis —90⁰ im Südpol (Fig. 14).
Jeder Punkt der Erdoberfläche hat demnach eine ganz bestimmte geographische Breite, Bochum z. B. $+ 51^1/_2{}^0$, d. h. der auf dem Mittagkreise gemessene Abstand vom Gleicher bis Bochum beträgt im Winkelmaß $51^1/_2{}^0$. Da nun der Umfang der Erde 40 000 km beträgt, so entsprechen 1^0 Breitenunterschied $\frac{10\,000}{360} = 111$ km. Die Entfernung Bochums vom Gleicher beträgt demnach im Längenmaß $51^1/_2 \times 111 = 5700$ km.

Der Winkel von $51^1/_2{}^0$ ist übrigens derselbe, unter dem man in Bochum den Nordpol des Himmels sehen würde, wenn derselbe überhaupt sichtbar wäre. Man nennt die Breite darum auch Polhöhe. In der Nähe des nördlichen Himmelpoles steht der Polarstern, der ungefähr unter dem Winkel der Breite erscheint.

Außer dem Gleicher sind zwei Breitenkreise von besonderer Bedeutung, auf der nördlichen Halbkugel der Wendekreis des Krebses und auf der südlichen

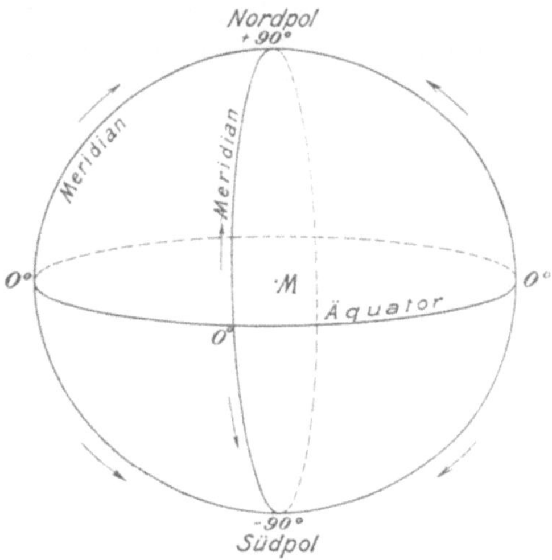

Fig. 14. Zählung der Breiten.

der Wendekreis des Steinbocks, beide in $23^1/_2{}^0$ Abstand vom Gleicher. Sie schließen die heiße Zone ein, die alle Orte der Erde umfaßt, über denen die Sonne im Laufe des Jahres zweimal senkrecht steht.

Die Meridiankreise, die sämtlich durch die beiden Pole gehen, stehen senkrecht auf dem Gleicher. Es gibt unter ihnen keinen von der Natur besonders ausgezeichneten Kreis, der als Nullkreis für die Zählung in Betracht käme. Infolgedessen bleibt die Wahl eines bestimmten Meridians zum Nullmeridian der freien Vereinbarung überlassen. Bei der Preußischen Landesvermessung rechnet man vom Meridian der Berliner Sternwarte aus, $31^0\ 3'\ 41{,}5''$ östlich vom Meridian von Ferro. Im Weltverkehr gilt der Meridian von Greenwich bei London als Nullmeridian.

Von diesem Nullmeridian, der die Erdkugel in eine östliche und eine westliche Hälfte teilt, rechnet man die Längen nach Osten bis $+180^0$ und nach Westen bis $—180^0$. Demnach fallen die Längenkreise $+180^0$ und -180^0 zusammen. Auf ihnen findet ein Datumswechsel statt.

Durch die Längen- und Breitenkreise wird die Erdkugel mit einem Liniennetz überspannt (Fig. 15), in dem die Lage eines beliebigen Punktes der Erdoberfläche bestimmt werden kann. Man nennt ein solches Liniennetz „Koordinatennetz", die Längen und Breiten bilden die Erdkoordinaten, die mit den griechischen Buchstaben λ (sprich: lambda) und φ (phi) bezeichnet werden. [Die Bezeichnung Länge und Breite rührt von der Anschauung der alten Griechen her, nach der die „Erdscheibe" in der Ost-West-Richtung doppelt so lang war als in der Nord-Süd-Richtung.]

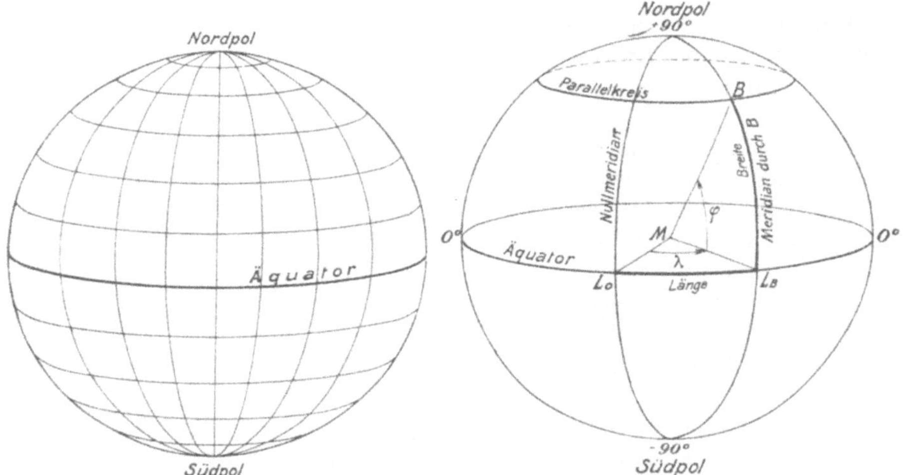

Fig. 15. Längen- und Breitenkreise.   Fig. 16. Erdkoordinaten.

Durch die Angabe der Koordinaten ist die Lage eines Punktes unzweideutig bestimmt (Fig. 16). Z. B. hat der Knopf auf dem Turm der Probsteikirche (alte Peter- und Paulkirche) in Bochum die Länge $\lambda = +7^0\,13'\,18{,}57''$ und die Breite $\varphi = +51^0\,29'\,1{,}45''$, sie liegt also um die genannten Beträge östlich von Greenwich und nördlich vom Gleicher.

Der Abstand von zwei benachbarten Längengraden wird nach den Polen hin immer kleiner; während er am Gleicher $= 111$ km ist, beträgt dieser Abstand in Deutschland nur noch 70 km.

11. Die Tageszeiten. An allen Punkten der Erde, die auf demselben Meridian liegen, also gleiche Länge haben, ist zu gleicher Zeit Mittag, an ihnen steht die Sonne in demselben Augenblick am höchsten. Die Sonne geht am Mittag durch den über dem

Horizont gelegenen südlichen Teil der Meridianebene, um Mitternacht durch den unteren, für uns nicht sichtbaren nördlichen Teil. Die Zeit, die zwischen zwei unteren Meridiandurchgängen der Sonne verfließt, ist ein bürgerlicher Tag; etwas kürzer ist ein Sterntag, der zwischen zwei gleichen Stellungen der Fixsterne liegt. Der bürgerliche Tag wird in 24 oder 2×12 Stunden eingeteilt, jede Stunde enthält 60 Minuten, jede Minute 60 Sekunden, der ganze Tag demnach $24 \times 60 \times 60 = 86\,400$ Zeitsekunden.

Zwei Orte, z. B. Berlin und Bochum, die ostwestlich zueinander liegen, haben verschiedene Tagzeiten. Da die Erde sich von Westen nach Osten dreht und Berlin östlich von Bochum liegt, so ist Berlin immer Bochum voraus. Von dem Augenblick an, in dem die Sonne in Berlin am höchsten steht, muß der Ort Bochum noch die Strecke Bochum-Berlin durcheilen, ehe die Sonne über ihm am höchsten steht. Während dieser Zeit eilt Berlin natürlich um das gleiche Stück weiter, die Sonne sinkt dort schon, wenn sie in Bochum noch steigt. Die Zeit, die zwischen dem Mittag in Berlin und dem Mittag in Bochum liegt, verhält sich nun zum ganzen Tage wie der Längenunterschied der beiden Orte zum Umfang eines Kreises. Zur Berechnung des Zeitunterschiedes muß man demnach den Längenunterschied der Orte kennen. Einer Stunde Zeitunterschied entsprechen $\dfrac{360^{0}}{24} = 15^{0}$ Längenunterschied, einer Minute 15′, einer Sekunde 15″. Umgekehrt ist 1^{0} Längenunterschied $= 4$ Minuten Zeitunterschied, 1′ $= 4$ Sekunden, 1″ $= {}^{1}/_{15}$ Sekunde. Nun liegen Berlin (Sternwarte) $13^{0}\,24'$, Bochum (Probsteikirche) $7^{0}\,13'$ östlich von Greenwich, der Längenunterschied der beiden Orte beträgt also $13^{0}\,24' - 7^{0}\,13' = 6^{0}\,11'$. Daraus berechnet sich der Zeitunterschied zu $6 \times 4^{\mathrm{m}} + 11 \times 4^{\mathrm{s}} = 24^{\mathrm{m}}\,44^{\mathrm{s}}$.

Wenn es also in Bochum genau Mittag ist, zeigt die Uhr in Berlin bereits 12 Uhr 24 Minuten 44 Sekunden. Ähnlich verhält es sich zwischen zwei andern Orten.

Früher stellte jedermann seine Uhr nach dem Sonnenstande des Wohnortes und rechnete nach „Ortszeit". Später wurden Zonenzeiten eingeführt, d. h. man vereinbarte, daß alle Orte, die innerhalb eines nordsüdlich verlaufenden Streifens von 15^{0} Längenunterschied liegen, gleiche Uhrzeit haben. Beim Übergang von einer Zone in eine benachbarte findet demnach ein Sprung von einer ganzen Stunde statt. Die Zeit des durch die Mitte der Zone gehenden Meridians gilt für die ganze Zone. Während also Zonenzeit und Ortszeit in der Mitte der Zone zusammenfallen, weichen sie an den Rändern um eine halbe Stunde voneinander ab.

Als Anfangmeridian für die Zonenzeiten ist wie bei der Längenzählung der Meridian von Greenwich gewählt worden. Die Zeit von

Greenwich wird Weltzeit genannt. $7^1/_2^0$ nach Westen und Osten von dem Nullmeridian reicht die erste Zone mit der westeuropäischen Zeit (W.E.Z.). Die östlich daran anschließende Zone mit dem 15^0 östlich von Greenwich durch Pommern führenden Meridian enthält die mitteleuropäische Zeit (M.E.Z.), die der westeuropäischen um eine Stunde voraus ist.

12. Allgemeines über Abbildungflächen und Koordinatennetze. Bei der Abbildung sehr kleiner Teile der Erdoberfläche auf einer Karte kann man die Erdkrümmung vernachlässigen, ohne merkliche Fehler zu begehen. Als Bildfläche tritt dann an die Stelle der Kugeloberfläche bzw. des Ellipsoids oder Geoids die Berührungebene im Beobachtungpunkte, die auf einem kleinen Gebiete sehr nahe mit der Kugelfläche zusammenfällt. Bei größeren Entfernungen als 10 km weicht die Kugelfläche der Erde aber schon merklich von der Berührungebene ab, so daß bei der Abbildung Verzerrungen entstehen. Bei der Vermessung großer Länder oder Erdteile macht sich auch die Abweichung der Erdoberfläche von einer Kugelfläche bemerkbar. Es ist eine Aufgabe der höheren Vermessungkunde, die Verfahren zu entwickeln, nach denen die Geoid- oder Ellipsoidfläche auf die Kugelfläche zurückgeführt und letztere wiederum auf eine Ebene bezogen werden kann. An dieser Stelle werden nur die in Preußen und besonders im Rheinisch-Westfälischen Steinkohlenbezirk für die Herstellung von Kartenwerken bestehenden Unterlagen beschrieben.

Wie bereits bei der Beschreibung der Erdkoordinaten gezeigt wurde, denkt man sich die Erdoberfläche durch Linien eingeteilt, die das Netz für die Kartenzeichnung bilden. Die Lage eines Punktes ist durch seine Länge und Breite, d. h. durch seine Erdkoordinaten bestimmt. Die Übersichtskarten 1 : 100 000 des Deutschen Reiches und die Meßtischblätter 1 : 25 000 der preußischen Landesaufnahme sind mit einem Netz von Erdkoordinaten versehen. Für die ins Einzelne gehenden Vermessungen und Darstellungen, z. B. beim Grubenbilde, eignen sich die Erdkoordinaten als Grundlage nicht, weil sie nicht mit der genügenden Genauigkeit bestimmt werden können. Aus den Abmessungen der Erde ergibt sich für 1^0 Breitenunterschied ein an der Erdoberfläche gemessener Abstand von 111 km, für $1'$ von 1850 m, für $1''$ von 31 m. Um also die Lage eines Punktes auf 1 cm genau zu erhalten, müßte die Breite auf $^1/_{3100}''$ genau bestimmt werden, was aber selbst mit den feinsten himmelkundlichen Geräten nicht zu erreichen ist. Das Netz der Koordinaten kann also nur sehr weitmaschig bleiben, man muß sich auf eine möglichst genaue Bestimmung weniger Punkte in einem großen Lande beschränken und zwischen ihnen andere Messungen anwenden.

13. Die Dreieckmessungen der Preußischen Landesaufnahme. Die Längen und Breiten, die von der trigonometrischen Abteilung der Königlich Preußischen Landesaufnahme veröffentlicht werden, stützen sich alle auf einen Ausgangspunkt, den im Anschluß an die Berliner Sternwarte bestimmten Dreieckpunkt Rauenberg bei Berlin. Im Anschluß an die Linie Rauenberg-Marienturm, deren Nordwinkel aus Sternmessungen abgeleitet wurde, ist ein zusammenhängendes Netz von Dreiecken I. Ordnung über das ganze Land gespannt worden. Als Eckpunkte der Dreiecke, deren Seiten 100 km erreichen, sind die Spitzen hoher fester Türme oder hervorragende Geländepunkte gewählt worden, an denen Steinsockel eingelassen und Signalbauten errichtet sind. Die Winkel zwischen den einzelnen Dreieckseiten werden mit sehr feinen Winkelmeßgeräten, Theodoliten, unmittelbar gemessen, während die Länge einer Dreieckseite mittelbar aus einer Grundlinienmessung, die der übrigen durch Rechnung ermittelt werden.

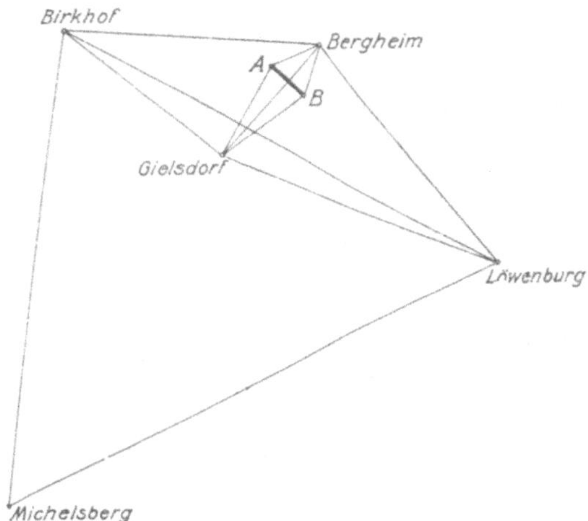

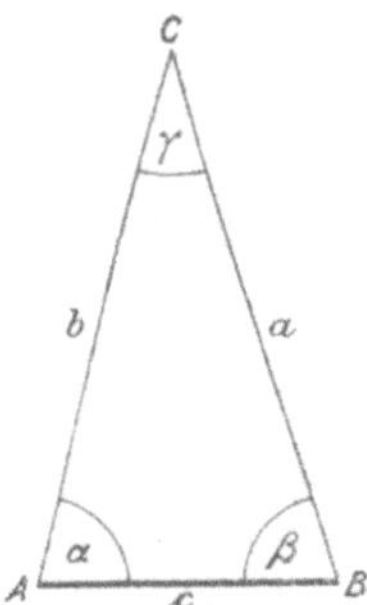

Fig. 17. Grund- liniendreieck.

Fig. 18. Ableitung einer großen Dreieckseite aus einer Grundlinie (Basis).

Grundlinienmessung. In der Figur 17 sei AB eine auf ebenem festen Gelände, z. B. einer geraden Landstraße, verlaufende Linie, deren Länge unmittelbar genau gemessen werden kann. AB ist die Grundlinie in dem Dreieck ABC. Werden im letztern noch die Winkel α und β gemessen, so lassen sich die Seiten a und b berechnen. Es ist $a = \dfrac{c \sin \alpha}{\sin \gamma}$; $b = \dfrac{c \sin \beta}{\sin \gamma}$. Die Messung des Winkels γ ergibt eine Probe, da $\alpha + \beta + \gamma = 180^0$ sein muß. Dadurch, daß man das Dreieck durch entsprechende Wahl des Punktes C möglichst spitzwinklig macht, erhält man aus der unmittelbar gemessenen kurzen Grundlinie c die Länge der größeren Seiten a und b, die nun ihrerseits als Grundlinien neuer größerer Dreiecke dienen können.

Das Endziel der im Jahre 1892 ausgeführten Grundlinienmessung bei Bonn am Rhein (Fig. 18) war die Ermittlung der Länge der Dreieckseite Birkhof-Michelsberg, die dem Hauptnetz der Preußischen Landesaufnahme angehört. Zunächst wurde die im Rheintal gelegene Grundlinie A B unmittelbar gemessen, ihre Länge betrug 2512,928 m. Im Anschluß daran erfolgte die Bestimmung der Punkte Bergheim und Gielsdorf aus den Dreiecken A B Bergheim und A B Gielsdorf. Ihre zu rd. 8392 m gefundene Verbindunglinie diente als Grundlinie für die Dreiecke Bergheim-Gielsdorf-Löwenburg und Bergheim-Gielsdorf-Birkhof. Auf der rd. 30 285 m langen Linie Birkhof-Löwenburg beruht dann das Dreieck Birkhof-Löwenburg-Michelsberg, dessen Seite Birkhof-Michelsberg bestimmt werden sollte und sich zu rd. 30 604 m ergab.

Für die Vermessung von Preußen sind im ganzen acht Grundlinienmessungen ausgeführt worden. Aus den Winkeln und Seiten der Dreiecke wurden vom Ausgangpunkt Rauenberg aus die Erdkoordinaten aller Dreieckpunkte berechnet. Im Anschluß an die Dreiecke I. Ordnung sind solche II., III. und IV. Ordnung mit entsprechend kürzeren Seiten gemessen worden, so daß das ganze Land jetzt mit einem engmaschigen Netz von Dreiecken überzogen ist.

Die Dreieckpunkte bilden die Grundlage des auf den Karten kleineren Maßstabes, z. B. den Meßtischblättern 1 : 25 000, den Karten des Deutschen Reiches 1 : 100 000 und 1 : 200 000, aufgetragenen, aus Längen- und Breitenkreisen bestehenden Koordinatennetzes.

Für den Anschluß von Messungen kleineren Umfanges eignen sich weder die Dreiecke selbst, noch die aus ihnen berechneten Erdkoordinaten, letztere um so weniger, weil ihre Berechnung schwierig und zeitraubend ist. Man teilt deshalb größere Gebiete in eine Anzahl kleinere Abschnitte und legt den Messungen ein rechtwinklig-ebenes Koordinatennetz zugrunde. Dazu werden die Erdkoordinaten der Dreieckpunkte in rechtwinklig-ebene Koordinaten umgerechnet, welche die Lage der Punkte auf einer das darzustellende Gebiet der Erdoberfläche berührenden Ebene angeben. An die Stelle der Längenkreise treten im ebenen rechtwinkligen Koordinatennetz von Süden nach Norden verlaufende parallele Linien, die Abszissenlinien und an die Stelle der Breitenkreise westöstlich verlaufende gerade Linien, die Ordinaten. Abszissen und Ordinaten stehen senkrecht aufeinander.

14. Die Dreieckmessungen im Rheinisch-Westfälischen Steinkohlenbezirk und das Bochumer Koordinatennetz. Die Grundlage der Grubenvermessungen im Rheinisch-Westfälischen Steinkohlenbezirk bildet eine in den Jahren 1876/77 ausgeführte Dreieckmessung, die

unter der Bezeichnung „Triangulation des Dortmunder Kohlengebietes"
bekannt geworden ist. Das Hauptnetz schließt an die Seite Dörenberg-
Nonnenstein der bereits im Jahre 1829 von Carl Friedrich Gauß
ausgeführten Landesvermessung des früheren Königreiches Hannover
an (Fig. 19). Die Seite Dörenberg-Nonnenstein der Lüneburger Heide
steht mit dem großen Preußischen Dreiecknetz in Verbindung. Im
Jahre 1877 wurde das Westfälische Netz durch Dreiecke III. und
IV. Ordnung verdichtet; 1894 und 1898 fanden Neumessungen des

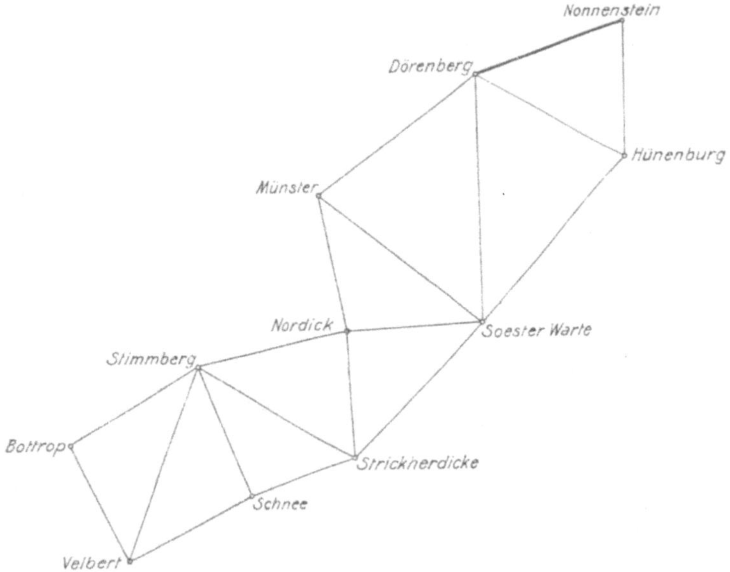

Fig. 19. Anschluß der Dreieckmessung im Rheinisch-Westfälischen Steinkohlenbezirk an die Dreieckmessung der Landesaufnahme.

ganzen Gebietes statt. Im Jahre 1914 begann eine Wiederholung der
Vermessung.

Die Figur 20 enthält eine Übersicht über die im Anschluß an das
Viereck Bottrop-Stimmberg-Schnee-Velbert des Hauptnetzes I. Ordnung ausgeführte Dreieckmessung II. Ordnung, die wiederum den Aus-
gang für die Punkte III. und IV. Ordnung bildet.

Für den Oberbergamtbezirk Dortmund gilt als Abszissenachse der
durch den Turmknopf der Propsteikirche (alte Peter- und Paulkirche)
in Bochum gehende Meridian, der auf dem Grubenbild durch eine
gerade,oben mit einem Pfeil versehene Linie dargestellt wird. Senkrecht
zu diesem Nullmeridian denkt man sich durch den Turmknopf eine
Gerade gezogen, welche die Ordinatenachse darstellt (Fig. 21). Die bei-

den Hauptachsen des Koordinatennetzes zerlegen den ganzen Bezirk in vier Ausschnitte (I, II, III, IV in der Fig. 21). Die Lage eines beliebigen Punktes ist nun durch seine senkrechten Abstände von den beiden Achsen des Koordinatennetzes eindeutig bestimmt, falls man gleichzeitig den Ausschnitt angibt. Die senkrechten Abstände von dem

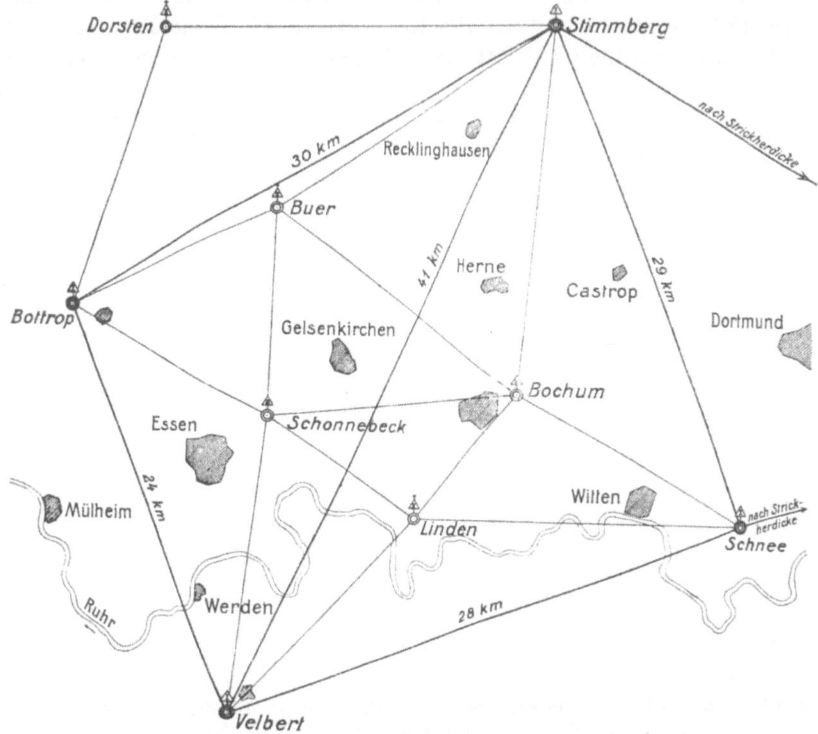

Fig. 20. Übersicht über die Dreieckmessung bei Bochum.

Nullmeridian heißen Ordinaten (y), die Abstände von der Ordinatenachse Abszissen (x). Zur Unterscheidung der Ausschnitte fügt man Vorzeichen hinzu und zwar nach Norden (oben) und Osten (rechts) +, nach Süden (unten) und Westen (links) —. Es ergeben sich daraus folgende Vorzeichen:

Ausschnitt	Ordinate y	Abszisse x
I	+	+
II	+	—
III	—	—
IV	—	+

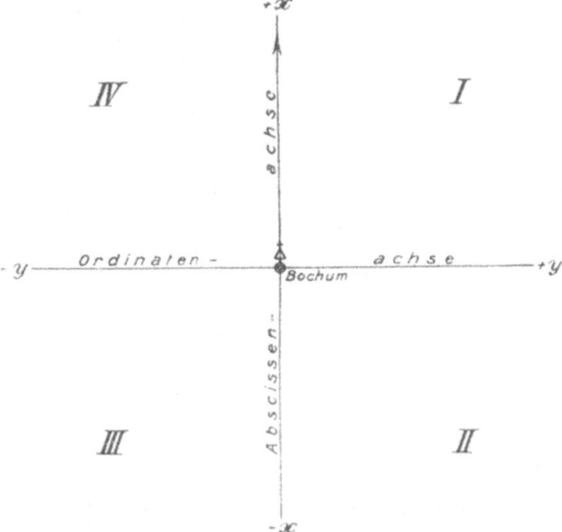

Fig. 21. Achsen des Bochumer Koordinatennetzes.

Beispiele für die Lage je eines Punktes in den vier Ausschnitten enthält die Figur 22. Die Koordinaten der einzelnen Punkte sind:

$$P_1 \mid y_1 = +19{,}38; \qquad x_1 = +25{,}72$$
$$P_2 \mid y_2 = +35{,}64; \qquad x_2 = -20{,}84$$
$$P_3 \mid y_3 = -30{,}19; \qquad x_3 = -29{,}57$$
$$P_4 \mid y_4 = -40{,}25; \qquad x_4 = +33{,}91$$

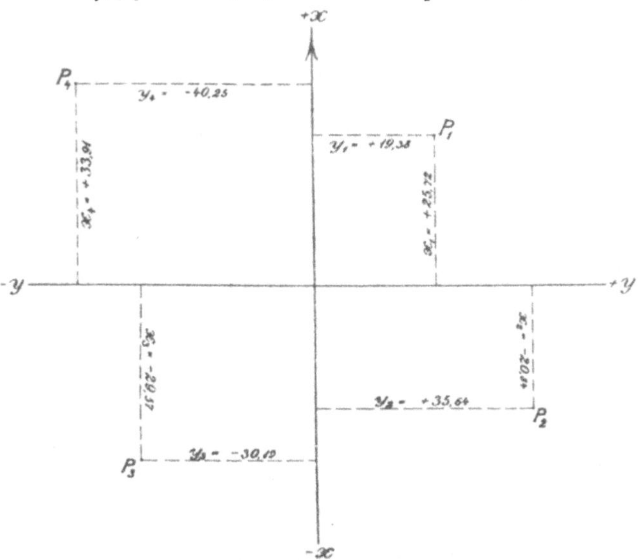

Fig. 22. Vorzeichen der Koordinate in den vier verschiedenen Ausschnitten.

Es muß an dieser Stelle auf eine Abweichung von der gebräuchlichen Form aufmerksam gemacht werden, die sich auf den Grubenbildern im Oberbergamtbezirk Dortmund vorfindet. Die Abszissen (x) beginnen in Bochum statt mit 0 mit der Zahl —135 401,39, die noch von dem auf der Seite 17 besprochenen Anschluß des Westfälischen Dreiecknetzes an die Gaußsche Dreieckmessung herrührt. Infolgedessen gibt es im ganzen Oberbergamtbezirk Dortmund keine positiven Abszissen. Eine besondere Bedeutung hat die Abweichung nicht, man könnte an ihre Stelle jede beliebige andere Zahl setzen, müßte sie nur für den ganzen Bezirk einheitlich beibehalten. Bei der Neuanfertigung von Grubenbildern wird jetzt die Abszisse 0 angenommen.

Zur Erleichterung der Auftragung eines Punktes auf eine Karte nach Koordinaten versieht man letztere mit einem Netz von Linien parallel zu den Hauptachsen des Koordinatennetzes. Die Maschenweite des Netzes kann beliebig gewählt werden, sie richtet sich nach dem Maßstab und Zweck der Karte. Auf den Grubenbildplatten 1 : 2000 beträgt der Abstand der Netzlinien 50 mm, was einer Entfernung in der Natur von 2000 × 50 mm = 100 m entspricht.

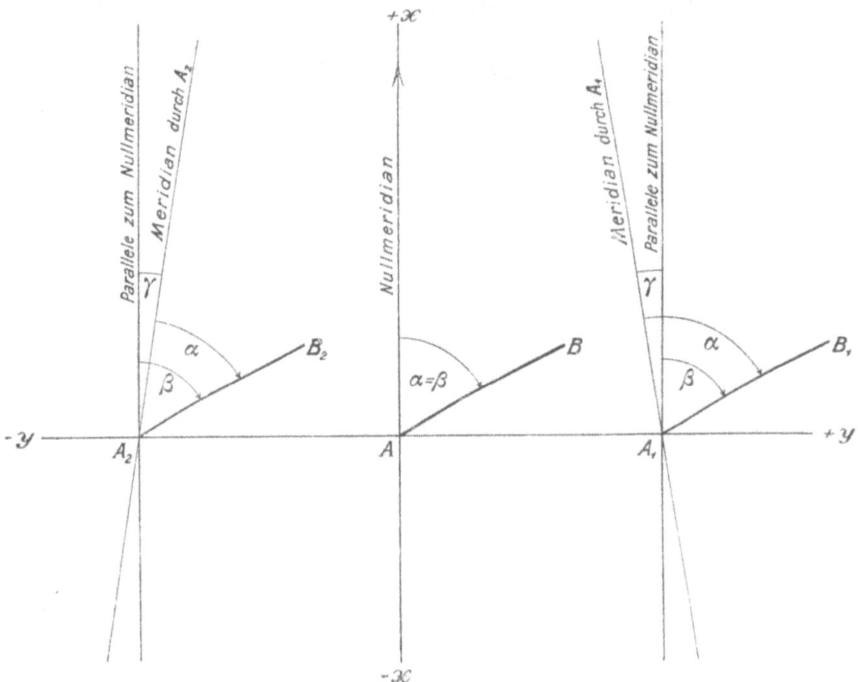

Fig. 23. Meridiankonvergenz.

Die parallel zur Abszissenachse oder zum Nullmeridian gezogenen Linien sind „Parallele zum Meridian von Bochum"; sie selbst sind also keine Meridiane, weil letztere im Nordpol zusammenlaufen und deshalb nicht parallel sind. Infolgedessen ist auch der Winkel, den eine Linie mit der Parallelen zum Nullmeridian bildet, nicht der Nordwinkel der Linie (siehe Seite 10); man bezeichnet den Winkel vielmehr als „Richtungwinkel". Der Unterschied zwischen Nordwinkel (α) und Richtungwinkel (β) ist die Meridiankonvergenz (γ); siehe Figur 23. Bei allen vom Nullmeridian ausgehenden Linien ist der Richtungwinkel gleich dem Nordwinkel ($\beta = \alpha$). Je größer die Ordinate (y) eines Punktes ist, desto größer ist in demselben auch der Unterschied zwischen Nordwinkel und Richtungwinkel. Östlich vom Nullmeridian ist der Nordwinkel größer als der Richtungwinkel, nach Westen hin umgekehrt. Die Meridiankonvergenz $\alpha - \beta = \pm\, \gamma$ hat demnach dasselbe Vorzeichen wie die Ordinate y. Ihre Größe folgt aus der Formel:

$$\operatorname{tg} \gamma = \frac{y}{R} \operatorname{tg} \varphi,$$

in der y die Ordinate, R den Erdradius und φ die Breite bezeichnen. Für die Breite von Bochum ($\varphi = 51^{1}/_{2}{}^{0}$) ergibt sich die nachstehende Zahlentafel der Meridiankonvergenzen.

Ordinate y km	Meridian- konvergenz
0	0
0,1	0,1
0,5	0,3
1,0	0,7
5	3,4
10	6,8
20	13,6
30	20,3
40	27,1
50	33,9

Einfache Geräte
zur Bestimmung von lotrechten, wagerechten und geneigten Richtungen.

Allgemeines. An jedem Punkte der Erdoberfläche ist die Richtung der Schwerkraft, die Lotrichtung, unveränderlich gegeben. Senkrecht auf der Lotrichtung steht die wagerechte Ebene (Horizontalebene). Je nachdem die Richtung einer Linie mit der Lotrichtung oder der wagerechten Ebene zusammenfällt oder gegen beide geneigt ist, unterscheidet man:

    1. Lotrechte oder seigere Linien.

    2. Wagerechte oder söhlige Linien.

    3. Geneigte oder flache Linien.

I. Geräte zur Bestimmung von lotrechten und wagerechten Richtungen.

15. Das Lot. Die einfachste Vorrichtung zur Angabe der lotrechten Richtung ist ein am unteren Ende beschwerter Faden. Bei den markscheiderischen Messungen wird ein gut abgedrehter Körper aus Messing benutzt, der unten in einer guten Spitze endigt und an einer Hanfschnur aufgehängt wird. Die Verbindung der Lotschnur mit dem Lotkörper ist aus der Figur 24 ersichtlich. Bei einem fehlerfreien Lot muß die Spitze S in der Lotrechten durch den Aufhängepunkt A liegen. Man prüft es durch vorsichtige Drehung des Fadens um seine Längsachse, wobei die Lotspitze S ihre Stellung über einem Punkte nicht ändern darf.

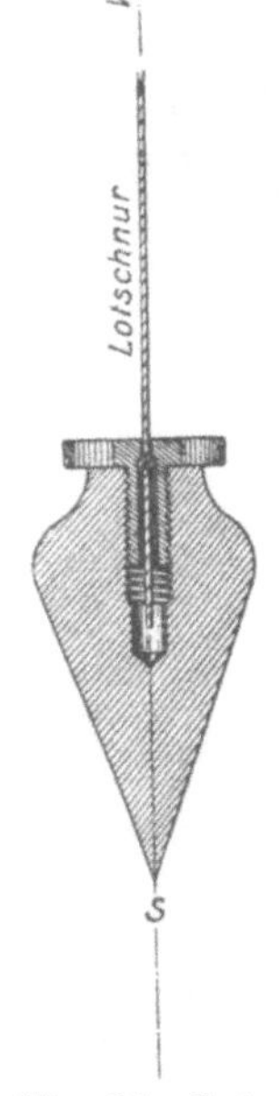

Fig. 24. Lot. (Ungefähr ¹/₃ der natürl. Größe.)

16. Die Setz- oder Bleiwage. Bei der Setz- oder Bleiwage ist das Lot in der Spitze eines gleichschenkligen Dreiecks aufgehängt (Fig. 25). In dieser Verbindung dient es zur Angabe einer wagerechten Richtung; die Grundlinie des Dreiecks ist wagerecht, wenn der Lotfaden über dem Mittelstrich einspielt.

17. Die Wasserwage oder Libelle. Einrichtung und Gebrauch der Wasserwagen oder Libellen beruhen auf der Erscheinung, daß die Oberfläche einer Flüssigkeit sich wagerecht einstellt. In der einfachsten Form dienen die Libellen zur Angabe einer wagerechten Richtung. Je nach der Bauart unterscheidet man Dosenlibellen und Röhrenlibellen.

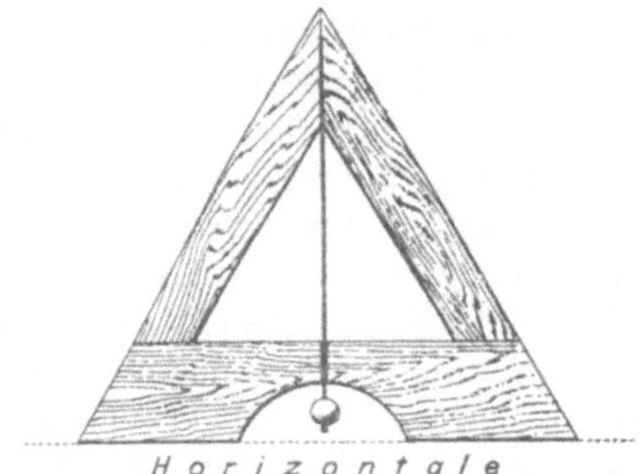

Fig. 25. Bleiwage. ($^1/_8$ der natürl. Größe.)

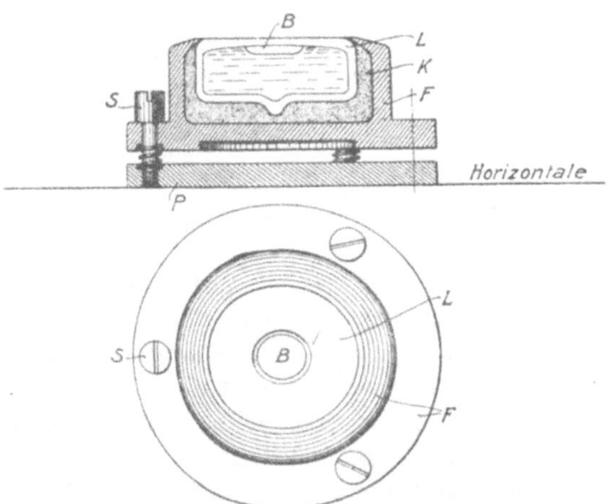

Fig. 26. Dosenlibelle. ($^1/_2$ der natürl. Größe.)

a) **Dosenlibelle.** Die Dosenlibelle (Fig. 26) besteht aus einem vollständig geschlossenen Glasgefäß L, das mit einer leicht beweglichen Flüssigkeit, Alkohol oder Schwefeläther, nahezu gefüllt ist. Die Flüssigkeit wird warm eingefüllt, so daß sich bei der Abkühlung aus dem Flüssigkeitdampf eine Blase bildet, die nun immer die höchste Stellung in dem Libellenkörper einnimmt. Die obere Innenfläche des Glaskörpers ist zu einer Kugelkappe ausgeschliffen, die Blase erscheint daher von oben gesehen als Kreis. Zur Beobachtung der Stellung der Blase ist auf der Oberfläche der Libelle ein Kreis gezogen. Die Libelle „spielt ein", wenn die Blase und der Kreis einen gemeinsamen Mittelpunkt haben. Der Libellenkörper L ist in einer Fassung F festgekittet, die mit drei Stellschrauben S auf einer Unterlagplatte P befestigt ist.

Prüfung und Berichtigung der Dosenlibelle. Die Libelle zeigt nur dann richtig, wenn die Aufsatzfläche bei einspielender Blase wagerecht ist. Zur Prüfung dieser Bedingung setzt man die Libelle auf eine ebene Unterlage, etwa einen festen Tisch und bringt die Blase durch Neigung des Tisches zum Einspielen. Dann zieht man einen Kreis um die Aufsatzfläche und dreht die Libelle in diesem Kreise um 180° herum. Wenn die Blase hierauf nicht mehr einspielt, muß das Gehäuse mit Hilfe der Stellschrauben gerichtet werden und zwar um die Hälfte des Blasenausschlages. Alsdann neigt man den Tisch wieder, bis die Blase von neuem einspielt. Wiederholt man jetzt die Drehung um 180°, so ändert die Blase ihre Stellung nicht; wenn die

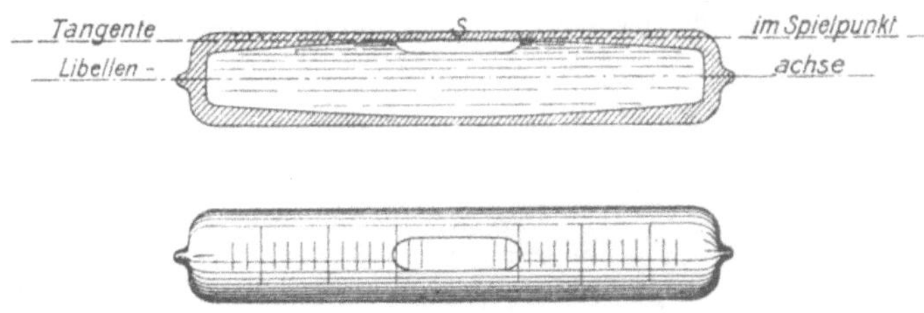

Fig. 27. Glaskörper der Röhrenlibelle. (Ungefähr $\frac{1}{2}$ der natürl. Größe.)

erste Berichtigung nicht ganz genügt hat, so beseitigt man den Ausschlag wieder zur Hälfte an den Schrauben. Wenn an dem Libellengehäuse keine Stellschrauben vorhanden sind, so kann die Berichtigung nur durch Abschleifen der Aufsatzfläche erfolgen.

b) Röhrenlibelle. Die Röhrenlibelle besteht aus einem zylinderförmigen Glaskörper, dessen Innenfläche ganz oder nur an einer Langseite in einer bestimmten Form ausgeschliffen ist. Man kann sich die Schlifffläche durch Drehung eines flachen Kreisbogens um seine Sehne oder um eine zur Sehne parallele Gerade entstanden denken. Die Drehachse ist die Achse der Libelle. Die Herstellung der Libellenröhre geschieht durch Ausschleifen einer zylinderförmigen Glasröhre mit einem Schleifdorn, dessen Oberfläche nach einem bestimmten Halbmesser gekrümmt ist. Die ausgeschliffene Röhre wird wie bei der Dosenlibelle mit Alkohol oder Äther gefüllt und dann zugeschmolzen. Auf der Oberfläche der Glasröhre ist von der Mitte aus nach beiden Seiten oder an einem Ende beginnend eine Teilung eingeätzt, an der die Stellung der langgestreckten Blase abgelesen werden kann. Die

Libelle „spielt ein", wenn beide Blasenenden gleich weit von der Mitte der Teilung entfernt sind. Die Berührende (Tangente) im Spielpunkt (S in der Fig. 27) ist parallel zur Libellenachse.

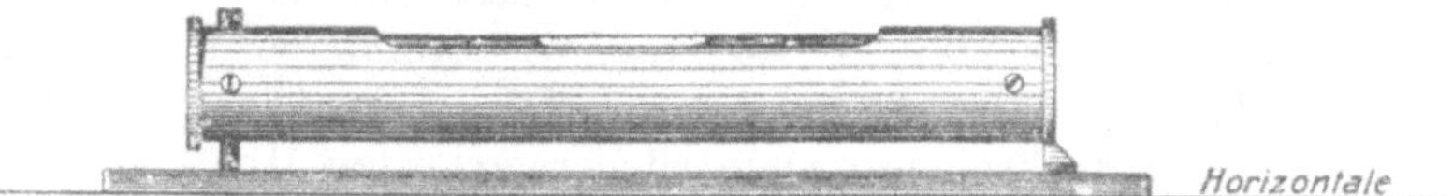

Fig. 28. Setzlibelle. (Ungefähr $^1/_2$ der natürl. Größe.)

Fig. 29. Hängelibelle. (Ungefähr $^1/_2$ der natürl. Größe.)

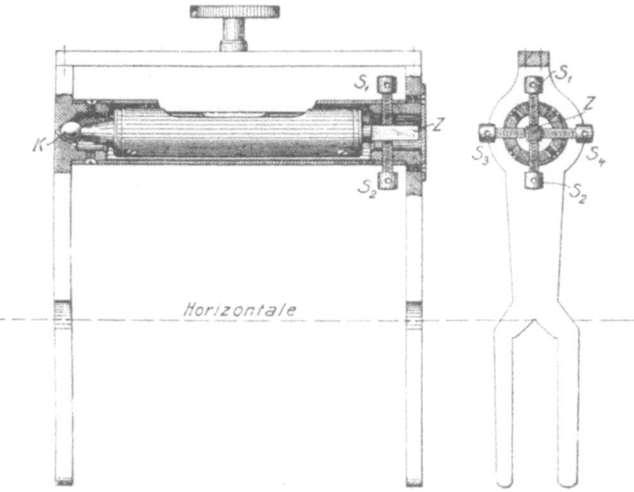

Fig. 30. Reiterlibelle. (Ungefähr $^1/_2$ der natürl. Größe.)

Für den Gebrauch wird die Glasröhre mit einer Fassung versehen. Je nach dem Zweck oder der Art der Anwendung kann man Setzlibellen (Fig. 28), Hängelibellen (Fig. 29) und Reiterlibellen (Fig. 30) unterscheiden.

Die Prüfung und Berichtigung der Röhrenlibellen erfolgt in ähnlicher Weise wie bei der Dosenlibelle durch Einspielenlassen, Umsetzen oder Umhängen um 180° und Beseitigung des halben Ausschlages an den Stellschrauben. Aus der Figur 30 sind Anordnung und

Wirkungsweise der Stellschrauben S_1 und S_2 zu ersehen. S_3 und S_4 dienen zur Beseitigung einer „Libellenkreuzung". Man versteht darunter den wagerechten Winkel, den die Libellenachse mit der Lagerachse bildet. Während die Reiterlibelle fast nur in Verbindung mit feinen Winkelmeßgeräten, Theodoliten, vorkommt, wird die Setzlibelle sehr häufig für sich allein benutzt. Die Anwendung der Hängelibelle ist in der Markscheidekunde seltener geworden. Die Figur 31 zeigt

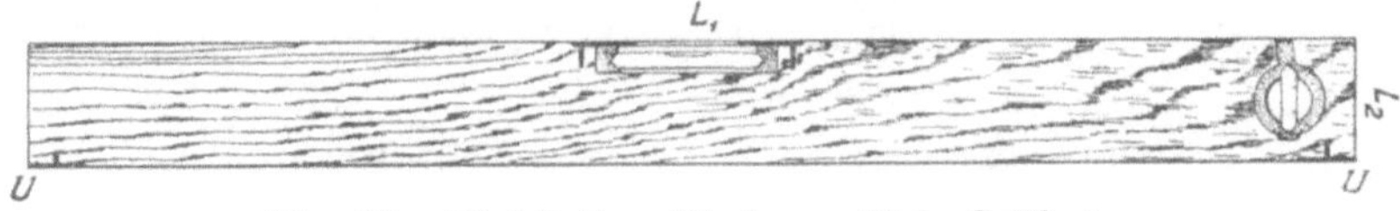

Fig. 31. Richtlatte. ($^1/_8$ der natürl. Größe.)

die unter der Bezeichnung Richtlatte bekannte einfache Form der Wasserwage. Meist sind zwei Libellen angeordnet, mit Hilfe der einen (L_1) läßt sich eine Unterlage UU wagerecht, mit der zweiten (L_2) lotrecht richten.

c) Empfindlichkeit einer Libelle. Die Empfindlichkeit einer Libelle wird an dem Winkel gemessen, um den die Libellenachse oder die Aufsatzfläche geneigt werden muß, damit die Blase um einen Teilstrich ausschlägt. Je kleiner der hierzu erforderliche Winkel ist, desto

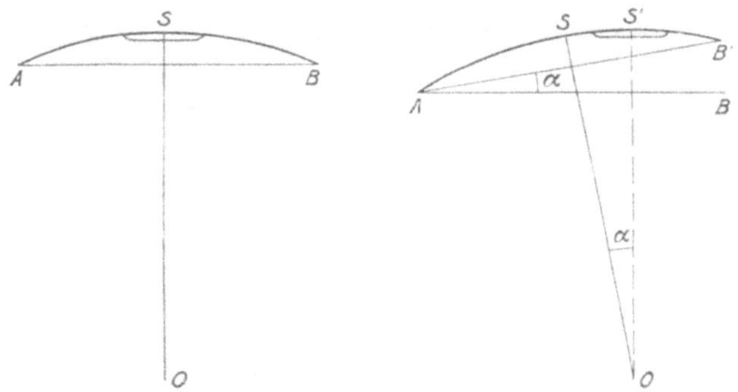

Fig. 32. Empfindlichkeit der Libelle.

empfindlicher ist die Libelle. In der Figur 32 sei der Bogen AB ein Lotschnitt durch die Libelle und die Sehne AB die Libellenachse. Wenn die Libellenachse wagerecht liegt, spielt die Libelle ein und der Krümmunghalbmesser SO der Libellenfläche steht lotrecht. Wird AB jetzt in die Stellung AB' geneigt, so wandert die Blasenmitte von S nach S', und S'O bildet mit SO den Winkel α. Man sieht sofort, daß der Ausschlag SS' um so größer ist, je größer der Krümmunghalbmesser SO oder S'O ist. Die Empfindlichkeit einer Libelle ist also von dem Halbmesser ihres Ausschliffes abhängig. Als Maß für die Empfindlichkeit gibt man jedoch nicht den Krümmunghalbmesser, sondern den Winkelwert an, der zu dem Blasenausschlag von einem Teilstrich = 2 mm oder 2,26 mm (= 1 Pariser Linie) gehört. Die Dosenlibellen haben meist eine Empfindlichkeit von einer oder mehreren Bogenminuten, während die Empfindlichkeit der Röhrenlibellen je nach ihrem Zweck bis zu einigen Sekunden steigt. Bei einer Empfindlichkeit von 1′ beträgt der Krümmunghalbmesser der Libellenfläche 7 m, bei 10″ bereits 41 m.

II. Geräte zur Bestimmung von geneigten Richtungen.

Allgemeines. Man nennt den Winkel, den eine Linie mit einer wagerechten Ebene bildet, Neigung- oder Fallwinkel. Er wird von der Wagerechten aus mit 0^0 beginnend nach oben bis $+90^0$, nach unten bis -90^0 gezählt (Fig. 33). Der Neigungwinkel ist also positiv, wenn der Endpunkt der Linie höher liegt als der Anfangpunkt und negativ, wenn der Endpunkt tiefer liegt. Eine Linie mit positivem Neigungwinkel „steigt", umgekehrt „fällt" sie.

Die Neigung- oder Fallwinkel werden mit einem Gradbogen gemessen, der für die verschiedenen Zwecke in verschiedener Weise ausgebildet sein kann. Zur Angabe der wagerechten oder der auf ihr senkrecht stehenden lotrechten Richtung dient eine Libelle oder ein Lot.

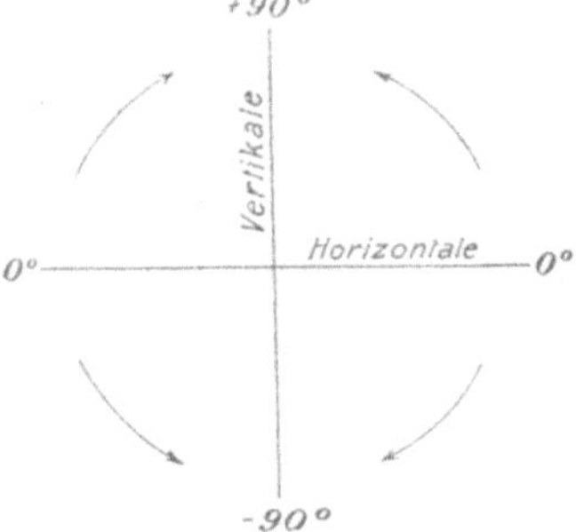

Fig. 33.
Vorzeichen und Zählung der Neigungwinkel.

18. Die Gradwage. Eine einfache Form eines Gradbogens mit Libelle zeigt die Figur 34. Die Handhabung des Gerätes ist aus der Figur leicht zu ersehen. Man setzt es mit seiner Aufsatzfläche auf die Unterlage, deren Neigung gegen die Wagerechte bestimmt werden soll, und dreht die Libelle L um die Lagerachse A, bis sie einspielt. An dem Zeiger S kann man dann den Neigungwinkel ablesen.

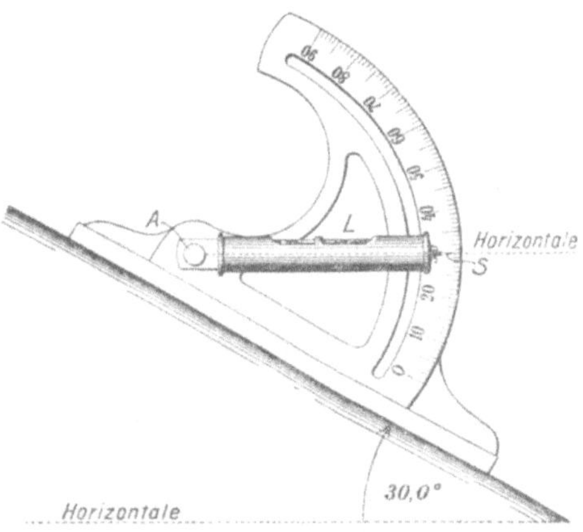

Fig. 34. Gradwage.
(Ungefähr $^1/_5$ der natürl. Größe.)

Bei dem in der Figur 35 dargestellten Neigungmesser wird der Fallwinkel der Unterlage an der Spitze eines Lotes abgelesen.

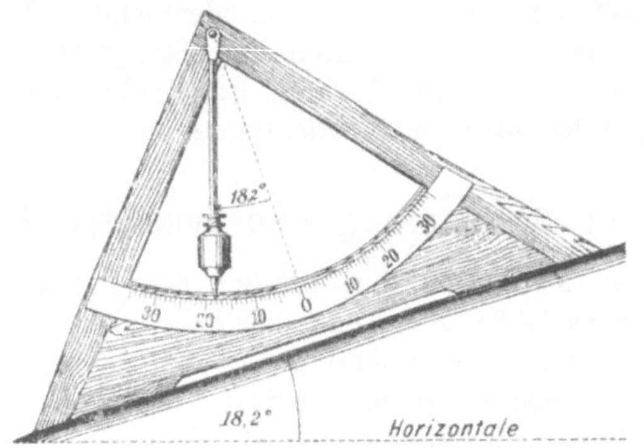

Fig. 35. Neigungmesser. (Ungefähr $^1/_8$ der natürl. Größe.)

19. Der Gradbogen. In der Markscheidekunde ist der in der Figur 36 wiedergegebene Gradbogen im Gebrauch, der an eine zwischen den Endpunkten einer Linie ausgespannte Schnur gehängt wird. Er besteht aus einem mit zwei Haken versehenen Halbkreise aus dünnem

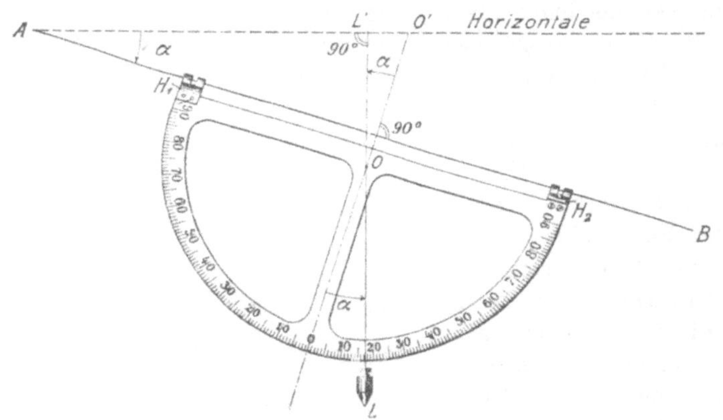

Fig. 36. Gradbogen. ($^1/_5$ der natürl. Größe.)

Messingblech oder Aluminium, auf dem von der Mitte aus nach beiden Seiten Teilungen von 0 bis 90° angebracht sind. In dem Mittelpunkte des Halbkreises ist der sehr dünne Faden eines Lotes befestigt. Der Neigungwinkel α der Linie AB wird an dem Lotfaden abgelesen (Fig. 36).

Prüfung und Berichtigung des Gradbogens. Der Gradbogen zeigt nur dann richtig an, wenn die Hakenlinie $H_1 H_2$ parallel zu der 90°-Linie der Teilung ist. Man prüft es durch Umhängen des Gradbogens, indem man den Haken H_2 an die Stelle von H_1 hängt und den Neigungwinkel zum zweiten Male abliest. Ergibt sich zwischen beiden Ablesungen ein Unterschied, so ist er zur Hälfte durch Verstellung eines Hakens zu beseitigen. Statt die Berichtigung vorzunehmen, kann man aber auch aus beiden Ablesungen das Mittel bilden, das den richtigen Neigungwinkel der Linie darstellt.

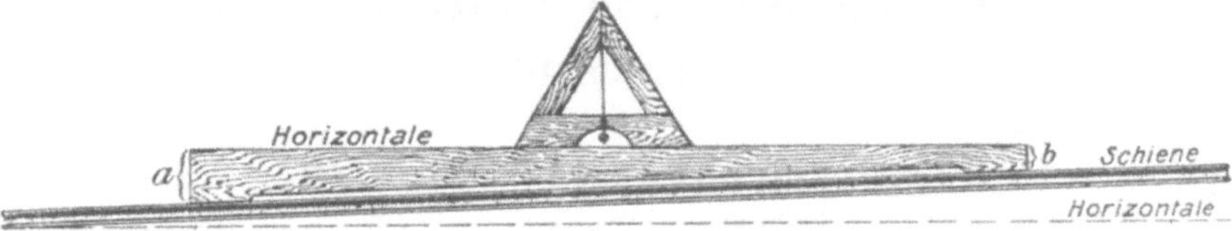

Fig. 37. Bestimmung des Ansteigens von Strecken mit Bleiwage und Latte.

Zur Bestimmung des Ansteigens von Strecken benutzt man eine Latte, die nach dem gewünschten Ansteigen zugeschnitten ist und auf die Schienen gesetzt wird. Soll das Ansteigen z. B. 1 : 200 betragen, so wird das eine Ende einer 2 m langen Latte $\frac{200}{200} = 1$ cm schmaler geschnitten als das andere. Die Oberkante der Latte richtet man mit der Bleiwage wagerecht (Fig. 37).

Bezeichnung von Punkten und Längenmessungen.

I. Bezeichnung von Punkten.

Allgemeines. Ein Punkt ist eine bestimmte aber unsichtbare Stelle im Raume; sie muß für die Zwecke der Vermessungskunde erst in irgendeiner Weise sichtbar gemacht werden. Im folgenden Absatz wird nur die für Längen- und Lagemessungen erforderliche Punktbezeichnung erörtert, während die Festlegung von Höhenmarken im neunten Abschnitt besprochen wird.

20. Die Punktbezeichnung über Tage. Bei den unter 13 und 14 des I. Abschnittes erwähnten großen Dreieckmessungen dienen als

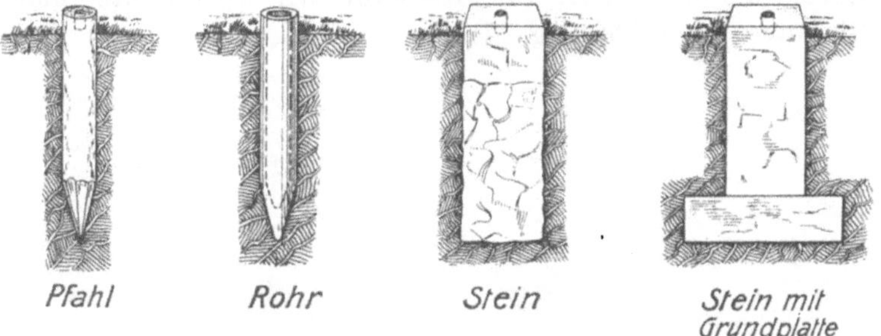

Fig. 38. Festpunkte über Tage.

Festpunkte Kirchtürme, große Schornsteine oder besondere Zielbauten. Bei den Kirchtürmen gilt meist die Mitte der Helmstange unmittelbar unter dem Turmknopf, bei Schornsteinen die Mitte der Krone, bei Zielbauten eine auf dem im Erdboden versenkten Steinbau angebrachte Marke.

Bei kleineren Messungen treibt man mit einer Bohrung versehene Pfähle oder eiserne Rohre in den Boden oder setzt besondere Steine (Fig. 38); Grenz- oder Bordsteine versieht man mit einem Kreuz oder einem kleinen Loch. Als Anhaltepunkt für die Längenmeßwerkzeuge gilt jedesmal der Mittelpunkt des Loches.

Zur Sichtbarmachung der Punkte werden Fluchtstäbe in die Löcher gestellt. Fluchtstäbe sind etwa 2 m lange und 20—30 mm dicke Rundstäbe aus Holz, die an einem Ende in einem spitzen eisernen Schuh endigen (Fig. 39). Die Stäbe sind durch abwechselnd schwarz-weißen

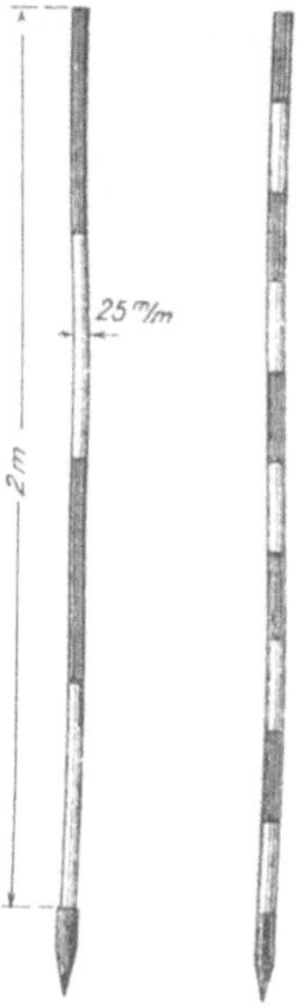

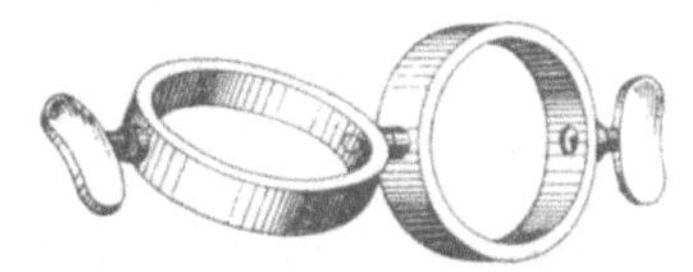

Fig. 39
Fluchtstäbe.

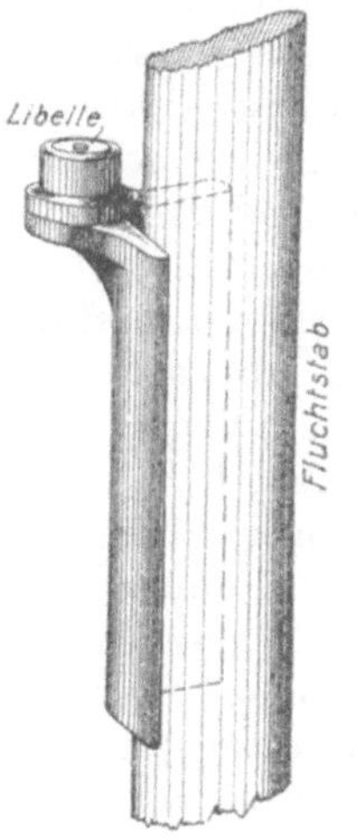

Fig. 40.
Lattenrichter zum
Lotrechtstellen eines
Fluchtstabes.

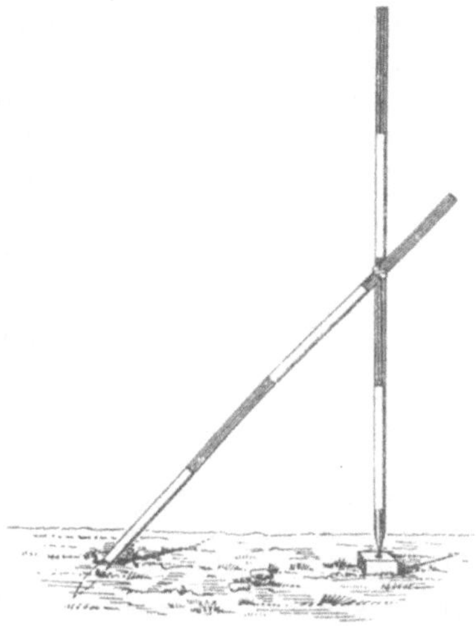

Fig. 41. Durch eine Strebe fest-
gestellter Fluchtstab.

oder weiß-roten Anstrich in Abschnitte von einem halben oder einem Fünftel Meter geteilt.

Während der Messung müssen die Fluchtstäbe lotrecht und fest stehen. Zur Herbeiführung der lotrechten Stellung bringt man den Stab mit dem Faden eines in 1—2 m Entfernung gehaltenen Lotes von zwei Seiten her zur Deckung. Vielfach genügen auch Zielungen am Stab vorbei nach benachbarten lotrechten Hauskanten. In der Figur 40 ist ein Lattenrichter abgebildet, der seitlich an den Fluchtstab gelegt und mit der Hand festgehalten wird; bei einspielender Libelle steht der Stab lotrecht.

Fig. 42. Doppelring zum
Halten von Fluchtstäben.
($\frac{1}{2}$ der natürl. Größe.)

Zum Feststellen eines Fluchtstabes verwendet man im Bedarffalle einen oder mehrere andere Stäbe als Streben die durch Doppelringe mit dem lotrecht gestellten Fluchtstabe verbunden werden (Fig. 41 und 42). Vielfach sind auch dreibeinige Halter im Gebrauch, besonders auf gepflasterten Straßen, in denen kein Fluchtstab feststeht.

21. Die Punktbezeichnung unter Tage. Unter Tage werden die Festpunkte meist durch Ringeisen bezeichnet, die in vorhandene Stempel oder Kappen oder in besondere Holzpflöcke geschlagen werden (Fig. 43 und 44). Zur Befestigung der letztern bohrt man 5—10 cm tiefe Löcher in das Hangende und treibt die Pflöcke fest ein.

Die einzelnen Festpunkte werden durch eine kleine Holztafel noch besonders bezeichnet, die je nach der Art der Messung verschieden gestaltet ist. Bei den Kompaß- oder Nachtragungmessungen besteht der eigentliche Festpunkt aus einem Ringeisen oder nur aus einem umgeschlagenen Nagel. In unmittelbarer Nähe desselben und möglichst an demselben Holz wird an gut sichtbarer Stelle eine viereckige Holzplatte von etwa 10 cm Kantenlänge angeschlagen, auf der die Monat- und Jahreszahlen sowie die laufende Nummer des Festpunktes verzeichnet sind. Auf der nebenstehenden Platte (Fig. 45) liest man z. B. 11/07 24, d. h., das in der Nähe der Platte befindliche Ringeisen ist im November 1907 eingeschlagen worden und bezeichnet den Festpunkt Nr. 24. Als Anhaltepunkt für weitere Messungen dient immer das Ringeisen oder der Nagel, nicht die Platte. Die Platten sind unter dem Namen Kompaßstufen bekannt.

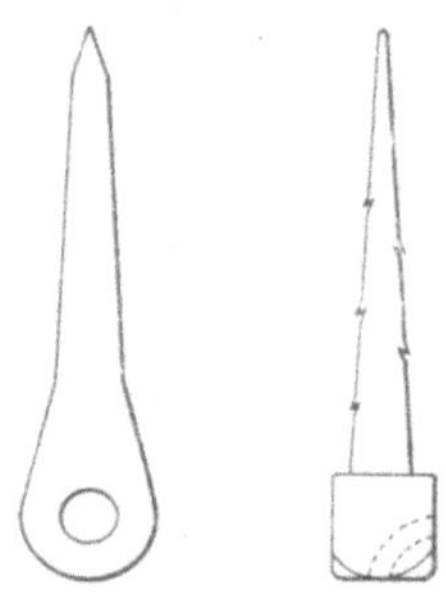

Fig. 43. Ringeisen.

Fig. 44. Festpunkt der Theodolit-messung.

Fig. 45. Kompaßstufe. (¹/₆ d. natürl. Gr.)

Fig. 46. Theodolitstufe. (¹/₆ d. natürl. Gr.)

Bei den Theodolitmessungen bringt man den Festpunkt durchweg in der Firste an und schlägt daneben ein dreieckiges Holzplättchen mit der laufenden Nummer des Punktes (Fig. 46). Zur leichteren Auffindung der Festpunkte streicht man um dieselben einen großen weißen Kreis mit Kalkmilch, die in den dunklen Grubenräumen weithin leuchtet. Bei den Theodolitmessungen, bei denen die Festpunkte angezielt werden, hängt man ein Lot in das

Ringeisen (Fig. 44); statt des Festpunktes selbst wird dann der lotrecht hängende Faden angezielt.

Die Festpunkte mit den Markscheiderstufen bilden die Grundlage für die Vermessung der fortschreitenden Grubenbaue. Da die Wiederherstellung verlorengegangener Punkte immer mit großen Mühen und Kosten verknüpft ist, müssen die Festpunkte und Stufen möglichst geschont werden. Vielfach werden die Ringeisen oder Pflöcke zum Aufhängen von Kleidern, Rohrleitungen u. dgl. benutzt, wodurch sie für weitere Messungen unbrauchbar werden, da die kleinsten Verschiebungen sich in immer stärker werdendem Maße auf die an solche unsicheren Punkte angeschlossenen Messungen übertragen. Wenn aber eine Stufe beim Auswechseln eines Holzes fallen muß, so ist sie zu vernichten, damit sie nicht etwa an anderer Stelle wieder angebracht werden und so zu Irrtümern führen kann. Pflicht der Betriebbeamten ist es, ihr Augenmerk auf die möglichste Schonung der Festpunkte zu richten. Die Bergpolizeiverordnung für die Steinkohlenbergwerke im Verwaltungbezirke des Königlichen Oberbergamtes in Dortmund vom 1. Januar 1911 bestimmt über die Erhaltung der Markscheiderzeichen und Festpunkte folgendes:

§ 330: ,,Das unbefugte Verrücken und Beseitigen, sowie das Beschädigen von Markscheiderzeichen und Festpunkten unter und über Tage ist verboten.‘‘

§ 331: ,,Der Betriebsführer ist verpflichtet, für die unveränderte Erhaltung der Markscheiderzeichen und Festpunkte zu sorgen.‘‘

II. Längenmeßwerkzeuge.

22. Längeneinheit. Als Einheit für die Längenmessungen dient das Meter, ursprünglich der 40 millionste Teil des Erdumfanges. Mit der Vervollkommnung der Vermessunggeräte und Beobachtungverfahren erhielt man später genauere Werte für den Erdumfang, heute gilt die Zahl 40 070 368 m für den Gleicher. Das Meter ist also kein feststehendes Maß, das man in jedem Augenblick wieder aus der Natur ableiten kann. In dem Verkehr der Völker untereinander gilt als Urmeter ein Platinstab, der im Weltamt für Maße und Gewichte bei Paris aufbewahrt wird. Von dem Urmeter wurden genaue Vervielfältigungen hergestellt und an die einzelnen Staaten verteilt. Deutschland erhielt den Stab Nr. 18, der sich im Besitz der Kaiserlichen Normaleichungkommission in Berlin-Charlottenburg (Werner-Siemens-Straße 27/28) befindet. Von dem Berliner Normalmeter wurden wieder Vervielfältigungen hergestellt und an die einzelnen Eichämter im Lande verteilt, welche die im Handel gebrauchten Längenmaße prüfen. Außer der Kaiserlichen Normaleichungkommission nimmt auch die Physikalisch-Technische Reichsanstalt in Berlin auf Antrag Maßprüfungen vor.

Das Meter (m) wird untergeteilt in 10 Dezimeter (dm), 100 Zentimeter (cm) und 1000 Millimeter (mm). 1000 m gleich 1 Kilometer (km).

23. Alte Längenmaße. Bis zum Jahre 1893 waren in Deutschland noch andere Längenmaße zugelassen, z. B. der Fuß und die Elle. Die Länge eines Fußes war in den einzelnen Gebieten verschieden, es gab rheinische Fuß, hessische Fuß u. a. m. Der preußische Fuß = 12 Zoll ist 0,31385 m lang, 1 Zoll = 2,615 cm. Andere bisweilen noch gebräuchliche Längenmaße sind:

1 Rute = 12 Fuß = 144 Zoll = 3,7662 m
1 Lachter, ein altes, bergmännisches Maß, = 2,0924 m
1 geographische Meile = 7,42044 km
1 Seemeile gleich der Länge einer Gleicherminute = 1,855 km =
$^1/_4$ geographische Meile
1 englische Meile = 1760 Yard = 1,609 km.

24. Meßlatten. In dem unter dem Namen Zollstock bekannten Metermaß tritt die Längeneinheit selbst als Maßstab auf. Für die Messung größerer Längen dienen Meßlatten, Meßbänder und Meßketten.

Die Meßlatten bestehen meist aus 5 m langen Holzstäben aus astfreiem, gut abgelagertem Tannenholz, die an den Enden mit Metallschuhen versehen sind (Fig. 47). Die Stangen haben elliptischen Querschnitt von etwa 50 × 30 mm in der Mitte und 40 × 30 mm an den Enden. Zum Schutze gegen Feuchtigkeit und Abfasern des Holzes werden sie mit Ölfarbe überstrichen, und zwar von Meter zu Meter abwechselnd weiß und schwarz oder weiß und rot. Die Unterteilung in Dezimeter erfolgt durch Messingnägel mit runden Köpfen; Zentimeter und Millimeter müssen mit einem kleineren Maßstab (Zollstock) gemessen werden.

Statt der 5-m-Latten werden in engen Verhältnissen die handlicheren 3- und 4-m-Latten benutzt.

25. Meßbänder. Die genauen und dauerhaften Meßbänder bestehen aus gehärtetem Stahlblech von meist 20 oder 30 m Länge mit einem Querschnitt von 12—20 mm × 0,2—0,4 mm. In bezug auf die Einteilung ist zwischen Endmaßen und Strichmaßen zu unterscheiden. Während die Meßlatten durchweg Endmaße sind, bei denen Anfang und Ende mit dem Anfang und Ende eines Meters zusammenfallen, liegen Anfangs- und Endpunkt bei vielen Meßbändern auf dem Bande selbst.

Bei Messungen über Tage wird das in der Figur 48a dargestellte Meßband benutzt, bei dem Anfangs- und Endpunkt der Teilung durch je zwei auf den Endringen angebrachte Striche bezeichnet sind.

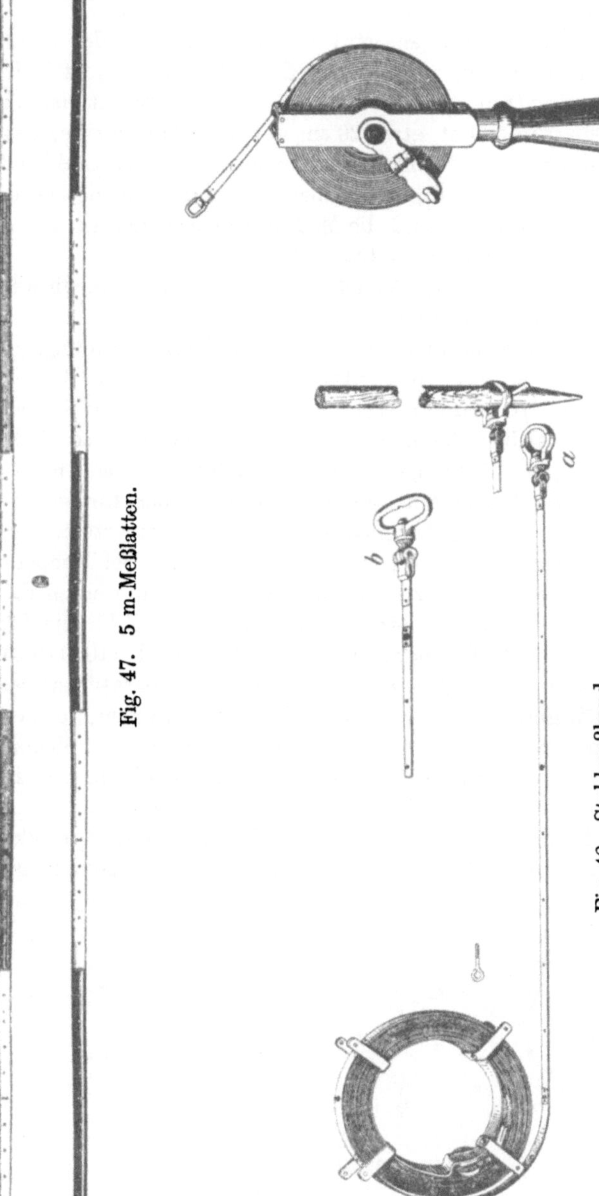

Fig. 47. 5 m-Meßlatten.

Fig. 48. Stahlmeßband.

Fig. 49. Rollen-Stahlmeßband.

3*

Durch die Endringe werden etwa 1,4 m lange Stäbe gesteckt, die genau in die Ringe passen, so daß ihre Spitzen bei lotrechter Stellung der Stäbe in der Lotlinie durch die Ringmitten liegen.

Bei den Grubenmessungen wird vielfach die aus der Figur 48 b ersichtliche Ausführung verwendet, bei der das Band statt in Ringen in kräftigen Handgriffen endigt. Anfang- und Endpunkt der Teilung liegen auf dem Bande selbst, etwa 20 cm von den Handgriffen entfernt.

In der Figur 49 ist ein leichtes und handliches Rollen-Stahlmeßband wiedergegeben, das unter Tage gern benutzt wird. Äußerlich diesem ähnlich, aber viel ungenauer sind die Meßbänder aus Leinen, die nur für untergeordnete Messungen in Betracht kommen.

Bei den Messungen von Schachtteufen sind Stahlmeßbänder bis zu 1000 m Länge im Gebrauch.

Die Länge der Meßbänder ändert sich mit der Spannung, mit der sie straff gezogen werden. Infolgedessen werden bei sehr feinen Messungen besondere Spannungmesser angewendet. Ferner ändert sich die Länge der Stahlmeßbänder mit der Temperatur, so daß auch diese bei wichtigen Messungen berücksichtigt werden muß. Die Bänder sind in der Regel auf eine Gebrauchtemperatur von $+18^0$ C geeicht; findet die Messung bei niedrigerer Temperatur statt, so ist das Meßband zu kurz und die gemessene Länge zu groß. Bei Temperaturen über 18° C sind die Bänder zu lang und die Längen werden dann zu kurz. Die Temperaturzahl beträgt für Stahl 0,000011, die Längenänderung demnach für 1° Temperaturänderung 0,000011 × 1000 = 0,011 mm auf ein Meter oder auf 100 m rd. 1 mm. Da Temperaturunterschiede von 20° und Längen von mehr als 1000 m vorkommen, so kann der Einfluß der Temperatur mehrere Dezimeter erreichen. Bei Meßbändern aus Invar, einer Verbindung von Nickel und Stahl, ist der Einfluß der Temperatur verschwindend klein.

26. Die Meßkette. Ein fast nur in der Markscheidekunde bekanntes Längenmeßwerkzeug ist die in der Figur 50 dargestellte 20 m lange Meß-

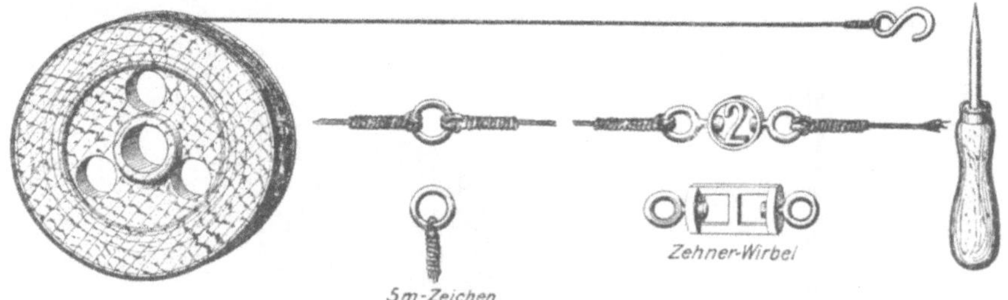

Fig. 50. Meßkette.

 kette aus gesponnenem Messingdraht. Die einzelnen Meter sind abwechselnd durch Ringe und Wirbel untereinander verbunden. In den

Wirbeln sind häufig zur leichtern Auffindung der vollen Meter die geraden Zahlen angebracht. Der Zehnerwirbel hat aus demselben Grunde eine besondere Form erhalten, desgleichen ist das fünfte und fünfzehnte Meter durch einen kleinen Anhänger aus geflochtenem Messingdraht gekennzeichnet. Am Anfang und am Ende der Kette sind Haken angebracht, die beim Messen in die Durchbohrungen der Ringeisen oder über Pfriemen gehängt werden (Fig. 50 rechts). Die Kette besteht aus Messing, weil letzteres die bei der Kompaßmessung benutzte Magnetnadel im Gegensatz zu Stahl und Eisen nicht ablenkt. Statt Messing wird neuerdings auch Phosphorbronzedraht verwendet, der ebenfalls nicht auf Magnete wirkt.

Auch die Meßketten ändern ihre Länge mit der Temperatur, ihr Einfluß ist aber im Verhältnis zu den sonstigen Ungenauigkeiten einer Kettenmessung sehr gering und kann deshalb vernachlässigt werden. Dagegen dehnt sich die Kette beim Anziehen ziemlich stark aus, es ist deshalb eine häufigere Nachprüfung an einer Vergleicheinrichtung erforderlich.

III. Vergleicheinrichtungen für Längenmeßwerkzeuge.

Allgemeines. Alle Längenmeßwerkzeuge müssen von Zeit zu Zeit nachgeprüft werden, weil ihre Länge sich ändert. Die Meßlatten werden durch Eintrocknen kürzer, durch Feuchtigkeit länger, die Stahlmeßbänder erhalten beim Gebrauch leicht Knicke oder dehnen sich unter zu starkem Zug, die Meßketten werden durch starkes Anziehen erheblich länger. Für die Prüfung der Meßwerkzeuge gibt es besondere Vergleicheinrichtungen.

27. Vergleicheinrichtung für Meßlatten. Eine Vergleicheinrichtung für Meßlatten besteht aus einer festen ebenen Unterlage U, auf der im Abstand von etwas mehr als 5 m zwei Stahlschneiden S_1 und S_2 befestigt sind (Fig. 51). Zur Messung des Abstandes der Schneiden dienen zwei Grund(Normal)meter aus Stahl, die auf der Unterlage U abwechselnd vorsichtig aneinandergelegt werden. Das Reststück d_1 wird mit einem Meßkeil M gemessen. Bei einem Steigeverhältnis von 1 : 100 gestattet die Millimeterteilung auf dem Keil auf $^1/_{100}$ bis $^1/_{1000}$ mm genaue Ablesungen der Keildicke.

Unter Berücksichtigung der wahren auf dem eichamtlichen Prüfungschein angegebenen Länge der Grundmeter und des Temperatureinflusses berechnet man den wahren Abstand der Schneiden S_1 und S_2. Dann wird die zu untersuchende Latte zwischen die Schneiden gelegt und der an einer Seite verbleibende Zwischenraum d_2 wieder mit einem Meßkeil gemessen.

Ein Beispiel möge das Verfahren erläutern, wobei der Einfachheit wegen angenommen sei, daß beide Grundmeter bei 0° C ihre richtige Länge haben. Wenn die Messung bei + 20° C vorgenommen und am Meßkeil das Reststück $d_1 = 12,43$ mm abgelesen wurde, so ergibt sich der Abstand der Schneiden aus:

$$S_1 S_2 = 5 \text{ m} + 5 \times 20 \times 0,011 \text{ mm} + 12,43 \text{ mm} = 5 \text{ m} + 13,53 \text{ mm}.$$

Nach dem Auflegen einer 5 m-Latte sei am Meßkeil das Reststück $d_2 = 9,17$ mm abgelesen worden, dann beträgt die Länge der Latte 5 m $+ 13,53$ mm $— 9,17$ mm $= 5$ m $+ 4,36$ mm. Die Latte ist also um 4,36 mm zu lang.

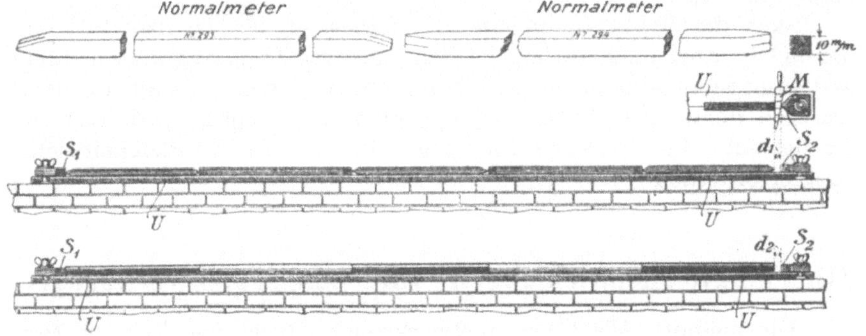

Fig. 51. Vergleicheinrichtung für Meßlatten.

Man kann die betreffende Latte berichtigen, indem man das überschießende Stück abschneidet. Da im Laufe der Zeit doch wieder eine Längenänderung auftreten wird, sieht man von einer Berichtigung ab und vergrößert statt dessen die mit der Latte gemessene Länge um 4,36 mm auf je 5 m.

Bei der Vergleichung von Vier- oder Dreimeterlatten kann man denselben Schneidenabstand benutzen, wenn man gleichzeitig mit der Latte ein oder zwei Grundmeter auflegt.

28. Vergleicheinrichtung für Meßbänder. Eine Vergleicheinrichtung für Meßbänder (Fig. 52) besteht aus einer festen ebenen Unterlage U, auf der links ein Bolzen B eingeschraubt ist, über dessen Kopf der Ring des Meßbandes genau paßt, so daß die Nullmarke des Bandes mit der Mitte des Schraubenkopfes zusammenfällt. Am rechten Ende der Unterlage ist eine Millimeterteilung angebracht, an der die Stellung der Endmarke des straff gezogenen Bandes abgelesen werden kann. Die Spannung des Bandes erfolgt durch das über die Rolle R geführte Gewicht G von 5—10 kg. Auf der Unterlage sind in Abständen von je einem Meter kleine Querstriche eingeritzt, so daß die Länge des Bandes auch von Meter zu Meter geprüft werden kann.

Der Abstand zwischen der Mitte des Schraubenkopfes und dem Nullpunkte der Millimeterteilung wird mit Grundmetern gemessen, wobei ebenso wie bei der nachfolgenden Vergleichung des Meßbandes der Einfluß der Temperatur zu berücksichtigen ist.

Für die Vergleichung von Meßbändern, deren Anfangs- und Endpunkte statt in der Mitte der Ringe auf dem Bande selbst liegen, ist auf der linken Seite der Unterlage ein verschiebbarer Dorn angebracht, über den der Handgriff des Bandes gehängt wird (Fig. 52 links). Der Nullpunkt des Bandes wird durch Verschieben des Dornes mit dem Nullpunkte der Vergleicheinrichtung zur Deckung gebracht und dann die Länge des straff gezogenen Bandes rechts an der Millimeterteilung abgelesen.

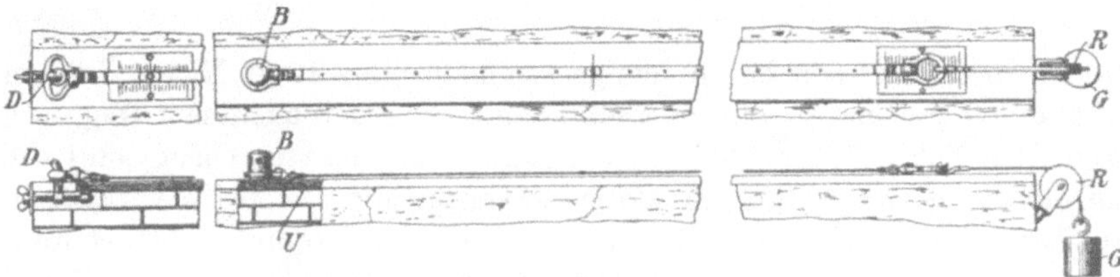

Fig. 52. Vergleicheinrichtung für Meßbänder.

Beispiel für die Vergleichung eines Meßbandes. Der Abstand der Nullpunkte einer 20 m langen Vergleicheinrichtung sei mit Normalmetern bei einer Temperatur von $+ 10°$ C gemessen und dabei an der Millimeterteilung 2,8 mm zu viel abgelesen worden, dann beträgt seine genaue Länge:

$$l = 20\,\text{m} + 20 \times 10 \times 0{,}011\,\text{mm} - 2{,}8\,\text{mm} = 20\,\text{m} - 0{,}6\,\text{mm}.$$

Die Einrichtung ist also bei der Temperatur von $10°$ um 0,6 mm zu kurz. Reicht nun die Endmarke des aufgelegten Meßbandes wie in der Figur 52 rechts um 1,5 mm über die Endmarke der Vergleicheinrichtung (Nullstrich der Millimeterteilung) hinaus, so beträgt die Länge des Bandes 20 m — 0,6 mm + 1,5 mm = 20 m + 0,9 mm. Das Band ist also bei einer Temperatur von $+ 10°$ C um 0,9 mm zu lang. Setzt man die Gebrauchtemperatur, für welche die Eichung erfolgen soll, auf $+ 18°$ C fest, so beträgt die hierzu gehörige Länge des Meßbandes:

$$20\,\text{m} + 0{,}9\,\text{mm} + 20\,(18 - 10)\,0{,}011\,\text{mm} = 20\,\text{m} + 2{,}66\,\text{mm}.$$

Wenn mit einem solchen Bande eine Länge von 1000 m bei $+ 25°$ C gemessen wird, so fällt das Ergebnis um $\dfrac{1000}{20} \cdot 2{,}66\,\text{mm} + 1000$

$(25 - 18)\,0{,}011\,\text{mm} = (133 + 77)\,\text{mm} = 210\,\text{mm}$ zu klein aus.

29. Vergleicheinrichtung für Meßketten. Die Prüfung einer Meßkette erfolgt am einfachsten an einem ausgestreckten guten Meßbande, dessen Länge bekannt ist. Für untergeordnete Messungen genügt auch die meterweise Vergleichung mit einem guten Zollstock.

Es läßt sich aber mit sehr einfachen Hilfmitteln und geringen Kosten leicht eine dauernde Einrichtung für die Prüfung der Meßketten schaffen. In der einfachsten Form besteht eine solche Ver-

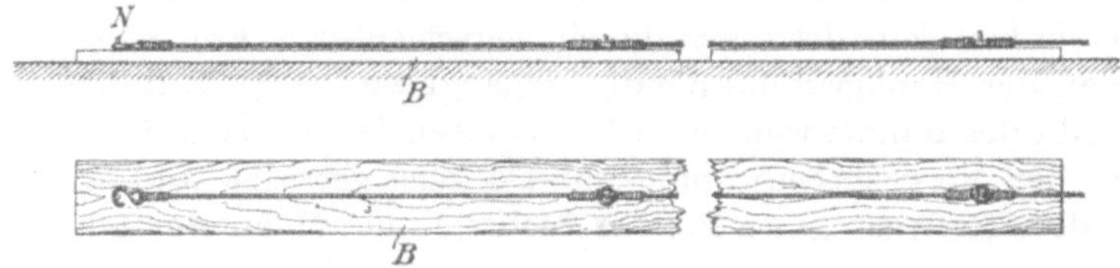

Fig. 53. Vergleicheinrichtung für Meßketten.

gleicheinrichtung aus einem einige Meter langen Brett B, auf dem in Abständen von genau einem Meter Nägel eingeschlagen sind (Fig. 53). Über den linken Nagel N wird ein Haken der Kette gehängt und die Vergleichung von Meter zu Meter vorgenommen, wobei die Nägel in die Mitte der Kettenringe oder -wirbel zu stehen kommen. Findet man eine Abweichung, so wird die Verbindung an dem betreffenden Ringe oder Wirbel gelöst, der Messingdraht entsprechend weiter durchgezogen oder nachgelassen und die Verbindung von neuem geflochten. Es ist zweckmäßig, die Vergleicheinrichtung 20 m lang zu machen, damit die Länge der ganzen Kette auf einmal geprüft werden kann, denn bei der meterweisen Vergleichung können sich die übrigbleibenden kleinen Abweichungen nach dem Ende der Kette hin häufen.

IV. Längenmessungen.

30. Abstecken und Ausfluchten einer Linie. Der eigentlichen Längenmessung geht das Abstecken und Ausfluchten der zu messen-

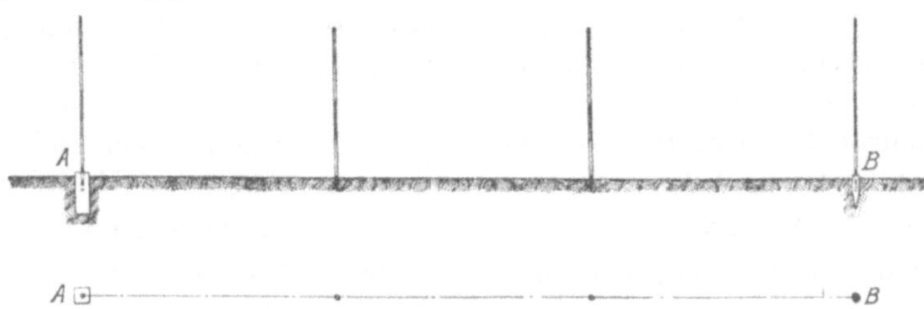

Fig. 54. Ausfluchten einer Linie.

den Linie voraus. Über Tage stellt man in die Endpunkte der Linie Fluchtstäbe lotrecht und richtet zwischen diesen je nach der Länge der Linie eine Anzahl Fluchtstäbe ein, damit man bei der Messung nicht aus der Richtung kommt (Fig. 54). Das Zwischenschalten der Fluchtstäbe geschieht in folgender Weise: Man stellt sich einige Schritte von dem Endpunkte der Linie auf, sieht an einer Kante des vorderen Fluchtstabes vorbei nach dem im andern Endpunkte der Linie stehenden Fluchtstabe und weist einen Gehilfen, der einen Fluchtstab zwischen Daumen und Zeigefinger freischwebend lotrecht hält, in die Linie ein. In dem Augenblick, in dem sich der schwebende Stab mit den bereits stehenden deckt, läßt der Gehilfe den Stab auf einen Wink zwischen den Fingern herabgleiten und stellt ihn fest. Bei einer gut ausgefluchteten Linie müssen sich alle Fluchtstäbe decken. Man prüft es von einem Endpunkte aus, indem man den Körper langsam seitwärts neigt, es müssen dann die einzelnen Stäbe der Reihe nach zum Vorschein kommen.

Unter Tage fluchtet man mit Lampen aus, Fluchtstäbe werden dort nicht gebraucht.

31. Allgemeines über Längenmessungen. Nachdem eine Linie abgesteckt und ausgefluchtet worden ist, erfolgt die Längenmessung in einfacher Weise durch Aneinanderreihen der Meßwerkzeuge und Ablesen der Bruchteile derselben am Ende der Linie.

Fig. 55. Beziehungen zwischen der flachen Länge, der Sohle und der Seigerteufe.

Über Tage werden vorwiegend Meßlatten und Meßbänder benutzt, unter Tage dagegen neben dem Meßband fast nur die Meßkette. Meßlatten werden in der Grube nur ganz ausnahmsweise verwendet. Je nach der Richtung einer Linie in bezug auf eine wagerechte Ebene kann man die Längenmessungen in wagerechte, lotrechte und geneigte Messungen einteilen. Ein wesentlicher Unterschied zwischen den söhligen, seigeren und flachen Messungen besteht jedoch nicht. Eine Ausnahmestellung nehmen nur die Schachtteufenmessungen ein, die in dem Absatz 36 besprochen werden.

Im übrigen stehen die drei Richtungen söhlig, seiger und flach durch den Neigung- oder Fallwinkel untereinander in fester Be-

ziehung (Fig. 55). Mißt man außer der flachen Länge den Neigungswinkel einer Linie, so lassen sich die Sohle und Seigerteufe berechnen.

Es ist: $\qquad\qquad$ $s = l \cdot \cos\alpha$

und $\qquad\qquad\qquad$ $h = l \cdot \sin\alpha$.

32. Messungen mit Meßlatten. Zur Messung einer Linie sind
zwei Latten erforderlich, die abwechselnd aneinandergereiht werden,
wobei auf die Einhaltung der Richtung zu achten ist. Die hintere
Latte wird vor dem Aufheben etwas zurückgezogen, damit die vordere
nicht angestoßen und verschoben wird. Das Zählen der einzelnen
Lattenlängen geschieht laut im Augenblick des Aufhebens; eine Latte,
die noch liegt, gilt als noch nicht gezählt. Zählfehler kann man

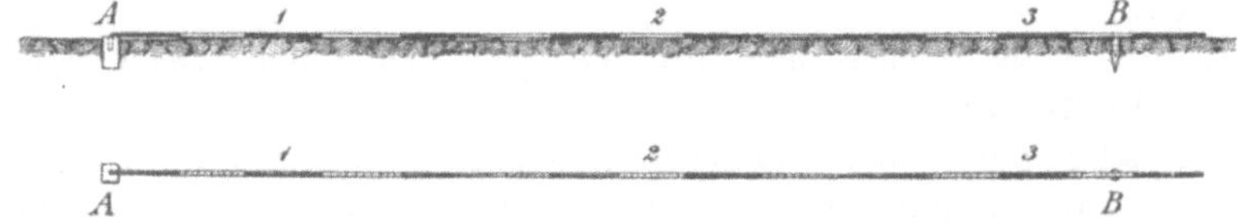

Fig. 56. Messung einer wagerechten Länge mit Meßlatten.

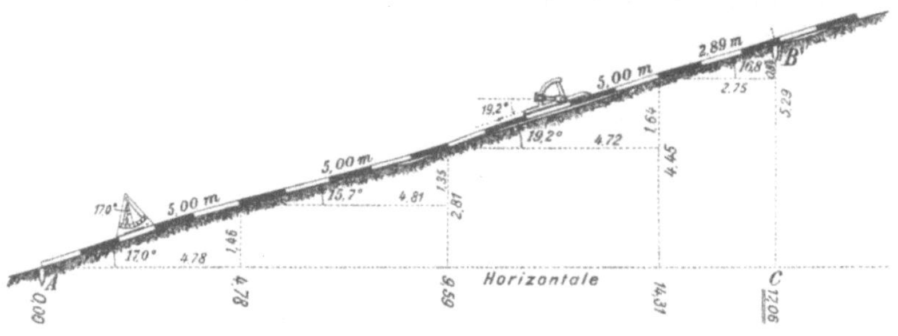

Fig. 57. Messung einer geneigten Länge mit Meßlatten.

dadurch vermindern, daß man die Messung immer mit einer bestimmten
Latte, etwa weiß-rot, beginnt weil diese dann in der ganzen Linie
eine ungerade Zahl bekommt. Der Endpunkt der Linie wird an der
letzten Latte auf Meter und Dezimeter abgelesen, die überschießenden
Zentimeter und nötigenfalls Millimeter werden mit einem Zollstock gemessen. Ein einfaches Beispiel einer wagerechten Längenmessung zeigt
die Figur 56.

Jede Linie ist wenigstens zweimal zu messen und zwar einmal hin
und einmal zurück, denn nur die Wiederholung einer Messung schützt
vor groben Zähl- und Ablesefehlern.

Auf geneigtem Gelände muß der Neigungwinkel jeder einzelnen
Latte mit einer Gradwage (Fig. 34, Seite 27) oder einem Neigungmesser
(Fig. 35, Seite 28) gemessen werden, wie es in der Figur 57 angedeutet

worden ist. Die gemessenen flachen Längen ergaben dort $3 \times 5\,\text{m}$ $+\ 2{,}89\,\text{m} = 17{,}89\,\text{m}$, während die wagerechte Entfernung AC der beiden Punkte A und B aus der Rechnung zu $17{,}06\,\text{m}$ hervorgeht. Der berechnete lotrechte Abstand BC beträgt $5{,}29\,\text{m}$.

An steilen Abhängen und Böschungen wird vielfach nach dem Staffelverfahren gemessen, wobei die einzelnen Latten mit einer Blei- oder Wasserwage wagerecht gerichtet und ihre Endpunkte durch Abloten aneinandergereiht werden (Fig. 58). Benutzt man statt des Lotes eine zweite Latte, so kann man an ihr den Höhenunterschied der Punkte ablesen (Fig. 58 links).

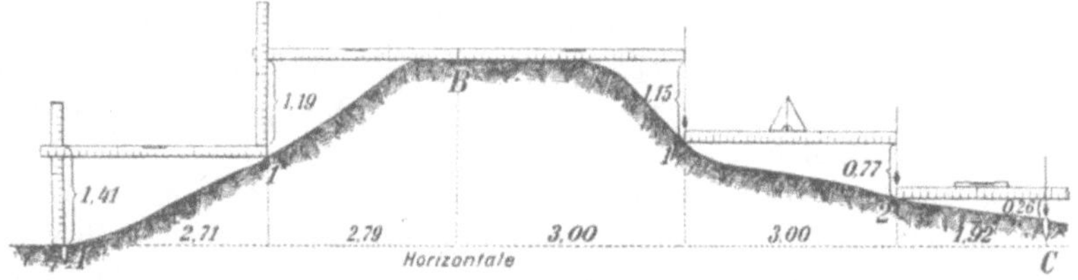

Fig. 58. Staffelmessung.

33. Messungen mit dem Stahlmeßband. Das Meßband wird an der Linie entlang ausgespannt und eingerichtet. Darauf bringt man den Nullpunkt der Teilung mit dem Anfangpunkte der Linie genau zur Deckung, läßt das Band straff ziehen und macht am Endpunkte ein Zeichen auf der Unterlage. Bei den Längenmessungen über Tage wird vielfach das in der Figur 48 a, Seite 35 dargestellte Meßband mit zwei Richtstäben benutzt. Man steckt den einen Stab in den Anfangpunkt der Linie, richtet den zweiten ein und stößt die Spitze desselben nach dem Anziehen des Bandes in den Boden. Darauf rückt das ganze

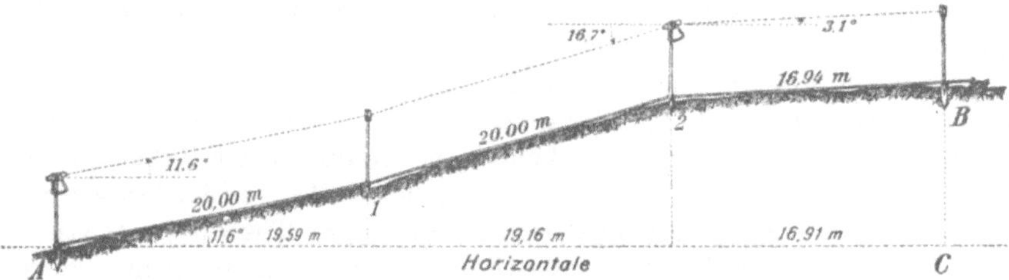

Fig. 59. Messung einer geneigten Länge mit dem Meßband.

Band um seine Länge vor, und der erste Stab wird in das vom zweiten hinterlassene Loch gesetzt. Den Endpunkt der zu messenden Linie liest man auf Meter und Dezimeter am Meßband ab, die überschießenden Zentimeter und Millimeter werden mit einem Zollstock gemessen.

Um Zählfehler zu vermeiden, werden besondere Zählnadeln verwendet, die man am Ende jeder Meßbandlage in den Boden steckt.

Auf geneigtem Gelände wird entweder Staffelmessung angewendet oder der Neigungwinkel jeder Bandlänge gemessen. Zur Messung des Neigungwinkels bedient man sich eines Gefällmessers und einer Zielscheibe. Die Zielachse des Gefällmessers und die Mitte der Zielscheibe liegen in gleicher Höhe über dem Meßband, so daß die Zielungen parallel zum Bande werden. Infolgedessen kann man an dem Gefällmesser unmittelbar den Fallwinkel des Meßbandes ablesen (Fig. 59). Das Verfahren, bei dem besonders auf die lotrechte Stellung der Stäbe zu achten ist, liefert keine sehr genauen Werte. Bei geringen Neigungen, etwa bis 15^0, genügt es aber in vielen Fällen für die Ermittlung der söhligen Entfernungen, dagegen werden die Seigerteufen sehr unsicher. Sie sind deshalb auch in dem in der Figur 59 angegebenen Beispiel nicht berechnet worden.

Es gibt Gefällmesser, die statt des Neigungwinkels unmittelbar die söhlige Entfernung abzulesen gestatten, also statt z. B. einen Fallwinkel von $11,6^0$ anzuzeigen, geben sie die Sohle $19,59$ m $= 20 \cdot \cos 11,6^0$ an.

Fig. 60. Längenmessung mit dem Stahlmeßband unter Tage.

Die Figur 60 zeigt ein unter Tage in söhligen Strecken angewendetes Verfahren mit Benutzung des in der Figur 48 dargestellten Meßbandes.

Geneigte Messungen mit dem Meßband kommen unter Tage meist nur in Verbindung mit Theodolitmessungen in Bremsbergen und Überhauen vor. Dabei können die Längen entweder in der Ziellinie über Spreizen oder über die Sohle gemessen werden, falls das Einfallen gleichmäßig ist. Die Neigungwinkel werden mit dem Theodolit gemessen. In Fällen, wo es auf sehr große Genauigkeit nicht ankommt, kann man die Längen an den Bremsbergschienen entlang messen und die Schienenneigungen mit einer Gradwage (Fig. 34, Seite 27) ermitteln. Im übrigen verwendet man in geneigten Strecken den Gradbogen (Fig. 36, Seite 28), der an eine Meßkette gehängt wird. Bestimmt man den Neigungwinkel statt an der Kette an einer straff gespannten Schnur, so erzielt man eine größere Genauigkeit.

Bei der Messung mit freischwebendem Meßband ist die Verkürzung infolge des Durchhanges zu berücksichtigen. Bezeichnet in der Figur 61 l die Länge des Bandes und h seine Durchbiegung, dann ergibt sich die Verkürzung v bei wagerechten Längen aus:

$$v = \frac{8\,h^2}{3\,l}$$

Ist z. B. l = 20 m und h = 20 cm, so wird:

$$v = \frac{8 \cdot 20^2}{3 \cdot 20 \cdot 100}\ cm = 0,5\ cm = 5\ mm.$$

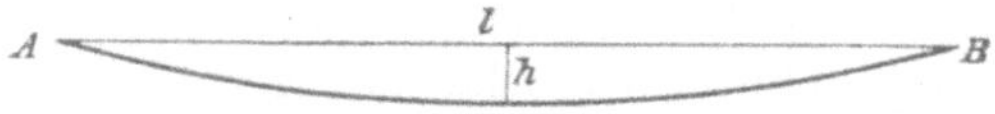

Fig. 61. Durchhang des freischwebenden Meßbandes.

Die gemessene Länge AB beträgt also statt 20 m nur 19,995 m.

Die Größe der Durchbiegung eines Bandes ist von seiner Schwere und Anspannung, sowie von dem Neigungwinkel der Linie abhängig. Sie muß deshalb für jedes Band, jede Spannung und jede Neigung besonders ermittelt werden. Statt dessen ist es einfacher, die Durchbiegung durch Unterstützung des Bandes in der Mitte oder an mehreren Punkten soweit zu verringern, daß ihr Einfluß vernachlässigt werden kann. Beträgt die Durchbiegung z. B. statt 20 cm nur 5 cm, so sinkt ihr Einfluß bei einer Länge von 20 m unter $^1/_2$ mm und kann meist vernachlässigt werden.

34. Längenmessungen mit der Meßkette. Längenmessungen mit der Meßkette (Fig. 50, Seite 36) sind ihrer Einfachheit wegen sehr beliebt. Man hängt einen Haken in den Anfangspunkt der Linie, entweder in das vorhandene Ringeisen oder über einen Pfriemen, und spannt die Kette freischwebend aus. Am Endpunkte wird die Kette wieder über einen Pfriemen gezogen. Der Beobachter geht dann an ihr entlang und prüft, ob sie freihängt. Bei flachen Längen wird der Gradbogen (Fig. 36, Seite 28) angehängt und der Neigungwinkel abgelesen. Man kann die Kette natürlich auch zu Längenmessungen auf der Sohle benutzen, jedoch zieht man hier das ebenfalls einfache und genauere Meßband vor.

35. Die Genauigkeit der Längenmessungen. Keine Messung ist „ganz genau“, mag sie mit noch so feinen Geräten und mit der größten Sorgfalt ausgeführt sein. Das Ergebnis bleibt immer in gewissen Grenzen unsicher, auch wenn grobe Fehler, z. B. Ablesefehler, ausgeschlossen sind. Der Grund für diese Erscheinung liegt außer in der u n v e r m e i d - l i c h e n Ungenauigkeit und Unbeständigkeit der Meßwerkzeuge in der Unvollkommenheit der menschlichen Sinne und der Beobachtungverfahren. Die Grenze des zulässigen Fehlers, mit dem das Ergebnis einer Messung behaftet sein darf, hängt von ihrem praktischen Zwecke ab. Während z. B. bei der Messung der Lichtwellenlänge eine Genauigkeit von einem Millionstel Millimeter erforderlich ist, genügt für die gewöhnlichen Längenmessungen meist eine Genauigkeit von Zentimetern, zuweilen sogar von Dezimetern. Die Genauigkeit, mit der eine Messung ausgeführt ist, wird durch Wiederholungmessungen bestimmt. Man begnügt sich meist mit zwei- oder höchstens dreifacher Messung und nimmt an, daß das Mittel aus den verschiedenen Messungen den richtigen Wert darstellt. An den Unterschieden zwischen den Ergebnissen der Einzelmessungen beurteilt man die Genauigkeit und Brauchbarkeit der Messungen.

Auf Grund ausgedehnter Versuchmessungen sind Fehlergrenzen aufgestellt worden, die in brauchbaren Messungen nicht überschritten werden dürfen. Die Anweisung VIII vom 25. Oktober 1881 für das Verfahren der Erneuerung der Karten und Bücher des preußischen Grundsteuerkatasters enthält folgende

Zahlentafel der Fehlergrenzen bei Längenmessungen.

Gemessene Länge	Zulässiger Unterschied zwischen zwei Messungen		
	I. unter günstigen Verhältnissen	II. unter mittleren Verhältnissen	III. unter ungünstigen Verhältnissen
10 m	0,06 m = 0,60%	0,08 m = 0,80%	0,09 m = 0,90%
50 „	0,14 „ = 0,28 „	0,18 „ = 0,36 „	0,20 „ = 0,40 „
100 „	0,21 „ = 0,21 „	0,26 „ = 0,26 „	0,30 „ = 0,30 „
200 „	0,32 „ = 0,16 „	0,39 „ = 0,20 „	0,45 „ = 0,22 „
300 „	0,41 „ = 0,14 „	0,50 „ = 0,17 „	0,57 „ = 0,19 „
400 „	0,49 „ = 0,12 „	0,60 „ = 0,15 „	0,69 „ = 0,17 „
500 „	0,57 „ = 0,11 „	0,70 „ = 0,14 „	0,81 „ = 0,16 „
1000 „	0,95 „ = 0,08 „	1,16 „ = 0,12 „	1,34 „ = 0,13 „

Die Fehlergrenzen für Grubenmessungen mit dem Stahlmeßband sind bedeutend enger. Aus den an zahlreichen Messungbeispielen vorgenommenen Untersuchungen des Deutschen Markscheider-Vereins entstand folgende

Zahlentafel der Fehlergrenzen bei Längenmessungen mit dem Stahlmeßband in den Hauptgrubenzügen.

Gemessene Länge	Zulässiger Unterschied zwischen zwei Messungen		
	I. bei einer Neigung von 0°—5°	II. bei einer Neigung von 5°—45°	III. bei einer Neigung von 45°—90°
10 m	6 mm	12 mm	12 mm
50 „	16 „	27 „	28 „
100 „	27 „	42 „	43 „
200 „	49 „	68 „	75 „
300 „	71 „	94 „	105 „

Gemessene Länge	Zulässiger Unterschied zwischen zwei Messungen		
	I. bei einer Neigung von 0°—5°	II. bei einer Neigung von 5°—45°	III. bei einer Neigung von 45°—90°
400 m	93 mm	120 mm	134 mm
500 „	115 „	145 „	163 „
600 „	136 „	171 „	193 „
700 „	158 „	196 „	222 „
800 „	180 „	221 „	251 „
900 „	202 „	245 „	280 „
1000 „	224 „	253 „	310 „
1500 „	333 „	398 „	456 „
2000 „	442 „	524 „	602 „
2500 „	551 „	649 „	748 „
3000 „	660 „	775 „	894 „

Die Längenmessungen mit der Kette sind viel ungenauer als die Stahlbandmessungen.

Nach den allgemeinen Vorschriften für die Markscheider im Preußischen Staate vom 21. Dezember 1871 soll der Unterschied in der söhligen Länge nicht mehr als $1/800$ der gemessenen Länge betragen, also bei 100 m nicht mehr als $12^1/_2$ cm.

Bei sorgfältiger Messung mit einer guten Kette kann man annehmen, daß eine einmal gemessene Länge von 20 m Länge um ± 5 cm $= 1/_4\%$ unsicher ist. Auf 100 m ergibt sich daraus eine Unsicherheit

$$\text{von } \pm 5 \sqrt{\frac{100}{20}} = \pm 11 \text{ cm} = 1/_{10}\%, \text{ auf } 1000 \text{ m} \pm 35 \text{ cm} = 1/_{30}\%.$$

Hier wie auch in den obigen Zahlentafeln sieht man, daß das Ergebnis bei größern Längen verhältnismäßig günstiger ist als bei ganz kurzen Entfernungen. Der Grund für diese Erscheinung beruht darin, daß die Fehler sich z. T. gegenseitig aufheben. Infolgedessen wächst der Gesamtfehler nur mit der Quadratwurzel aus der gemessenen Länge.

Man kann die Genauigkeit einer Messung durch Wiederholungen steigern. Die Genauigkeit steigt aber ebenfalls nur mit der Quadratwurzel aus der Anzahl der Wiederholungmessungen, so daß eine 4-, 9-, 16- oder 100 fach gemessene Länge nur 2, 3, 4 oder 10 mal genauer ist als eine einfach gemessene. Zahlreiche Wiederholungen einer Messung sind deshalb unwirtschaftlich, man begnügt sich vorteilhafter mit einer sehr sorgfältig ausgeführten Doppelmessung.

36. Schachtteufenmessungen. In wenig tiefen Schächten kann man mit dem Meßband oder der Kette an den lotrechten Schachthölzern entlang messen. Die Figur 62 zeigt die absatzweise Teufenmessung in einem blinden Schacht. Der Anhaltepunkt a der Kette oder des Meßbandes liegt dort 1,46 m über der Sohle, dann folgen

zwei ganze Längen zu 20 m und ferner ein Bruchstück von 15,24 m
bis zum Endpunkte b, der 0,84 m über der Sohle angebracht ist. In a
und b sind Ringeisen geschlagen. Der Sohlenabstand zwischen dem
Hauptquerschlag und der Teilsohle berechnet sich zu:

$$1{,}46 + 20{,}00 + 20{,}00 + 15{,}24 - 0{,}84 \text{ m} = 55{,}86 \text{ m}.$$

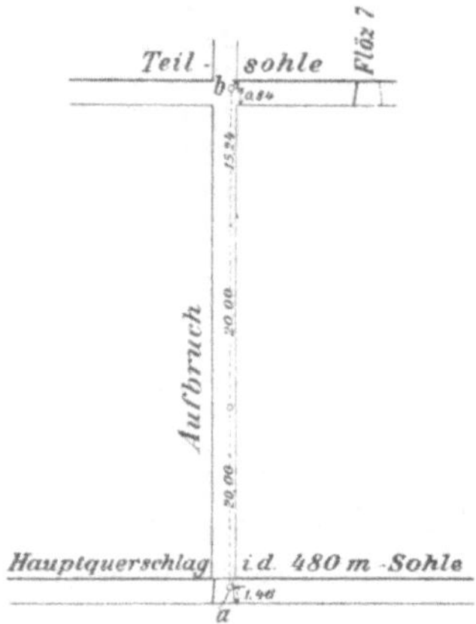

Fig. 62. Absatzweise Teufenmessung.

Zur Messung von tiefen
Schächten werden fast ausschließlich sehr lange Stahlmeßbänder benutzt. Das
auf eine große mit Haspel
und Feststellvorrichtung
versehene Rolle gewickelte
Schachtmeßband wird an
der Hängebank aufgestellt
und über eine kleine
Laufrolle in den Schacht
herabgelassen (Figur 63).
Nach erfolgter Feststellung
des Haspels liest man
an der Hängebank und
in den Füllörtern der verschiedenen Sohlen, in denen
meist besondere Höhenfestpunkte angebracht sind,
a b. In der Figur 62 ist abgelesen: 0,473 m an der
II., 94,154 m an der I. Sohle und 306,421 m an der
Rasenhängebank. Aus diesen Zahlen ergibt sich die
Teufe des Schachtes bis zur I. Sohle zu 306,421 —
94,154 = 212,267 m und bis zur II. Sohle zu 306,421 —
0,473 = 305,948 m.

Hierbei sind die Längenänderungen des Stahlban-
des unter den Einflüssen der Temperatur und des eigenen
Gewichtes noch nicht berücksichtigt. Hatte das benutzte Band bei $+20^{\circ}$ C seine richtige Länge und
herrschte während der Messung im Schacht eine Temperatur von $+10^{\circ}$ C, so berechnet sich die Verkürzung
des Bandes bis zur I. Sohle zu $212 \times 10 \times 0{,}011$ mm $= 23$ mm und
bis zur II. Sohle zu 34 mm. Um diese Beträge sind die aus den unmittelbar abgelesenen Zahlen berechneten Teufen zu groß.

Die Längung lotrecht freihängender Stahlmeßbänder durch ihr
eigenes Gewicht ist für alle Bänder gleich und nur von der Länge des
freihängenden Bandstückes abhängig. Sie ist aus der nachstehenden
Zahlentafel zu entnehmen.

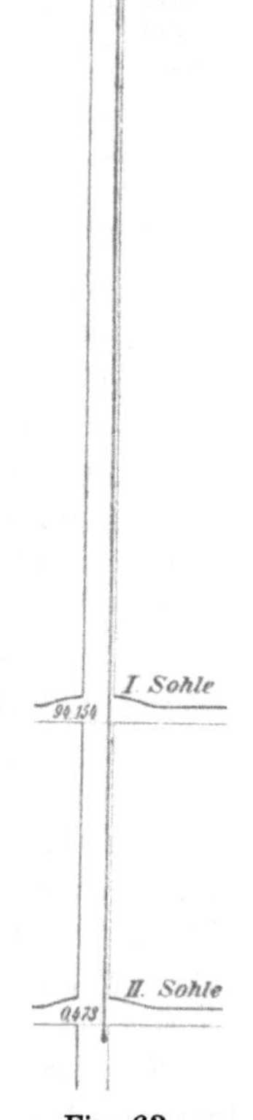

Fig. 63.
Schachtteufen-
messung.

Zahlentafel der Längung von lotrecht freihängenden Stahlmeß-
bändern durch Eigengewicht (nach Haußmann).

Teufe	Länge des freihängenden Meßbandes in Metern						
	20	50	100	200	300	400	500
m	Längung in Millimetern						
20	0,1	0,3	0,7	1,5	2	3	4
50		0,5	1,5	3	5	7	9
100			2	6	10	14	18
200				8	16	23	31
300					18	29	41
400						31	47
500							49

In dem oben angeführten Beispiel (Fig. 63) beträgt die Teufe bis
zur I. Sohle 212 m, die Länge des freihängenden Bandes 306 m. Hierzu gehört der Tafelwert 16 mm, um den die aus den unmittelbar abgelesenen Zahlen berechnete Teufe vermehrt werden muß. Die Teufe
bis zur II. Sohle wurde zu rund 306 m gefunden, wozu der Tafelwert
18 mm gehört.

Bringt man die Verbesserungen wegen der Temperaturverschieden-
heiten und der Längung durch das Eigengewicht des Bandes an die aus
den unmittelbar abgelesenen Zahlen berechneten Teufen an, so erhält
man folgende Werte:

Teufe der I. Sohle $= 212{,}267 - 0{,}023 + 0{,}016$ m $= 212{,}260$ m

Teufe der II. Sohle $= 305{,}948 - 0{,}034 + 0{,}018$ m $= 305{,}932$ m

Die zulässigen Fehlergrenzen bei Schachtteufenmessungen ergeben sich aus der folgenden Zahlentafel:

Teufe	Zulässiger Unterschied zwischen zwei Messungen	Teufe	Zulässiger Unterschied zwischen zwei Messungen
m	mm	m	mm
10	14	500	103
50	18	600	123
100	26	700	144
200	45	800	164
300	64	900	183
400	84	1000	204

Abstecken von rechten Winkeln.

I. Abstecken von rechten Winkeln durch Längenmessungen.

37. Allgemeines. Bei ganz kurzen Senkrechten genügt häufig die Abschätzung des rechten Winkels nach dem Augenmaß. Unter Tage ist das Auge hierfür besonders empfindlich, so daß man dort rechte Winkel durch Einweisen von Lampen ziemlich genau schätzen kann. Alle scharfen Bestimmungen erfordern natürlich die Anwendung von Hilfsmitteln. Viele Absteckungen, von denen im Nachstehenden einige erläutert werden, können mit Längenmeßwerkzeugen ausgeführt werden. Man unterscheidet zwischen Errichten und Fällen von Senkrechten.

38. Errichten von Senkrechten. 1. Beispiel. Auf der Linie A B soll im Punkte C die Senkrechte errichtet werden.

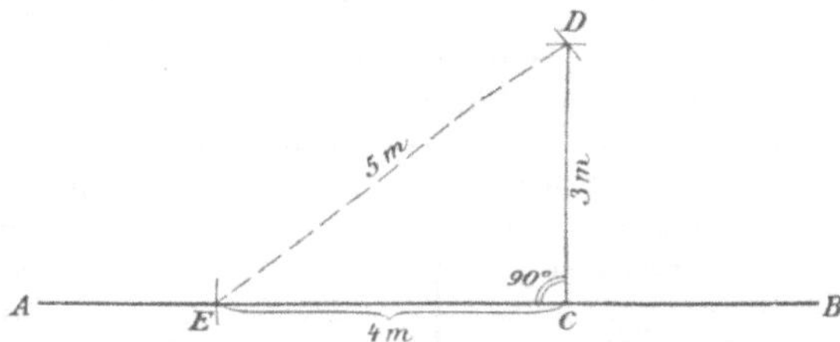

Fig. 64. Errichten einer Senkrechten. 1. Beispiel, Lösung a.

Lösung a) Fig. 64. Man mißt auf A B von C aus 4 m ab, schlägt um C einen Kreis mit 3 m und um E einen solchen mit 5 m Halbmesser. Verbindet man den Schnittpunkt D der beiden Kreise mit C, so steht C D senkrecht auf A B. Beweis: Pythagoras.

Lösung b) Fig. 65. Man mißt von C aus in der Linie A B nach beiden Seiten hin gleiche Stücke ab, etwa 5 m bis zu den Punkten E und F. In diesen Punkten hakt man die Kette ein und zieht deren Mitte nach der Seite hin straff. Die Mitte D der Kette liegt dann auf der Senkrechten durch den Punkt C. Zur Probe bestimmt man in gleicher Weise den Punkt G auf der andern Seite von AB. Die Linie CD muß dann durch C gehen.

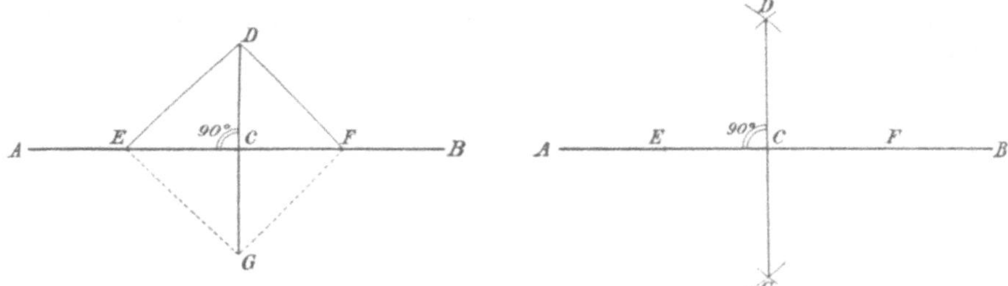

Fig. 65. Errichten einer Senkrechten.
1. Beispiel, Lösung b.

Fig. 66. Errichten einer Senkrechten.
1. Beispiel, Lösung c.

Lösung c) (Fig. 66). Wie unter b) werden E und F bestimmt. Darauf beschreibt man um diese Punkte mit EF und FE zwei Kreise. Die Verbindunglinie der Schnittpunkte der beiden Kreise steht in C senkrecht auf AB. Man kann die Halbmesser der Kreise natürlich auch größer oder kleiner wählen als EF, jedoch ist die gleichseitige Form der Dreiecke EDF und EGF die beste.

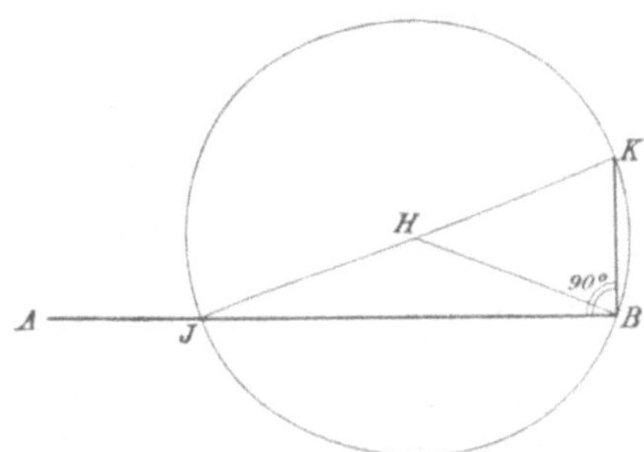

Fig. 67. Errichten einer Senkrechten. 2. Beispiel, Lösung b.

2. Beispiel. Im Endpunkte B der Linie AB soll ein Lot errichtet werden.

Lösung a). Man verlängert AB über B hinaus und verfährt wie im 1. Beispiel.

Lösung b) Fig. 67. Man mißt von B aus in einer beliebigen Richtung eine Strecke ab, beschreibt um den Endpunkt H den Kreis mit HB und verlängert JH bis K. Dann steht KB senkrecht auf BA. Beweis: Der Winkel KBJ ist als Umfangwinkel im Halbkreise ein Rechter.

39. Fällen von Senkrechten. 1. **Beispiel** (Fig. 68). Vom Punkte C, der von der Linie AB um weniger als eine Ketten- oder Meßbandlänge entfernt ist, soll die Senkrechte auf AB gefällt werden.

Lösung. Man beschreibt um C einen Kreis, der AB in E und F schneiden möge. Teilt man dann die Strecke EF, so ist der Punkt D der Fußpunkt der Senkrechten CD.

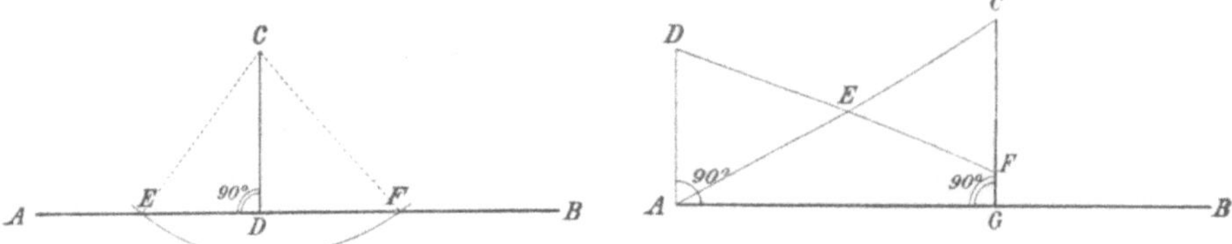

Fig. 68. Fällen einer Senkrechten.
1. Beispiel.

Fig. 69.   Fällen einer Senkrechten.
2. Beispiel.

2. **Beispiel** (Fig. 69). Der Abstand des Punktes C von der Linie A betrage mehr als eine Ketten- oder Meßbandlänge.

Lösung. Man errichtet in A die Senkrechte AD, zieht AC und teilt es, dann verlängert man DE über E hinaus bis $EF = ED$. Der Punkt F ist dann ein Punkt der Senkrechten GC.

Der **Beweis** ergibt sich aus der Übereinstimmung der Dreiecke ADE und ECF, aus der folgt, daß $\sphericalangle ECF = \sphericalangle DAE$. . CF ist also parallel DA, und da $DA \perp AB$ errichtet ist, so steht auch CF oder $CG \perp AB$.

II. Geräte zum Abstecken von rechten Winkeln.

40. Zielgeräte. Das einfachste Gerät zum Abstecken von rechten Winkeln ist eine Scheibe aus Holz oder Metall, auf der vier Spitzen so angeordnet sind, daß ihre Verbindunglinien einen rechten Winkel miteinander bilden (Fig. 70). Indem man nacheinander über zwei gegenüberstehende Spitzen hinwegsieht, erhält man zwei aufeinander senkrecht stehende Richtungen. Die Scheibe kann mit einer Hülse auf einen Stab und dieser in den Punkt gestellt werden, von dem die Senkrechte ausgehen soll.

Die Figur 71 zeigt die Form eines vielfach angewendeten Zielgerätes. Auf einer Unterlage U stehen im Abstand von einigen Dezimetern zwei lotrechte Platten P_1 und P_2, die mit Schaulöchern und Fenstern versehen sind. Durch die Mitte der Fenster sind dünne Fäden gespannt. Die Ziellinie geht von einem Schauloch aus durch die Mitte des gegenüberliegenden Fensters. Durch entsprechende Anordnung der Schaulöcher und Fenster sind gegenseitige und geneigte

Zielungen möglich (siehe die Pfeile in der Figur 71). Statt der Schaulöcher und Fenster können auch zwei schmale Spalten benutzt werden.

An den Zielgeräten, die zum Abstecken von rechten Winkeln dienen, sind zwei Zieleinrichtungen vorhanden, deren Verbindunglinien einen Winkel von 90° miteinander bilden (Fig. 72).

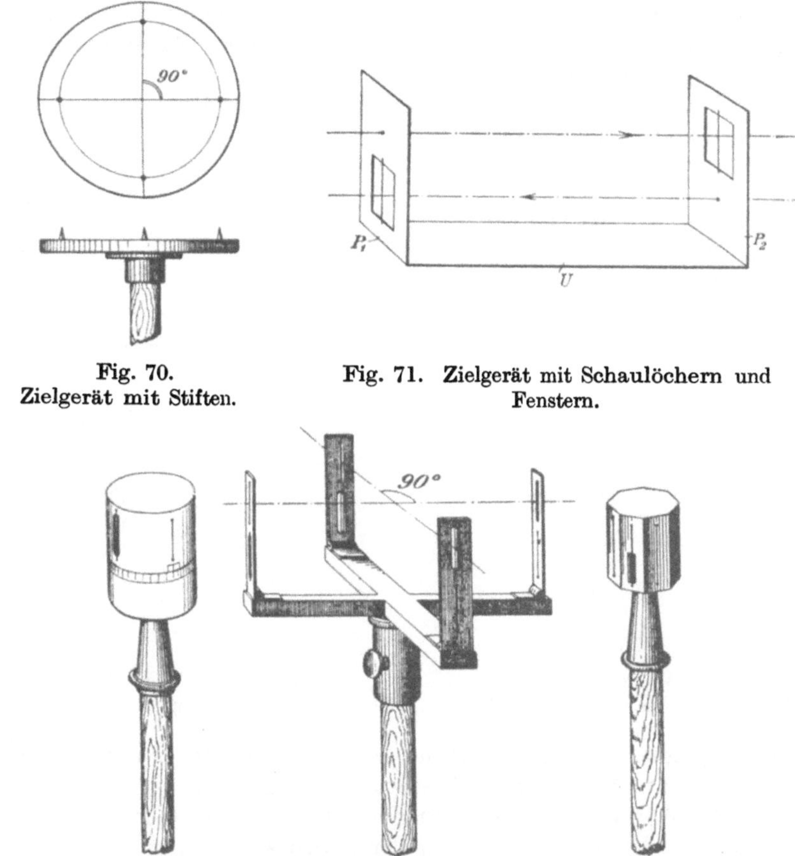

Fig. 70.
Zielgerät mit Stiften.

Fig. 71. Zielgerät mit Schaulöchern und Fenstern.

Fig. 74. Winkeltrommel. Fig. 72. Winkelkreuz. Fig. 73. Winkelkopf.
(Ungefähr ¹/₈ der natürl. Größe.)

Bei dem Winkelkopf (Fig. 73) sind vier Zielvorrichtungen in den Mantelflächen eines achtseitigen Prismas angebracht, so daß Winkel von 90° und 45° abgesteckt werden können. Neben der eckigen Form des Winkelkopfes sind auch zylinder-, kegel- und kugelförmige Gehäuse im Gebrauch. Die Vorrichtungen in kegel- und kugelförmigen Gehäusen ermöglichen steile Zielungen.

Das Gehäuse der Winkeltrommel (Fig. 74) besteht aus zwei Teilen, von denen der untere feststehende mit einer Gradteilung versehen ist. Der obere Teil ist um die gemeinschaftliche Langachse drehbar und mit einer Marke versehen, deren Stellung auf der Kreisteilung abgelesen werden kann. Das Gerät ermöglicht das Abstecken und Messen von Winkeln beliebiger Größe.

Beim Gebrauch werden die Zielgeräte auf einen Stab gesteckt, der während der Zielungen lotrecht stehen muß. Zu diesem Zweck sind häufig Dosenlibellen angebracht.

41. Spiegelgeräte. Statt wie bei den Zielgeräten zwei Zielungen nacheinander vorzunehmen, kann man die beiden Zielungen auch durch

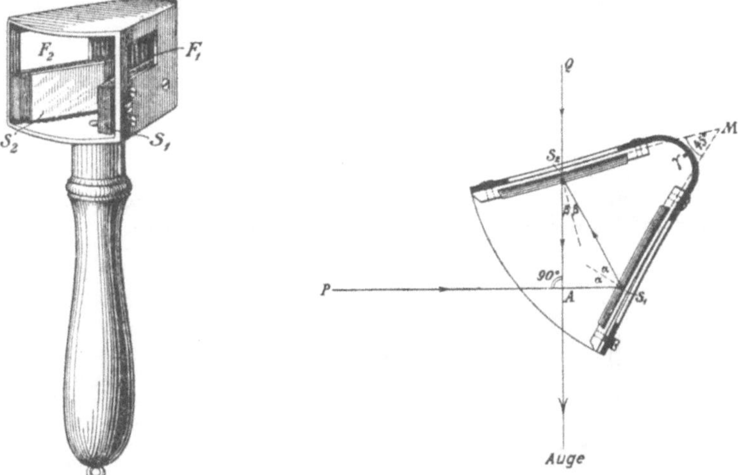

Fig. 75. Winkelspiegel.
(Ungefähr ½ der natürl. Größe.)

Fig. 76. Gang der Strahlen im
Winkelspiegel.

Spiegelung zusammenfallen lassen. Die Spiegelgeräte ermöglichen das Abstecken eines Winkels durch eine einzige Zielung.

a) Der Winkelspiegel. Der Winkelspiegel, von dem die Figur 75 eine Ansicht wiedergibt, besteht in der Hauptsache aus zwei lotrechten Spiegeln S_1 und S_2, deren Flächen miteinander einen Winkel von 45^0 bilden. Über den Spiegeln, die in einem Messinggehäuse befestigt sind, befinden sich die Fenster F_1 und F_2. Beim Gebrauch wird das Spiegelgehäuse mit einem Handgriff lotrecht gehalten oder auf einen Stab geschraubt, der dann in dem Scheitelpunkte des abzusteckenden Winkels lotrecht gestellt wird.

Die Wirkungweise des Winkelspiegels sei an der Figur 76 erläutert, die einen wagerechten Schnitt durch das Spiegelgehäuse darstellt. In den Punkten P und Q sind zwei Fluchtstäbe lotrecht aufgestellt.

Das Auge sieht den Stab in Q unmittelbar durch das über dem Spiegel S_2 angebrachte Fenster. Der in P aufgestellte Stab spiegelt sich in S_1, sein Bild wird dort zurückgeworfen und gelangt nach S_2, wo es ebenfalls zurückgeworfen wird. Wenn nun der Punkt A der Scheitelpunkt des rechten Winkels P A Q ist, so deckt sich das von dem Spiegel S_2 zurückgeworfene Bild des in P stehenden Fluchtstabes mit dem Stab in Q, den man durch das Fenster F_2 sieht.

Der Winkel im Punkte A ist aber nur dann gleich 90°, wenn die beiden Spiegelflächen einen Winkel von 45° miteinander bilden.

Beweis. Der Strahl PA fällt unter dem Einfallwinkel α auf den Spiegel S_1 und wird unter dem gleichen Austrittwinkel zurückgeworfen. Ebenso sind Einfall- und Austrittwinkel β am Spiegel S_2 einander gleich.

Nun ist in dem Dreieck $S_1 M S_2$

$$\gamma + (90 - \alpha) + (90 - \beta) = 180°,$$

woraus folgt, daß

$$\gamma = \alpha + \beta.$$

Ferner ist

$$\sphericalangle P A Q = 2\alpha + 2\beta$$

als Außenwinkel des Dreieckes $S_1 S_2 A$.

Da aber $2\alpha + 2\beta = 2\gamma$, so folgt, daß der $\sphericalangle PAQ = 90°$, wenn $\gamma = 45°$ ist, was zu beweisen war.

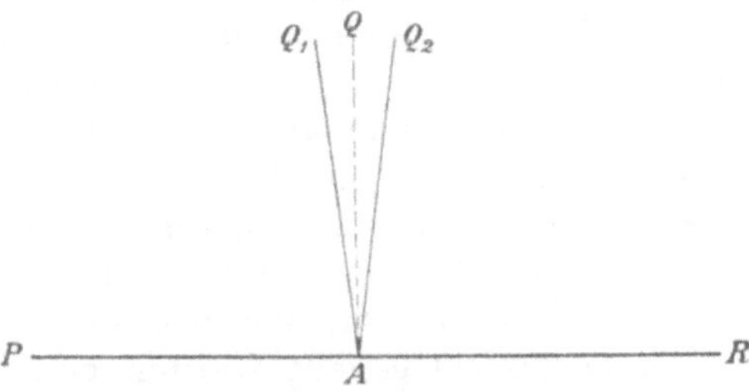

Fig. 77. Prüfung des Winkelspiegels.

Zur Prüfung, ob der Winkel γ zwischen den beiden Spiegelflächen genau 45° ist, steckt man in einem beliebigen Punkte A der Linie PR den rechten Winkel einmal von P aus und dann von R aus ab (Fig. 77). Ist nun der Winkel γ zu klein, so ist auch der abgesteckte Winkel kleiner als 90°, so daß seine freien Schenkel AQ_1 und AQ_2 nicht in AQ zusammenfallen. Zur Beseitigung des Fehlers teilt man die Strecke Q_1Q_2, stellt in Q einen Fluchtstab auf und verstellt einen der beiden Spiegel so lange, bis die Stäbe in P und Q sich decken. Die Spiegelverstellung (in den Figuren 75 und 76 am Spiegel S_1) erfolgt mittels Zug- und Druckschräubchen.

b) Das Winkelprisma. Das Winkelprisma, von dem die Figur 78 eine Ansicht wiedergibt, besteht aus einem fein geschliffenen Glaskörper mit dreieckiger, rechtwinklig gleichschenkliger Grundfläche. Die Gegenfläche ist wie ein Spiegel hinterlegt, so daß die Lichtstrahlen an ihr zurückgeworfen werden. Ein Lichtstrahl, der in der Nähe der Kante K eintritt (Fig. 79), wird nach der Brechung zunächst an der gegenüberliegenden Kathetenfläche, dann an der Gegenfläche zurück-

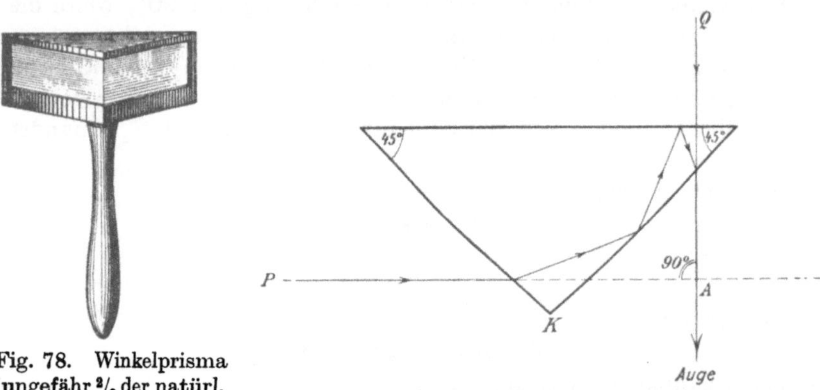

Fig. 78. Winkelprisma (ungefähr $^2/_3$ der natürl. Größe).

Fig. 79. Gang der Strahlen im Winkelprisma.

geworfen und tritt senkrecht zum einfallenden Strahle wieder aus. Er heißt der feste Strahl im Gegensatz zu den nur an der Gegenfläche zurückgeworfenen Strahlen, die, mit Ausnahme des unter 45° auffallenden, bei der Drehung des Prismas sich mitdrehen. Der austretende feste Strahl ist immer in der Nähe einer Kante zu suchen, und zwar an der von dem einfallenden Strahle abgewendeten Kante.

Beim Gebrauch wird das Prisma mit einem Handgriff lotrecht gehalten oder auf einen Stab geschraubt, der in dem Scheitelpunkte des abzusteckenden Winkels lotrecht gestellt werden muß.

Die Prüfung des Winkelprismas erfolgt in derselben Weise wie beim Winkelspiegel, jedoch ist eine Berichtigung durch Schrauben nicht möglich. Ergeben sich bei der Prüfung Unterschiede, so muß das Prisma nachgeschliffen werden. Prismen aus guten Werkstätten sind immer zuverlässig.

Kleine Lageaufnahmen über Tage und Herstellung von Lageplänen.

I. Aufnahme von Gebäuden und andern Tagesanlagen.

Es werden hierbei folgende Geräte gebraucht: Eine Anzahl Fluchtstäbe zur Punktbezeichnung, ein Lot, ein Stahlmeßband oder ein Paar 5 m-Meßlatten, ein Rollenmeßband oder eine Meßkette oder ein Paar 3 m-Latten, ein Zollstock und endlich ein Gerät zum Abstecken rechter Winkel. Außer dem Beobachter sind wenigstens zwei Leute zur Bedienung der Geräte erforderlich.

Bei einem Hause mit rechtwinkligem Grundriß mißt man ringsum die Länge der Haussockel, bei einer geraden Straße nur die Breite des Fahrdammes und der Bürgersteige. Sind mehrere Gebäude aufzunehmen oder ist die Straße gekrümmt, so legt man eine gerade Aufnahmelinie durch das Gelände und fällt von den Ecken der Häuser Senkrechten, deren Längen (Ordinaten) und Entfernungen (Abszissen) vom Anfangpunkte der Aufnahmelinie gemessen werden. Man bestimmt also mit andern Worten die Koordinaten der Eckpunkte, bezogen auf ein Koordinatennetz, dessen Abszissenachse die Aufnahmelinie ist.

Das Verfahren sei an der Figur 80 erläutert:

Die Endpunkte der Aufnahmelinie AB, die in der Längsrichtung durch das aufzunehmende Gebiet gelegt ist, werden durch Pfähle, Rohre oder durch Bohrungen in Steinen festgelegt. Dann wird die ganze Länge AB mit einem Stahlmeßband oder mit Meßlatten gemessen. Darauf streckt man das Meßband von A aus in der Richtung nach B aus und geht mit dem Winkelgerät in der Hand an dem Bande entlang, bis das Bild des an der ersten Ecke des Hauses Nr. 27 aufgestellten Fluchtstabes sich mit dem in B stehenden Stabe deckt. An dieser Stelle wird am Meßband die Abszisse 20,3 m abgelesen. Dann wird die Länge der Ordinate gemessen und zu 13,7 m gefunden. Beide Zahlen trägt man sorgfältig in eine nach der Natur entworfene Handzeichnung ein. Für die zweite Ecke desselben Hauses lauten die entsprechenden Zahlen 38,7 m und 12,5 m. Wichtig ist namentlich für den Anfänger, daß in der Handzeichnung **sofort** die Linien zwischen den einzelnen aufgenommenen Punkten gezogen werden, weil man später, wenn bereits viele Punkte eingetragen sind, nicht mehr weiß, **welche** Punkte untereinander verbunden werden müssen. Anderer-

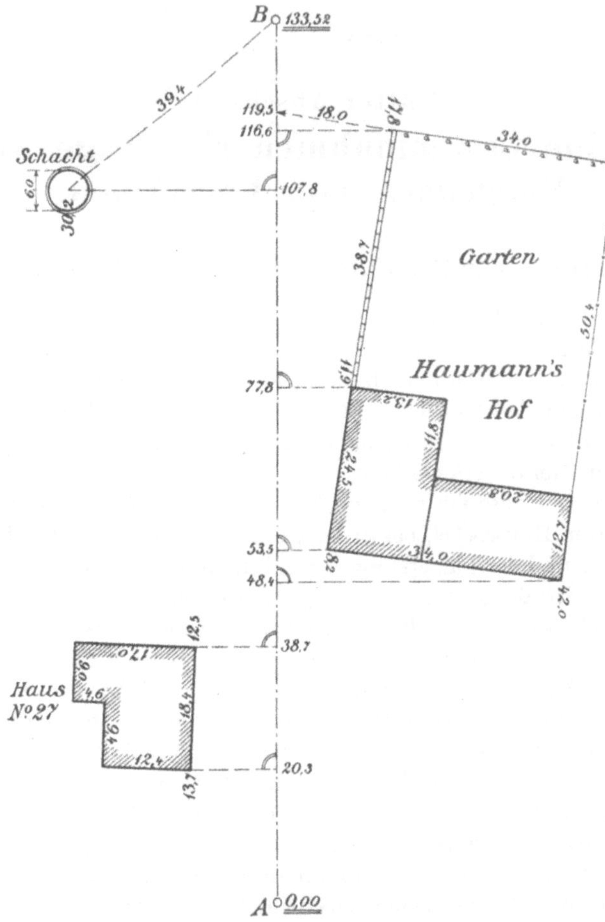

Fig. 80. Lageaufnahme.

seits soll die Handzeichnung nicht bereits vor Beginn der Messung entworfen werden, sondern mit dieser zusammen allmählich entstehen, da man sonst häufig mit den Maßen nicht auskommt. Die Handzeichnung ist so klar und deutlich zu führen, daß jeder Sachverständige nach ihr den Lageplan anfertigen kann.

Zur Sicherung der Aufnahme und zur Vermeidung von Irrtümern bestimmt man auch die Schnittpunkte der verlängerten Hausfluchten oder Grenzlinien mit der Aufnahmelinie. In der Figur schneidet z. B. die Verlängerung der Hecke die Linie AB bei 119,5 m, ferner ist die Aufnahme des Schachtmittelpunktes durch das Stichmaß 39,4 m gesichert. Eine Probe für die Richtigkeit der gemessenen Ordinaten und Abszissen ergibt sich ferner aus der Messung der Häuserlängen.

Alle Längen sind söhlig zu messen; wo dies nicht möglich ist, müssen auch die Neigungwinkel der einzelnen Meßband- oder Lattenlängen bestimmt werden, so daß vor der Herstellung des Lageplanes die Sohlen berechnet werden können.

Fig. 81. Abstecken von parallelen Linien.

Die Darstellung der verschiedenen Gegenstände erfolgt mit Hilfe der in der Fig. 160, Seite 161 zusammengestellten Zeichen.

Wenn eine einzige Aufnahmelinie für das betreffende Gelände nicht ausreicht, so werden mehrere Linien aneinandergereiht, die senkrecht, parallel oder unter beliebigen Winkeln zueinander angeordnet werden können. Das Abstecken von Parallelen erfolgt entweder durch zweimaliges Abstecken von rechten Winkeln, deren freie Schenkel gleich lang gemacht werden (CD = EF und $\perp$ AB Fig. 81) oder durch zweimaliges Errichten von Senkrechten (CD $\perp$ AB und DE $\perp$ CD Fig. 81).

Die Schnittwinkel von zwei beliebig zueinander liegenden Aufnahmelinien werden mit der Winkeltrommel, dem Theodolit oder dem Richtkreis (Bussole) gemessen. Mehrere aneinandergereihte Aufnahmelinien bilden einen Vieleckzug (Polygonzug).

II. Herstellung von Lageplänen.

Lageaufnahmen, die nur einem vorübergehenden Zwecke dienen, zeichnet man am einfachsten auf Millimeterpapier, weil bei diesem das Auftragen der gemessenen Abszissen und Ordinaten in sehr bequemer Weise durch bloßes Abzählen der Millimeter ohne Verwendung von Zirkel und Maßstab erfolgen kann. Für dauerhafte Pläne verwendet man dagegen festes, trockenes Zeichenpapier, das beim Zeichnen auf einen ebenen Tisch gelegt, jedoch nicht aufgespannt wird, weil Papier sich beim Aufspannen leicht verzieht.

Auf dem Zeichenbogen zieht man in einer geeigneten Lage eine gerade Linie als Grund, bezeichnet den Anfangspunkt A (Fig. 80) durch einen feinen Zirkelstrich und trägt die gemessene Länge der Grundlinie AB in verkleinertem Maßstab ab. Der Maßstab richtet sich nach den Abmessungen der aufgenommenen Tagesanlagen und nach dem Zweck des Lageplanes. Der gebräuchlichste Maßstab für Lageaufnahmen ist 1 : 1000. Die Länge der Grundlinie A B = 133,52 m beträgt auf der

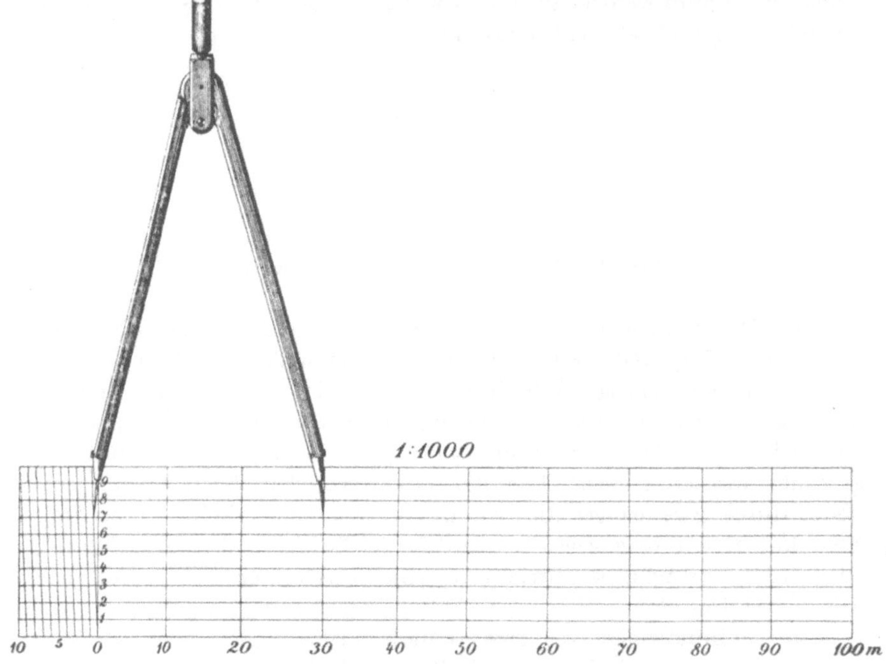

Fig. 82. Gebrauch eines Quermaßstabes.

Karte im Maßstab 1 : 1000 133,52 mm. Man sticht dieses Maß entweder an einem guten Längenmaßstab, z. B. an der am Rechenschieber seitlich angebrachten Millimeterteilung, mit der Zirkelspitze oder mit einer kleinen Nadel ab, oder man entnimmt es mit dem Stechzirkel aus einem Quermaßstab. Für genaues Arbeiten kommen nur Quermaßstäbe aus Metall, meist aus Messing, in Betracht. Die Figur 82 zeigt den Gebrauch von Zirkel und Maßstab; die Zirkelspitzen stehen in der Figur auf 30,7 m.

Von dem Nullpunkte A der Linie AB aus werden nun nacheinander die Entfernungen 20,3 m, 38,7 m usw. abgestochen. In den Stichpunkten errichtet man mit einem guten Dreieck Senkrechten und trägt auf ihnen die Längen 13,7 m, 12,5 m usw. ab.

Die Prüfung eines Dreieckes erstreckt sich auf die Geradlinigkeit der Seiten und die Richtigkeit der Winkel, insbesondere des rechten Winkels. Die Geradlinigkeit wird dadurch geprüft, daß man an der zu prüfenden Seite vorbei eine scharfe Linie zieht, etwa AC in der

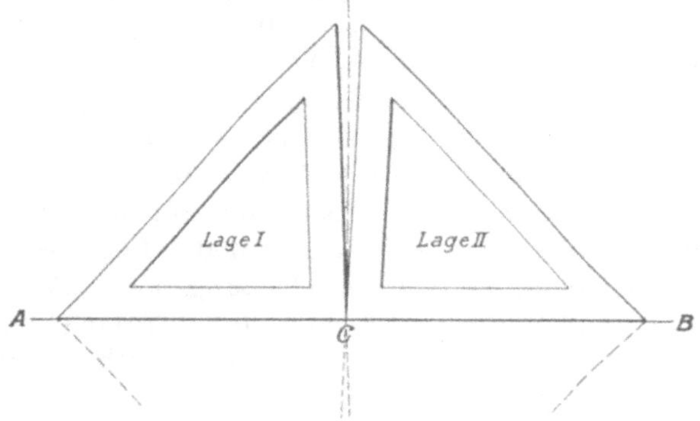

Fig. 83. Prüfung eines Dreiecks.

Figur 83, darauf das Dreieck in die gestrichelt angedeutete Lage umlegt und noch einmal eine Linie zieht. Beide Linien müssen sich decken. Zur Prüfung des rechten Winkels legt man das Dreieck mit einer Seite

an eine gerade Linie (Lage I) und zieht an der freien Seite vorbei eine scharfe Linie. Darauf wird das Dreieck in die Lage II gebracht und eine zweite Linie gezogen. Die beiden Linien müssen sich decken; in der Figur 83 laufen sie auseinander, weil der Winkel bei C kleiner als ein Rechter ist.

Bei genauen Arbeiten ist auf den Zustand der benutzten Dreiecke sehr zu achten. Viele Dreiecke, besonders die größeren Holzdreiecke, sind ungenau.

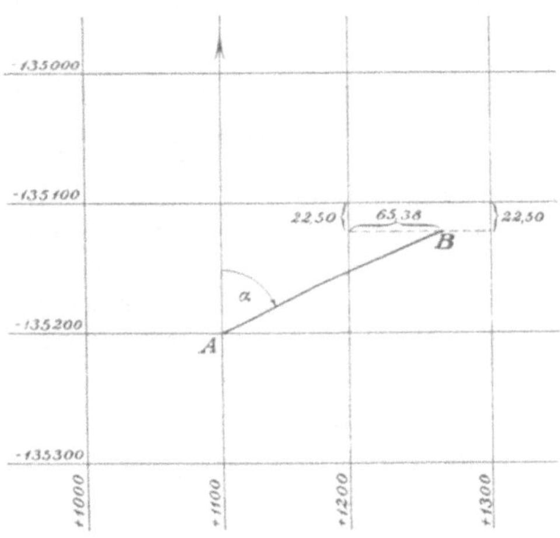

Fig. 84.   Auftragen eines Punktes nach Koordinaten.

Bisher war das Beispiel einer freien Lageaufnahme angenommen, d. h. einer solchen, die nicht an ein Koordinatennetz angeschlossen ist. Liegt aber dem Plan, auf dem neue Aufnahmen gezeichnet werden sollen, ein Koordinatennetz zugrunde, so müssen die Koordinaten des Anfang- und Endpunktes der Aufnahmelinie gegeben sein oder ebenfalls bestimmt werden. Sind z. B. die Koordinaten des Punktes A (Fig. 84) gegeben durch $Y_A = +1100,00$ und $X_A = -135\,200,00$, so liegt A auf dem Schnittpunkte der beiden mit $+1100$ und $-135\,200$ bezeichneten Netzlinien. Hat nun der Punkt B die Koordinaten $Y_B = +1265,38$ und $X_B = -135\,122,50$, so liegt B innerhalb des durch die Netzlinien $+1200$ und $+1300$ sowie $-135\,100$ und $-135\,200$ bezeichneten Viereckes. Um den Punkt aufzutragen, sticht man von der Netzlinie $-135\,100$ nach $-135\,200$ hin auf den Netzlinien $+1200$ und $+1300$ in dem Maßstabverhältnis des Planes je 22,50 m ab und zieht durch die Stichpunkte eine Linie. Trägt man auf dieser von der Netzlinie $+1200$ aus 65,38 m ab, so erhält man die Lage des Punktes B. Zur Prüfung der Zulage und zur Ausschaltung des Fehlers, der durch die allmähliche Verkleinerung des Koordinatennetzes infolge des Papiereinganges hervorgerufen wird, empfiehlt es sich, auch die Ergänzungen $(100 - 22,50) = 77,50$ m und $(100 - 65,38) = 34,62$ m abzutragen. Eine weitere Probe ergibt sich aus dem Vergleich der nach der Zulage der Punkte A und B aus dem Plan abgegriffenen Länge AB mit der gemessenen wagerechten Länge AB.

Der Einfachheit halber war zunächst angenommen, daß der Punkt A gerade auf den Schnittpunkt zweier Netzlinien fiel. Ist es nicht der Fall, so verfährt man, wie es beim Punkte B gezeigt wurde.

III. Aufnahme und Berechnung von Flächen nach den Messungszahlen.

42. Flächenmaße. Die Einheit des Flächenmaßes ist das Quadratmeter (qm), das in Quadratdezimeter (qdm), Quadratzentimeter (qcm) und Quadratmillimeter (qmm) untergeteilt wird. Die Flächeninhalte von Grundstücken werden in Hektar (ha), Ar (a) und Quadratmeter (qm) angegeben. Es ist:

    1 a = 100 qm
    1 ha = 100 a = 10 000 qm
    100 ha = 1 Quadratkilometer (qkm) = 1 000 000 qm.

Alte, aber im Geschäftleben noch häufig gebrauchte Flächenmaße sind:

    1 preußischer Morgen = 180 Quadratruten = 25,532 a
    1 Quadratrute = 144 Quadratfuß = 14,185 qm
    1 Quadratfuß = 144 Quadratzoll.

Ein altes bergmännisches Maß ist das Quadratlachter ($\square$ L) $= 4,378$ qm.

43. Flächenaufnahme. Bei der Flächenaufnahme gebraucht man dieselben Geräte wie bei der unter I. besprochenen Aufnahme eines Lageplanes, auch das Meßverfahren ist im wesentlichen dasselbe. Man legt eine gerade Linie durch die Fläche, möglichst in der Langerstreckung, so daß die Senkrechten nicht über 40 m lang werden. Anfang- und Endpunkt der Aufnahmelinie können mit zwei Ecken der

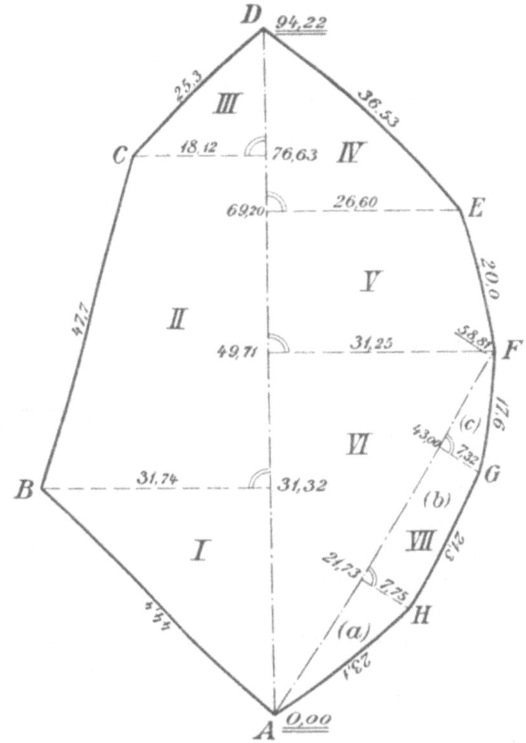

Fig. 85. Flächenaufnahme von einer Schrägen aus.

Fläche zusammenfallen, wie es in der Figur 85 der Fall ist. Durch die Senkrechten wird die ganze Fläche in eine Anzahl Dreiecke oder Trapeze zerlegt, deren Inhalte leicht berechnet werden können. Zur Erzielung kürzerer Senkrechten kann man auch die Verbindunglinie von zwei bereits bestimmten Eckpunkten zur Handlinie machen (z. B. AF in der Figur 85). Das letztere Verfahren empfiehlt sich besonders bei der Aufnahme krummlinig begrenzter Flächen.

Der Inhalt der in der Figur 85 dargestellten Fläche ergibt sich aus der Summe der folgenden Teilflächen:

$$\text{I (Dreieck)} \quad = 31{,}32\,\frac{31{,}74}{2} \qquad\qquad\qquad = 497{,}05 \text{ qm}$$

$$\text{II (Trapez)} \quad = (76{,}63 - 31{,}32)\,\frac{31{,}74 + 18{,}12}{2} = 1129{,}58 \text{ qm}$$

$$\text{III (Dreieck)} \quad = (94{,}22 - 76{,}63)\,\frac{18{,}12}{2} \qquad = 159{,}37 \text{ qm}$$

$$\text{IV (Dreieck)} \quad = (94{,}22 - 69{,}20)\,\frac{26{,}60}{2} \qquad = 332{,}77 \text{ qm}$$

$$\text{V (Trapez)} \quad = (69{,}20 - 49{,}71)\,\frac{26{,}60 + 31{,}25}{2} = 563{,}75 \text{ qm}$$

$$\text{VI (Dreieck)} \quad = 49{,}71\,\frac{31{,}25}{2} \qquad\qquad\qquad = 776{,}72 \text{ qm}$$

$$\text{VIIa (Dreieck)} = 21{,}73\,\frac{7{,}75}{2} \qquad\qquad\qquad = 84{,}20 \text{ qm}$$

$$\text{VIIb (Trapez)} = (43{,}00 - 21{,}73)\,\frac{7{,}75 + 7{,}32}{2} = 160{,}27 \text{ qm}$$

$$\text{VIIc (Dreieck)} = (58{,}81 - 43{,}00)\,\frac{7{,}32}{2} \qquad = 57{,}86 \text{ qm}$$

$$\text{Inhalt der ganzen Fläche } ABCDEFGH = 3761{,}57 \text{ qm}$$

Fällt die Aufnahmelinie nicht mit einer Schrägen der Fläche zusammen, so wird das Aufnahmeverfahren dadurch nicht geändert (Fig. 86). Außer den Fußpunkten der Senkrechten müssen jedoch auch die Schnittpunkte der Grundlinien mit den Grenzlinien des Fläche abgelesen werden. Bei der Berechnung ist zu beachten, daß die außerhalb der aufzunehmenden Fläche entstehenden Teilflächen negativ zu rechnen sind.

Ein besonderer Fall ist der, daß die Aufnahmelinie ganz außerhalb der Fläche liegt. Das Meßverfahren ändert sich dabei nicht, aber die Berechnung gestaltet sich insofern anders, als positive und negative Teilflächen sich überdecken. Der Inhalt der Fläche $ABCDE$ (Fig. 87) ergibt sich aus der Summe von drei Teilflächen, vermindert um zwei Teilflächen. Es entsteht folgende Gleichung:

$$J = (x_B - x_A)\,\frac{y_B + y_A}{2} + (x_C - x_B)\,\frac{y_B + y_C}{2} + (x_D - x_C)\,\frac{y_C + y_D}{2}$$

$$- (x_D - x_E)\,\frac{y_D + y_E}{2} - (x_E - x_A)\,\frac{y_A + y_E}{2}$$

Faßt man die entsprechenden Glieder zusammen, so geht die Gleichung in folgende einfache Form über:

$$2\,J = x_A\,(y_E - y_B)$$
$$+\ x_B\,(y_A - y_C)$$
$$+\ x_C\,(y_B - y_D)$$
$$+\ x_D\,(y_C - y_E)$$
$$+\ x_E\,(y_D - y_A)$$

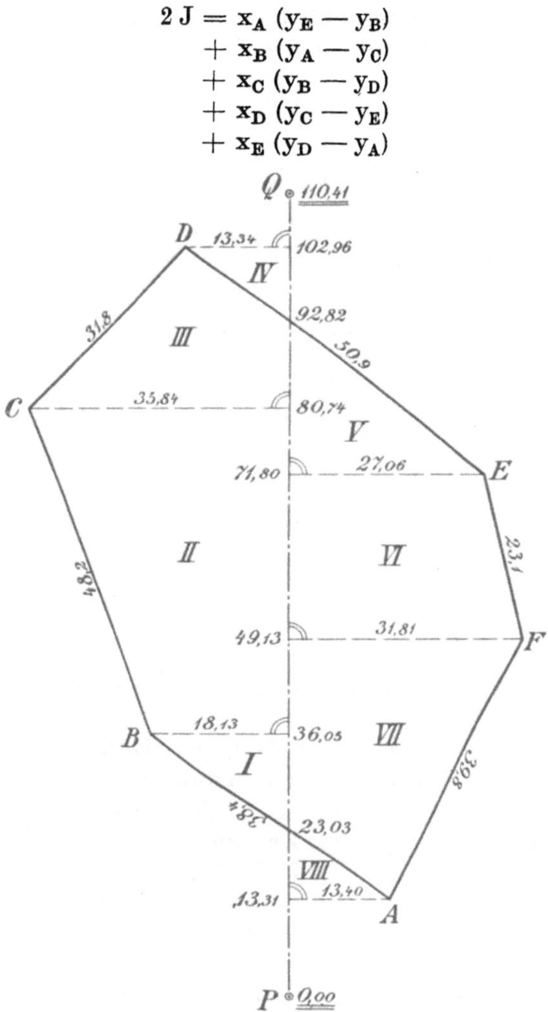

Fig. 86. Flächenaufnahme von einer beliebigen Grundlinie aus.

oder, wenn man nach y ordnet:

$$2\,J = x_A\,(x_B - x_E)$$
$$+\ y_B\,(x_C - x_A)$$
$$+\ y_C\,(x_D - x_B)$$
$$+\ y_D\,(x_E - x_C)$$
$$+\ y_E\,(x_A - x_D)$$

In Worten heißt das: Der doppelte Inhalt einer Fläche ist gleich der Summe der Produkte aus allen Abszissen der Eckpunkte und dem Unterschied der Ordinaten der benachbarten Ecken oder: Der doppelte Inhalt ist gleich der Summe

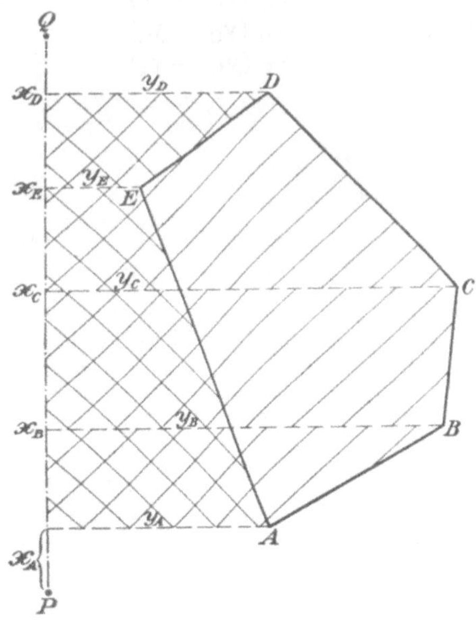

Fig. 87. Flächenberechnung aus Koordinaten.

der Produkte aus den Ordinaten der Eckpunkte und dem Unterschied der benachbarten Abszissen. Der Satz findet häufig Anwendung bei der Berechnung der Größe eines Grubenfeldes aus den Koordinaten der Feldesecken (siehe S. 67).

44. Zulage einer Fläche. Die Zulage oder Zeichnung einer Fläche geht in ähnlicher Weise vor sich wie die Zulage eines Lageplanes. Sind geneigte Längen gemessen worden, so müssen sie vor der Auftragung auf den Plan auf die Wagerechte umgerechnet werden. Bei gleichmäßig geneigten Flächen kann man auch den Inhalt zunächst aus den gemessenen geneigten Abszissen und Ordinaten berechnen und dann das Ergebnis mit dem Kosinus des Neigungwinkels der

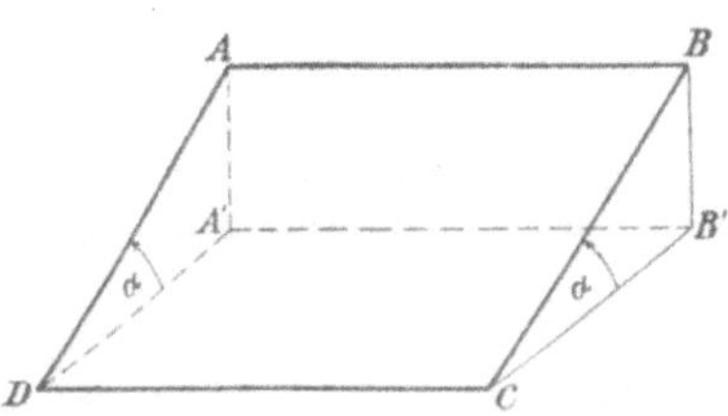

Fig. 88. Beziehung zwischen einer wagerechten und einer geneigten Fläche.

ganzen Fläche vervielfachen. In der Figur 88 ist die söhlige Fläche $A'B'CD = ABCD \cos \alpha$.

IV. Flächenberechnung aus Plänen.

45. Berechnung mittels Teilung der Flächen. Die Flächenberechnung aus vorhandenen Plänen kann in sehr verschiedener Weise erfolgen. Geradlinig begrenzte Flächen werden in Dreiecke oder Trapeze zerlegt und die zur Inhaltberechnung erforderlichen Maße an einem Maßstabe abgegriffen. Z. B. wird das Viereck in der Figur 89 durch die Schräge AC in die beiden Dreiecke ABC und ACD geteilt, deren Inhalte sich aus den Produkten $AC \cdot \dfrac{h_1}{2}$ und $AC \cdot \dfrac{h_2}{2}$ ergeben. Ist $AC = 54{,}6$ mm, $h_1 = 21{,}7$ mm, $h_2 = 29{,}4$ mm, so beträgt der Inhalt des Vierecks ABCD:

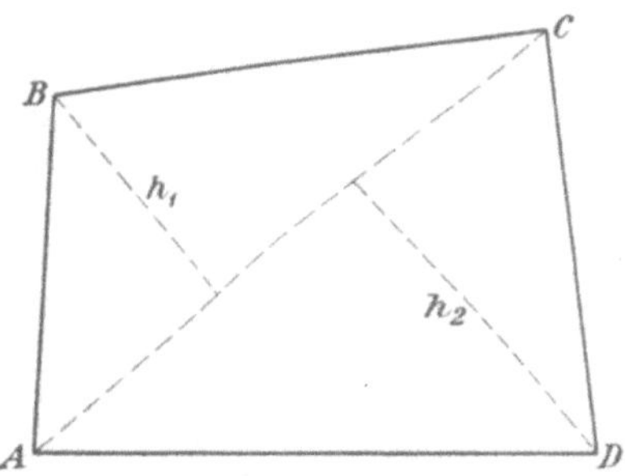

Fig. 89. Flächenermittlung durch Zerlegung in Dreiecke.

$$\frac{54{,}6}{2}\,(21{,}7 + 29{,}4) =$$

$$27{,}3 \times 51{,}1 = 1395{,}0 \text{ qmm.}$$

Ist nun der Plan im Maßstabe $1 : 2000$ angefertigt, so beträgt der Inhalt des Viereckes in Wirklichkeit $2000 \times 27{,}3 \times 2000 \times 51{,}1 = 1395{,}0 \times 4\,000\,000$ qmm $= 5580{,}0$ qm.

Zur Prüfung der Rechnung und zur Erhöhung der Genauigkeit des ersten Ergebnisses wird jede Fläche zweimal berechnet. In der Figur 89 wird man zu diesem Zwecke die Schräge BD ziehen und auf sie die Lote von A und C aus fällen.

46. Flächenberechnung aus Koordinaten. Liegt dem Plan, auf dem die Fläche dargestellt ist, ein Koordinatennetz zugrunde, so kann man die Koordinaten der Feldesecken abgreifen und daraus nach dem im § 43 beschriebenen Verfahren den Flächeninhalt berechnen. Das Verfahren wird durchweg bei der Flächeninhaltberechnung eines Grubenfeldes angewendet; zur Vermeidung der Ungenauigkeiten, die bei der Zulage eines Planes und dem späteren Abgreifen aus demselben entstehen, sind auf den Verleihungrissen, den Urkunden für die Berechtsamverhältnisse, die Koordinaten der Feldesecken angegeben.

Die Koordinaten eines Grubenfeldes ABCDE (Fig. 87) seien z. B. folgende:

$$y_A = +\;2436{,}5 \text{ m} \qquad x_A = -\;132\,590{,}1 \text{ m}$$

$$y_B = +\;3044{,}8 \text{ m} \qquad x_B = -\;132\,062{,}0 \text{ m}$$

$$y_C = +\;3829{,}8 \text{ m} \qquad x_C = -\;131\,905{,}4 \text{ m}$$

$$y_D = +\;3746{,}3 \text{ m} \qquad x_D = -\;132\,830{,}0 \text{ m}$$

Die Rechnung vereinfacht sich, wenn alle Ordinaten um denselben Betrag, etwa 2400 m, verkleinert werden. Auf das Ergebnis der Rechnung ist dieser Kunstgriff ohne Einfluß. Alsdann ergibt sich nach der auf der Seite 65 entwickelten Gleichung folgender Flächeninhalt:

$$2\,J = 36{,}5 \times 1566{,}4 + 644{,}8 \times 684{,}7 + 1429{,}8 \times (-768{,}0)$$
$$+\ 1346{,}3 \times (-1723{,}0) + 511{,}2 \times 239{,}9$$
$$= 2796\,456{,}3 \text{ qm}$$
$$J = 1\,398\,228 \text{ qm}.$$

47. Flächenermittlung durch Schätzung. Ein einfaches Hilfmittel für die Flächenermittlung aus Plänen, namentlich bei krummlinig begrenzten Flächen, ist eine mit einem Quadratnetz versehene Glasplatte oder ein quadriertes Stück Pauspapier, die auf die Fläche gelegt werden (Fig. 90). Die von der Fläche bedeckten vollen Quadrate werden abgezählt, die überschießenden Reststücke abgeschätzt. Das Verfahren ist um so genauer, je kleiner die Quadrate gewählt werden. Man geht aber mit der Maschenweite nicht gern unter 2 mm herab, weil das Auszählen der kleinen Flächen sonst die Augen sehr anstrengt.

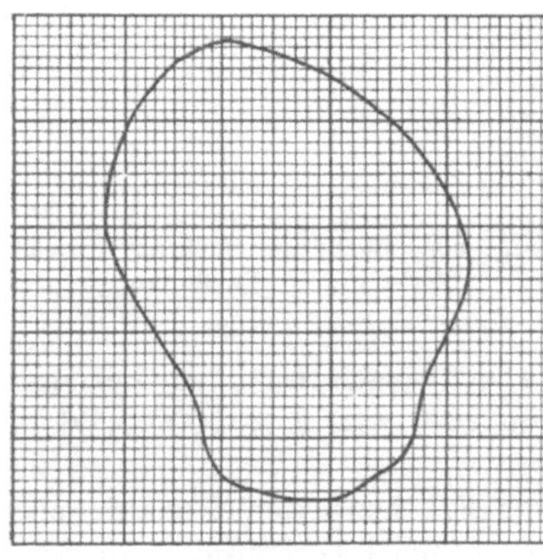

Fig. 90. Flächenermittlung durch Schätzung.

48. Flächenermittlung mit einem Polfahrer. Ein Polfahrer ist ein Gerät, mit dem man den Inhalt einer Fläche durch Umfahren bestimmen kann. Es besteht im wesentlichen aus einem Polarm, einem Fahrarm und einer Laufrolle (Fig. 91). Der Polarm ist um einen Pol drehbar, der durch ein Kugellager oder durch eine Spitze gebildet wird. An dem andern Ende ist der Polarm durch ein Gelenk G mit dem Fahrarm verbunden, der mit einem Fahrstift versehen ist. Der Fahrarm trägt eine verschiebbare Hülse, in der die Lager der parallel zum Fahrarm gerichteten Achse der Laufrolle ruhen. Die Laufrolle ist mit einer Teilung versehen, ihre ganzen Umdrehungen können an einer Zählscheibe abgelesen werden. Wenn man den Fahrstift über den Plan fortbewegt, so dreht sich die Laufrolle. Das Maß der Drehung, das an einem festen Zeiger abgelesen werden kann, ist außer von der Fortbewegung des Fahrstiftes von den Abmessungen des Gerätes abhängig. Zu jedem Polfahrer gehört eine feste Zahl, die unmittelbar aus seinen Abmessungen oder mittelbar durch Umfahren einer Fläche von bekanntem Inhalt ermittelt werden kann.

Beim Gebrauch des Polfahrers sind die beiden Fälle ,,Pol außerhalb'' und ,,Pol innerhalb'' zu unterscheiden.

Im erstern Falle stellt man den Pol außerhalb der Fläche fest auf und zwar möglichst so, daß der Winkel zwischen Fahrarm und Polarm beim Umfahren der Fläche nicht sehr spitz und nicht sehr stumpf wird. Der Fahrstift wird dann in einen bestimmten Punkt der Begrenzunglinie gestellt, darauf liest man die zu diesem Punkte gehörige Stellung der Zählscheibe und der Laufrolle ab und schreibt sie auf. Sodann umfährt man die Fläche im Sinne des Uhrzeigers, wobei der Fahrstift

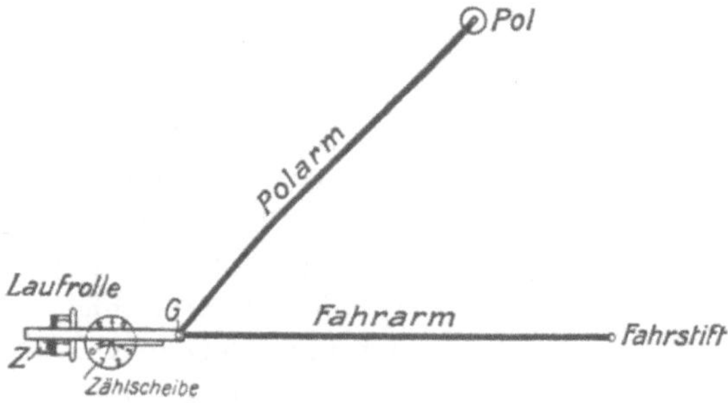

Fig. 91. Polfahrer.

die Grenzlinien der Fläche nicht verlassen darf. Kleine Abweichungen sind beim Führen mit freier Hand unvermeidlich, jedoch gleichen sie sich meist aus, während bei dem zwar sicheren Fahren an einem angelegten Lineal vorbei sehr leicht einseitige Fehler unterlaufen, so daß die Fläche erheblich zu groß oder zu klein ausfällt. Nachdem der Fahrstift den Ausgangpunkt wieder erreicht hat, werden die Stellungen der Zählscheibe und der Laufrolle zum zweiten Male abgelesen. Der Unterschied der beiden Ablesungen ist die Zahl, die mit der festen Zahl des benutzten Polfahrers vervielfältigt den Inhalt der umfahrenen Fläche ergibt.

Die Kenntnis der festen Zahl ist nicht immer erforderlich. Es sei F eine Fläche von bekanntem Inhalte, N der zugehörige Unterschied der Ablesungen an der Laufrolle, F_x der Inhalt der unbekannten Fläche und N_x der zugehörige Unterschied der Ablesungen, dann besteht die Gleichung:

$$\frac{F_x}{F} = \frac{N_x}{N} \quad \text{oder} \quad F_x = F \frac{N_x}{N}.$$

Beispiel: Gegeben sei die Fläche F = 1000 qmm.

Mit dem Polfahrer seien ermittelt: $N = 1{,}004$ und $N_x = 0{,}786$. Hieraus ergibt sich die unbekannte Fläche

$$F_x = 1000 \, \frac{0{,}786}{1{,}004} = 781 \text{ qmm.}$$

Der Flächeninhalt von 781 qmm entspricht der Zeichengröße der Fläche ohne Rücksicht auf das Maßstabverhältnis. Ist der Plan im Maßstab 1 : 1000 gezeichnet, dann stellen 781 qmm eine Fläche von $781 \times 1000 \times 1000$ qmm = 781 qm dar.

Zur Ermittlung der Zahl N bei einer Fläche von bekanntem Inhalte ist den meisten Polfahrern eine Prüfungschiene beigegeben. Sie besteht aus einem kleinen Lineal, das um eine in den Plan gesteckte Spitze S drehbar ist (Fig. 92). In eine kleine Vertiefung am andern Ende des Lineals wird der Fahrstift gesetzt und damit ein Kreis umfahren, dessen Inhalt durch den bekannten Halbmesser bestimmt ist.

Wenn eine Fläche für die Umfahrung von einer Polstellung aus zu groß ist, so kann man sie durch Bleilinien beliebig teilen und die einzelnen Teilflächen umfahren. In vielen Fällen kommt man jedoch mit einer Umfahrung aus, wenn man den Pol in die Fläche setzt und letztere links herum umfährt. Bei „Pol innerhalb" ist eine Zahl zum berechneten Flächeninhalte hinzuzufügen; man bestimmt sie am einfachsten durch Umfahren einer Fläche von bekanntem Inhalte mit „Pol innerhalb". Das Umfahren mit „Pol innerhalb" ist für den wenig Geübten nicht empfehlenswert, weil leicht Irrtümer unterlaufen.

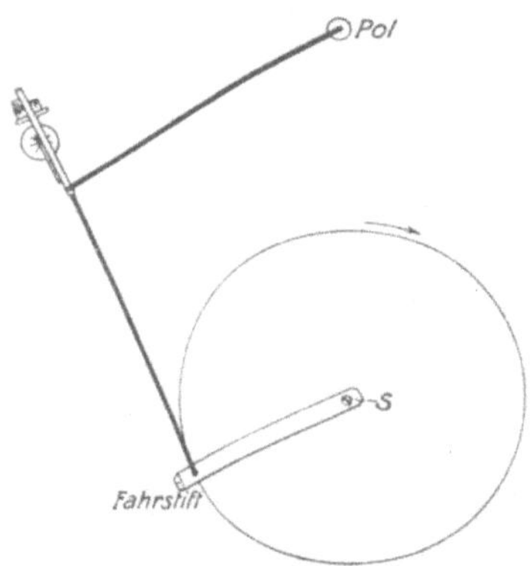

Fig. 92. Bestimmung der festen Zahl eines Polfahrers durch Umfahren einer bekannten Kreisfläche.

49. Berücksichtigung des Papiereinganges. Alle Pläne schrumpfen mit der Zeit je nach der Güte des Papiers und der Art der Aufbewahrung mehr oder weniger stark zusammen. Für zeichnerische Darstellungen, an deren Genauigkeit noch nach Jahren hohe Anforderungen gestellt werden, wie es bei allen guten Kartenwerken der Fall ist, soll man deshalb bestes, gut abgelagertes Papier wählen. Mit einem gewissen Maß von Schrumpfung ist dennoch zu rechnen; man zeichnet deshalb einen genauen Quermaßstab auf den neuangelegten Plan und greift die Länge einer Linie nur an dem Maßstab der Zeichnung ab. Da der Papiereingang in den verschiedenen Richtungen des Planes un-

gleich ist, so werden auf sehr genauen Zeichnungen, z. B. auf Verleihungrissen, zwei Quermaßstäbe an zwei aufeinander senkrecht stehenden Kanten des Zeichenbogens angebracht.

Unter gewissen Umständen beeinflußt der Papiereingang auch das
Ergebnis einer nach dem Plane angestellten Flächenberechnung. Wenn
die Koordinaten der Feldesecken gegeben oder den Ecken beigeschrieben
sind, so ist die Schrumpfung des Papiers ohne Bedeutung, weil mit
unveränderten Zahlen gerechnet wird. Ebenso fällt der Einfluß des
Papiereinganges beim Gebrauch des Polfahrers heraus, wenn man als
Fläche von bekanntem Inhalte ein Quadrat des bei der Anfertigung
der Zeichnung aufgetragenen Koordinatennetzes umfährt. In allen
andern Fällen der zeichnerischen Flächenermittlung ist das Ergebnis
wegen der Schrumpfung des Planes zu berichtigen.

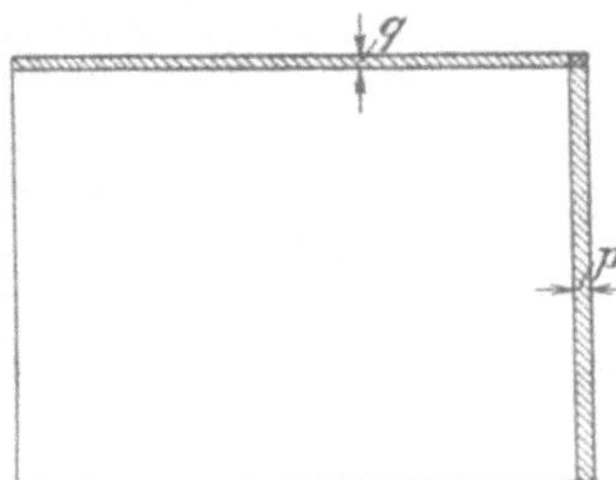

Fig. 93.   Papiereingang.

Wenn eine Fläche von ursprünglich 100×100 qmm in einer
Richtung um p % und senkrecht dazu um q% eingegangen ist (Fig. 93),
so beträgt der Inhalt nur noch:

$$(100 - p)(100 - q) = 100 \times 100 - 100\,(p + q) + p\,q \quad \text{qmm}$$

Mit Vernachlässigung der ganz kleinen Fläche p q ist die Verkleinerung $100\,(p + q)$ oder für die Flächeneinheit $(p + q)$ %.

Beispiel: Der Inhalt einer Fläche sei ohne Berücksichtigung des
Karteneinganges zu 9500 qm ermittelt. Die Schrumpfung des Planes
betrage in der einen Richtung 2%, senkrecht dazu 3%, dann ist die
Fläche um ungefähr $9500 \dfrac{2 + 3}{100} = 475$ qm eingegangen, ihre ursprüngliche Größe betrug demnach 9975 qm oder rund 10 000 qm.

**50. Genauigkeit der Flächenaufnahmen und der Flächenberech-
nungen.** Die Anweisung VIII vom 25. Oktober 1881 für das Verfahren
bei Erneuerung der Karten und Bücher des preußischen Grundsteuerkatasters läßt zwischen zwei Aufnahmen einer Fläche folgende Unterschiede zu:

Größe der Fläche		Zulässiger Unterschied		Größe der Fläche	Zulässiger Unterschied
ha	a	a	qm	ha	a
0	10	0	14	2	2,2
	20		28	3	3,0
	30		42	4	3,8
	40		56	5	4,6
	50		70	6	5,4
	60		84	7	6,2
	70		98	8	7,0
	80	1	12	9	7,8
	90	1	26	10	8,6
1	0	1	40		

Die höchsten zulässigen Abweichungen zwischen zwei Berechnungen einer Fläche sind aus der nachstehenden Zahlentafel zu entnehmen:

Berechnete Fläche		Zulässiger Unterschied		Berechnete Fläche		Zulässiger Unterschied		Berech. Fläche	Zulässiger Unterschied		Berechnete Fläche	Zulässiger Unterschied
ha	a	a	qm	ha	a	a	qm	ha	a	qm	ha	a
0	1	0	8	0	20	0	35	2	1	13	20	4,47
	2		11		30		43	3		41	30	6,00
	3		13		40		49	4		65	40	7,48
	4		15		50		55	5		87	50	8,94
	5		17		60		61	6	2	08	60	10,40
	6		19		70		66	7		28	70	11,85
	7		21		80		70	8		47	80	13,25
	8		22		90		75	9		65	90	14,70
	9		23	1	0		79	10		83	100	16,10
	10		25									

Grubenfelder.

I. Geviertfelder.

51. Die preußischen Geviertfelder. Das Bergwerkeigentum wird nach dem allgemeinen Berggesetz vom 24. Juni 1865 für Felder verliehen, die, soweit die Örtlichkeit es gestattet, von geraden Linien, „Markscheiden", an der Erdoberfläche und von lotrechten Ebenen in die ewige Teufe begrenzt werden (Fig. 94). Die geradlinige Begrenzung soll die Regel bilden, nur wo etwa Landesgrenzen, Flußläufe oder schon bestehende Grubenfelder eine Abweichung von dieser Regel bedingen oder zweckmäßig erscheinen lassen, werden krummlinige Markscheiden genehmigt. Ausnahmeweise kann das Feld auch nach der Teufe zu in anderer Weise als durch lotrechte Ebenen begrenzt werden, was z. B. beim Zusammentreffen mit einem Längenfelde nicht zu vermeiden ist.

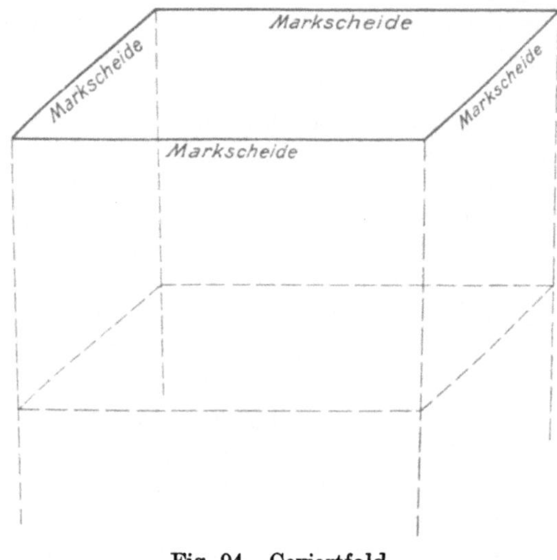

Fig. 94. Geviertfeld.

Der Flächeninhalt ist nach der wagerechten Erstreckung in Quadratlachtern festzustellen. Innerhalb der Begrenzung an der Erdoberfläche und in der Erstreckung nach der Teufe zu können Feldesteile von der Verleihung ausgeschlossen werden, die von einem älteren Längenfelde eingenommen sind.

Nach dem allgemeinen preußischen Berggesetz von 1865 hatte der Muter das Recht, ein Großfeld (Maximalfeld) von 500 000 Quadratlachtern = 2 189 000 qm zu verlangen. Nur in den Kreisen Siegen und Olpe des Regierungsbezirkes Arnsberg und in den Kreisen Altenkirchen und Neuwied des Regierungsbezirkes Koblenz, sowie für den Eisensteinbergbau bei Klausthal waren die Großfelder auf 25 000 ☐ L = 109 450 qm begrenzt.

Durch die Berggesetznovelle vom 18. Juni 1907 sind die Abmessungen von 2 189 000 auf 2 200 000 qm und von 109 450 auf 110 000 qm abgerundet worden.

Der Fundpunkt muß stets von dem verlangten Felde eingeschlossen werden. In einem Felde von 500 000 ☐ L darf sein Abstand von keinem Punkte der Begrenzunglinien mehr als 2000 Lachter (4184,8 m), in Feldern von 25 000 ☐ L nicht mehr als 500 L (1046,2 m) betragen.

Nach der Novelle von 1907 darf der Fundpunkt in einem Felde von 2 200 000 qm nicht weniger als 100 m und nicht mehr als 2000 m, in dem kleinen Felde von 110 000 qm nicht weniger als 25 m und nicht mehr als 500 m von einem Punkte der Begrenzunglinien entfernt sein. Der Abstand ist auf dem kürzesten Wege durch das Feld zu messen. Freibleibende Flächenräume dürfen von dem Felde nicht umschlossen werden. Im übrigen kann dem letztern jede beliebige, geradlinig begrenzte Form gegeben werden, soweit sie nach der Entscheidung des Oberbergamtes zum Bergwerkbetrieb geeignet ist. Abweichungen von diesen Vorschriften über den Abstand des Fundpunktes und die Form des Feldes sind unter gewissen Umständen zulässig.

Das Geviertfeld von 1865 und 1907 hat einen Vorgänger in dem von 1821—1865 zur Verleihung gekommenen kleinen Geviertfelde, das aus einer Fundgrube und 1200 Maßen besteht. Eine Fundgrube ist 28 L lang und breit, bedeckt also eine Fläche von 784 ☐ L, während eine Maße einen Inhalt von 14 × 14 = 196 ☐ L hat. Das Geviertfeld von 1821 umfaßt demnach 784 + 1200 × 196 = 235 984 ☐ L = 1 033 138 qm. Der Fundpunkt liegt auf dem Schnittpunkte der Schrägen der Fundgrube, während die Maßen sich im Anschluß an das Quadrat der Fundgrube in beliebiger Anordnung verteilen. Die Begrenzung nach der Teufe erfolgt durch lotrechte Ebenen bis zum Erdmittelpunkte.

Die Vermessung der Grubenfelder ist durch einen berechtigten Markscheider oder Feldmesser auszuführen. Früher wurden die Begrenzunglinien des Feldes in der Natur abgesteckt und die Endpunkte durch Lochsteine vermarkt, die mit dem Namen der Grube und mit fortlaufenden Zahlen zu kennzeichnen waren. Zur späteren Prüfung auf unveränderten Stand der Lochsteine wurden in gewissen Abständen von den vier Ecken des Steines Ton- und Glasscherben u. a. m. als Zeugen (Testes) so tief eingesenkt, daß sie von der Pflugschar nicht erreicht werden konnten.

Seit der allgemeinen Einführung der Koordinaten werden die Markscheiden nicht mehr im Felde abgesteckt und durch Lochsteine vermarkt. Man bestimmt vielmehr unter Zugrundelegung der in jedem Oberbergamtbezirk bestehenden Mutungübersichtskarte die Koordinaten der Feldesecken und berechnet daraus den Flächeninhalt des Grubenfeldes (vgl. die Flächenberechnung aus Koordinaten, Seite 65).

52. Die Geviertfelder in den übrigen deutschen Bundesstaaten.

Staat	Großfeld qm	Bemerkungen
Bayern	8 000 000	Für Stein- und Braunkohlen; für die übrigen Mineralien 2 000 000 qm.
Sachsen	—	Keine Größe festgesetzt. Das sächsische Berggesetz enthält aber einen mittelbaren Zwang zur Streckung angemessener Felder durch die nach Maßeinheiten sich abstufende Grubenfeldsteuer und den Betriebszwang. Eine Maßeinheit beträgt 1000 □ L., bei Seifenwerken 10 000 □ L.
Württemberg	2 000 000	Für Bohnerze nur 100 000 qm.
Baden	2 000 000	Für alle Mineralien.
Hessen	2 000 000	Für alle Mineralien.
Sachsen-Weimar	2 000 000	Für alle Mineralien.
Oldenburg	—	Die Größe wird im Einzelfalle bestimmt.
Mecklenburg-Schwerin	—	
Mecklenburg-Strelitz	—	
Braunschweig	2 189 000	= 500 000 Quadrat-Lachter für alle Mineralien.
Sachsen-Altenburg	2 189 000	= 500 000 Quadrat-Lachter für alle Mineralien.
Sachsen-Koburg u. Gotha	2 000 000	Für alle Mineralien.
Sachsen-Meiningen	2 200 000	Für Farberden nur 45 000 qm, für Schiefer 110 000 qm.
Anhalt	2 000 000	
Schwarzburg-Sondersh.	2 000 000	Für alle Mineralien.
Schwarzburg-Rudolstadt	2 200 000	Für alle Mineralien.
Waldeck u. Pyrmont	110 000	Für alle Mineralien.
Reuß ält. Linie	—	
Reuß jüng. Linie	1 094 500	= 250 000 Quadrat-Lachter, für Farberden 100 000 Quadrat-Lachter, für Schiefer 25 000 Quadrat-Lachter.
Schaumburg-Lippe	—	
Lippe-Detmold	—	
Hamburg	—	
Lübeck	2 200 000	Für alle Mineralien.
Bremen	—	
Elsaß-Lothringen	2 200 000	Für alle Mineralien.

II. Längenfelder.

53. Allgemeines. Nach dem älteren deutschen Bergrecht wurden die Grubenfelder nicht an der Erdoberfläche entlang gestreckt, sondern durch den Körper der Lagerstätte gebildet. Der Unterschied zwischen einem Geviertfelde und einem Längenfelde besteht also darin, daß die Form und Größe des ersteren unabhängig von dem Verlauf der Lagerstätte ist, während das Längenfeld dem Verhalten der Lagerstätte im Streichen und Fallen sowie in der Mächtigkeit folgt.

54. Das Längenfeld ohne Vierung. Das Längenfeld ohne Vierung erstreckt sich nur auf das Fundflöz. Es wird im Streichen vom Fundpunkte aus gemessen, in der Fallrichtung erstreckt es sich bis zur ewigen Teufe oder bis zum Muldentiefsten.

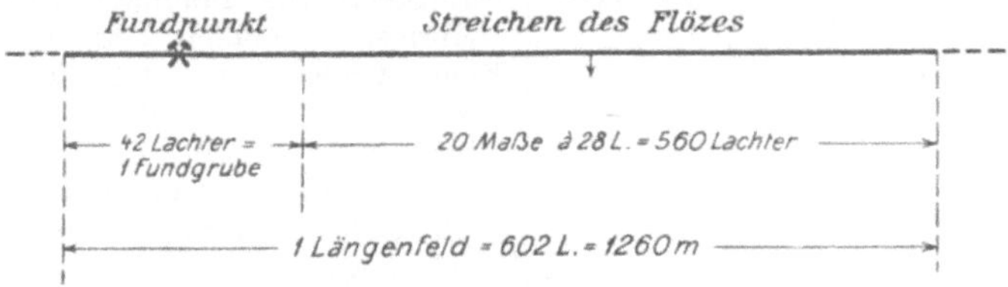

Fig. 95. Längenfeld ohne Vierung.

Im Bezirk der Kleve-Märkischen Bergordnung vom 29. April 1766, der auch den Steinkohlenbergbau an der Ruhr umfaßte, wurde ein Längenfeld von einer Fundgrube und 20 Maßen verliehen. Fundgrube und Maßen sind im Gegensatz zum Geviertfelde von 1821 Längeneinheiten, und zwar ist eine Fundgrube 42 L, eine Maße 28 L lang (Fig. 95). Der Fundpunkt muß in der Mitte der Fundgrube liegen, die Maßen können auf beiden Seiten der Fundgrube beliebig verteilt sein. Das Längenfeld ist demnach im Streichen $42 + 20 \times 28 = 602$ Lachter oder 1260 m lang.

55. Das Längenfeld mit kleiner Vierung. Das ursprüngliche einfache Längenfeld erhielt später eine künstliche Erweiterung durch eine Vierung, die von zwei dem Hangenden und Liegenden des Flözes parallele Ebene gebildet wird. An beiden Enden wird das Feld durch Kopfgrenzen eingeschlossen, die senkrecht zum Streichen verlaufen. Die kleine Vierung erstreckt sich senkrecht zum Einfallen gemessen je $3^1/_2$ Lachter ins Hangende und Liegende (Fig. 96), konnte jedoch auf Wunsch des Muters auch ganz in das Hangende oder ganz in das Liegende gelegt werden. Der von dem Längenfelde mit kleiner Vierung eingeschlossene Gebirgkörper hat demnach eine senkrecht zum Einfallen gemessene Dicke von $7 L + x$, wenn x die Mächtigkeit der Lagerstätte bedeutet. Mit wechselnder Mächtigkeit der letzteren wird auch das Längenfeld breiter oder schmaler. Von großem Einfluß auf die wagerechte Erstreckung der Vierung ist der Fallwinkel

des Flözes, da die grundrißliche Ausdehnung von dem kleinsten Betrage von 7 + x Lachter bei lotrecht einfallenden Flözen bis zur rechnerisch unendlichen Ausdehnung bei söhligen Lagerstätten wachsen kann.

Wird das Fundflöz verworfen,
so zeichnet man die Vierung von
der über die Störung hinaus verlängerten Streichlinie aus (quadratura principalis). Wenn das Fundflöz oder ein anderes Flöz in der
verlängerten Vierung wiedergefun-
den wird, so schließt sich die neue
Vierung an dieses Flöz an. Findet
man in der quadratura principalis
kein Flöz, so hört das Längenfeld
an der Störung auf. Es leuchtet ein,
daß durch die zahlreich auftreten-
den Sprünge und Überschiebungen
sehr verworrene Berechtsamverhältnisse eintreten müssen, namentlich dort, wo die Verwerfungen
Sättel und Mulden durchsetzen.

**56. Das Längenfeld mit großer
Vierung.** Die unglücklich gewählte

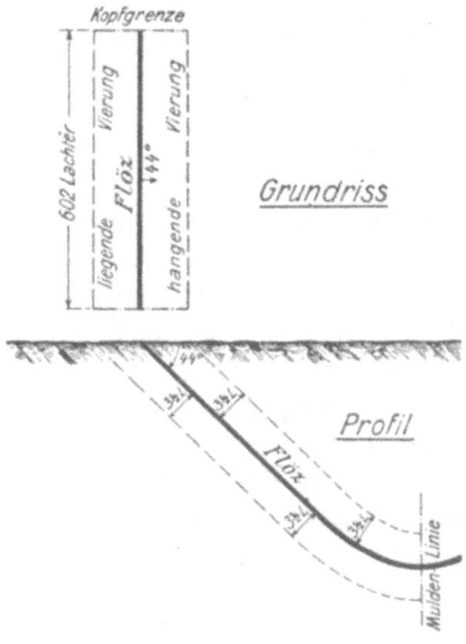

Fig. 96.
Längenfeld mit kleiner Vierung.

Längenberechtsame erklärt sich aus den damals sehr kleinen bergbau-
lichen Verhältnissen und hängt mit der Entstehung des Bergbaues auf

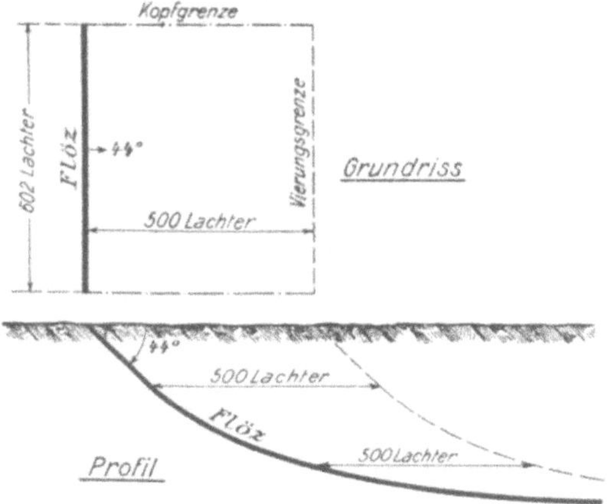

Fig. 97. Längenfeld mit großer Vierung.

Gängen und Flözen zusammen, die als schmale Streifen an der Erdoberfläche sichtbar waren. Der aufblühende Steinkohlenbergbau er-

forderte bald größere Grubenfelder und erhielt sie auch durch die Verleihung einer **großen Vierung**, die nach dem Ermessen der verleihenden Behörde den örtlichen Verhältnissen entsprechend gestreckt wurde. Die **große Vierung** (Fig. 97) wurde senkrecht zum Streichen wagerecht vermessen, und zwar bis 500 Lachter in das Hangende oder das Liegende oder zu beiden Seiten beliebig verteilt, z. B. vom Fundflöz Sonnenschein aus in das Hangende bis Flöz Dickebank, der Rest, falls ein solcher noch vorhanden, in das Liegende von Sonnenschein.

Die Absicht, mit der großen Vierung ein größeres Grubenfeld zu verleihen, wurde nur unvollkommen erreicht. Unter Umständen kann das Längenfeld mit großer Vierung kleiner werden als das Längenfeld mit kleiner Vierung, wenn z. B., wie es in der Figur 97 angedeutet ist, die Schichten nach dem Muldentiefsten zu fast wagerecht verlaufen. Die große Vierung fällt dann annähernd oder ganz mit der Ebene des Flözes zusammen, während bei dem Längenfelde mit kleiner Vierung noch Teile der hangenden oder liegenden Gebirgschichten, in denen noch andere Flöze eingeschlossen sein können, mit verliehen sind. Bei steiler Lagerung dagegen ist das Längenfeld mit großer Vierung sehr günstig.

Kompaßmessungen.

I. Allgemeines über die erdmagnetische Richtkraft.

57. Neigung und Abweichung der Magnetnadel. Ein einfaches Hilfsmittel zur Bestimmung einer Richtung bildet die Magnetnadel. Hängt man einen magnetischen Stab im Schwerpunkte so auf, daß er sich gleichzeitig um eine lotrechte und eine wagerechte Achse frei drehen kann, so nimmt er eine ganz bestimmte Stellung ein, die von der Lage des Beobachtungortes auf der Erde abhängt. Am magnetischen Gleicher, der in der Nähe des Erdgleichers verläuft, steht der Magnet wagerecht. Nördlich und südlich vom magnetischen Gleicher neigt sich die Magnetnadel, und zwar senkt sich auf der nördlichen Halbkugel das Nordende, auf der südlichen das Südende. Die Neigung nimmt mit der Breite zu, am magnetischen Nord- und Südpol stellt sich der Magnet lotrecht, die Neigung beträgt dort 90°. Die magnetischen Pole fallen nicht mit den Erdpolen zusammen; der magnetische Nordpol liegt in Nordamerika an der Westküste der Halbinsel Boothia Felix in 70° nördlicher Breite und 97° westlicher Länge von Greenwich, der magnetische Südpol in Wilkes Land unter 74° südlicher Breite und 147° östlicher Länge von Greenwich.

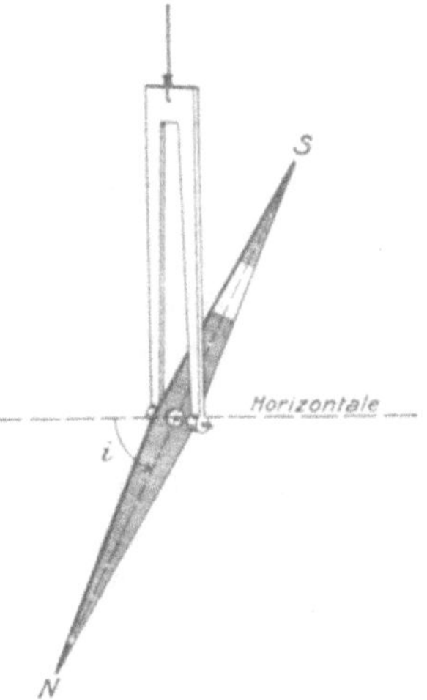

Fig. 98. Neigung (Inklination) der Magnetnadel.

Zwischen dem magnetischen Gleicher und den magnetischen Polen kommen alle Neigungen von 0° bis 90° vor, in Westfalen beträgt die Neigung der Magnetnadel z. B. 66° (Fig. 98). Die Linien, die Punkte gleicher Neigung (Inklination) miteinander verbinden, heißen Isoklinen; sie verlaufen in ostwestlicher Richtung.

Man kann die Neigung einer Magnetnadel dadurch beseitigen, daß man das Südende beschwert, so daß es sich in die wagerechte Ebene senkt. In dieser Stellung sind in der Figur 99 zwei gebräuchliche Formen der Magnetnadel wiedergegeben, oben eine rautenförmige, unten eine Balkennadel. Sie werden von einer Stahlpinne P getragen, deren feine Spitze in einer Vertiefung des Achathütchens H angreift. In der untern Figur ist ein Reiterchen R zu sehen, mit dem man die Nadel wagerecht richten kann. Der weiße Streifen an der rechten Seite der stahlblauen Nadel bezeichnet das Südende. Es empfiehlt sich jedoch, die Bezeichnung „Norden" unmittelbar auf die Nadel schreiben zu lassen, weil dann ein Irrtum ganz ausgeschlossen ist.

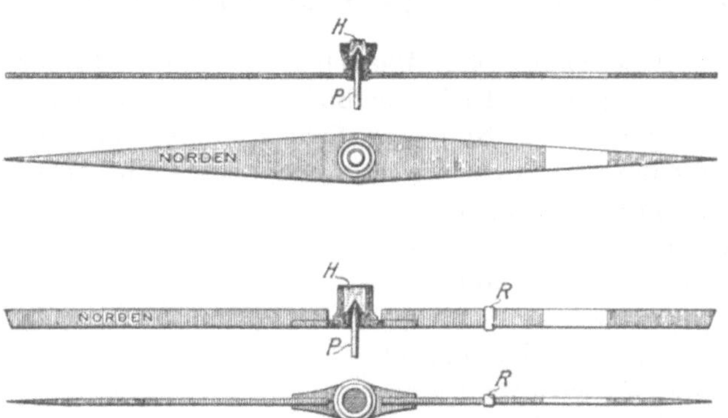

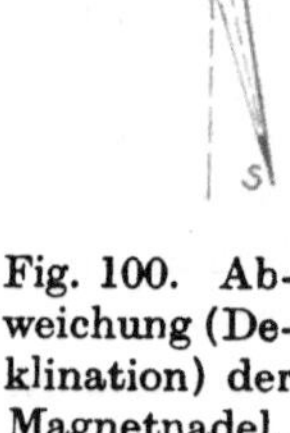

Fig. 99. Die beiden gebräuchlichsten Formen der Magnetnadel; oben eine rautenförmige, unten eine Balkennadel in natürlicher Größe.

Fig. 100. Abweichung (Deklination) der Magnetnadel.

Die Verbindungslinie zwischen dem Süd- und dem Nordpol einer wagerecht freibeweglichen Magnetnadel gibt die magnetische Nordrichtung oder den magnetischen Meridian an.

Die magnetische Nordrichtung bildet mit der Nord-Südlinie einen Winkel, die magnetische Abweichung oder Deklination, deren Größe von dem Orte und der Zeit abhängt.

58. Änderung der magnetischen Abweichung mit dem Orte. Die magnetische Abweichung ist in Deutschland wie in fast ganz Europa westlich, d. h. der magnetische Meridian liegt westlich von dem Stern-Meridian (Fig. 100). Von Westen nach Osten wird die magnetische Abweichung kleiner, Aachen hatte im Jahre 1910 eine Abweichung von 13°, Bochum 12°, Berlin 9°, Beuthen in Oberschlesien 6°.

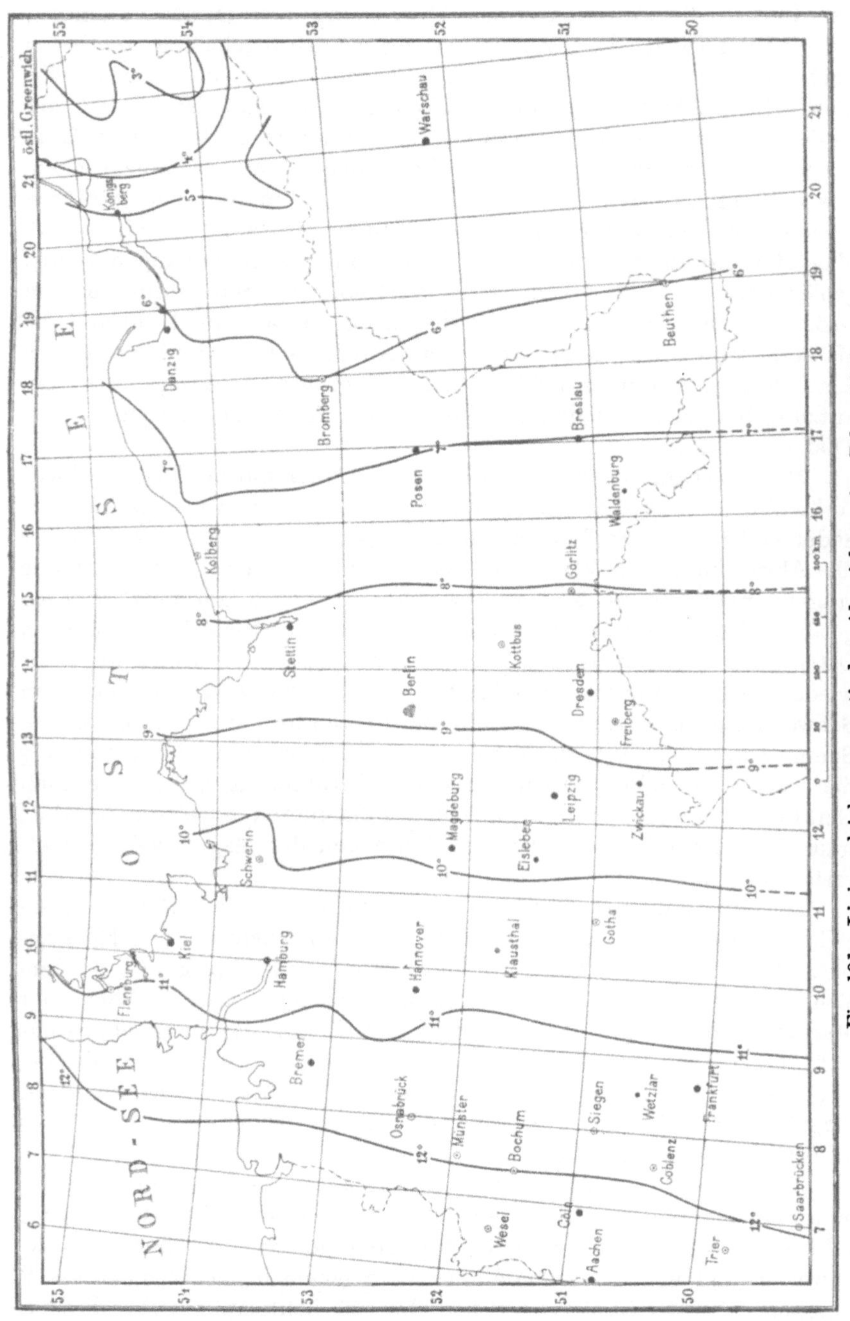

Fig. 101. Linien gleicher magnetischer Abweichung im Jahre 1910.

Die Linien, die Punkte gleicher Abweichung miteinander verbinden,
heißen Isogonen. Sie verlaufen im allgemeinen regelmäßig von Süden
nach Norden, so daß nordsüdlich gelegene Punkte ungefähr gleiche
magnetische Abweichung haben. Die Figur 101 zeigt den Verlauf der
Linien gleicher westlicher Abweichung im Jahre 1910. Wo größere
Ausbuchtungen auftreten und wo die Linien näher zusammenrücken,
wie z. B. in Ostpreußen, liegen sogenannte erdmagnetische Störung-
gebiete vor. Sie werden durch magnetisch wirksame Gesteine, z. B.
Magneteisenstein, verursacht und stehen im Zusammenhang mit dem
geologischen Aufbau des betreffenden Gebietes. Man kann aus der
Größe und der Art des Verlaufes der Störungen auf die Tiefe und die
Masse des störenden Gesteines schließen. Auf den Magneteisensteinfeldern
Schwedens z. B. werden Schürfarbeiten in großem Umfange unter Be-
nutzung besonderer Magnetnadelgeräte ausgeführt (Magnetometer von
Thalén-Tiberg).

59. Änderung der magnetischen Abweichung mit der Zeit. a) **Tägliche Änderung der magnetischen Abweichung.** Die Magnetnadel ändert ihre Stellung andauernd. Vormittags gegen 8 Uhr ist
die Abweichung am kleinsten, von da ab wandert das Nordende
langsam nach Westen bis die Abweichung gegen 2 Uhr mittags ihren
größten Wert erreicht hat. Darauf schwenkt die Nadel langsam nach
Osten zurück und erreicht am Morgen des folgenden Tages ungefähr
wieder ihre Anfangstellung (Fig. 103 oben). Die Größe der täglichen
Schwankung nimmt mit der Breite zu, in Deutschland beträgt sie im
Sommer ungefähr $1/_4{}^0$, im Winter $1/_{10}{}^0$. Zur genauen Untersuchung
der verhältnismäßig kleinen täglichen Schwankungen benutzt man
Geräte, an denen die Bewegungen des Magneten abgelesen werden,
und Magnetschreiber, welche die Drehungen der Magnetnadel selbst-
tätig aufzeichnen.

In der Figur 102 ist die Verbindung der beiden Geräte über-
sichtlich dargestellt. Der Magnet M hängt an einem dünnen Messing-
oder Quarzfaden und trägt an einem Ende einen Spiegel S, in dem
sich das Bild einer Millimeterteilung wiederspiegelt. Wenn der
Magnet ruhig hängt, bleibt das Bild der Teilung unbeweglich, dreht
sich der Magnet, so erscheinen andere Teilstriche. Man kann die Bewegungen in einem Fernrohr beobachten. Das Maß der Drehung des
Magneten ist durch den Ausschlag und die Entfernung des Maßstabes
von dem Spiegel bestimmt.

Die Einrichtung des Magnetschreibers ist im wesentlichen folgende:
Von dem schmalen Spalte O, der durch die Flamme F beleuchtet wird,
fällt ein Lichtstreifen auf den Magnetspiegel S, wird dort zurückgeworfen und von der Zylinderlinse L zu einem feinen Lichtpunkte P
vereinigt. An der Stelle von P befindet sich lichtempfindliches Papier,

das über eine durch ein Uhrwerk langsam gedrehte Walze W gespannt ist. Wenn der Magnet ruhig hängt, schreibt der Lichtpunkt auf dem lichtempfindlichen Papier eine gerade Linie (in der Figur 103 die unteren Linien); dreht er sich um den kleinen Winkel ε, so fällt der von dem

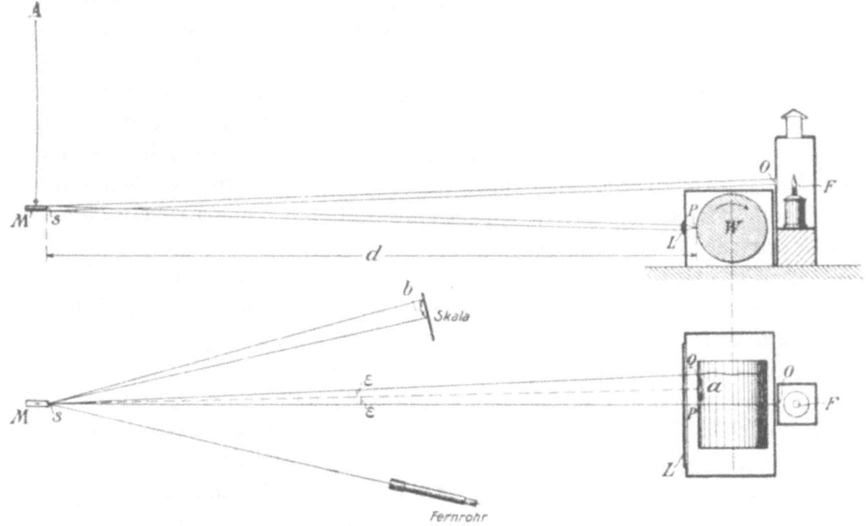

Fig. 102. Einrichtung eines Magnetschreibers ($^1/_{20}$ der natürl. Größe).
Fernrohr und Maßstab zu unmittelbaren Ablesungen.

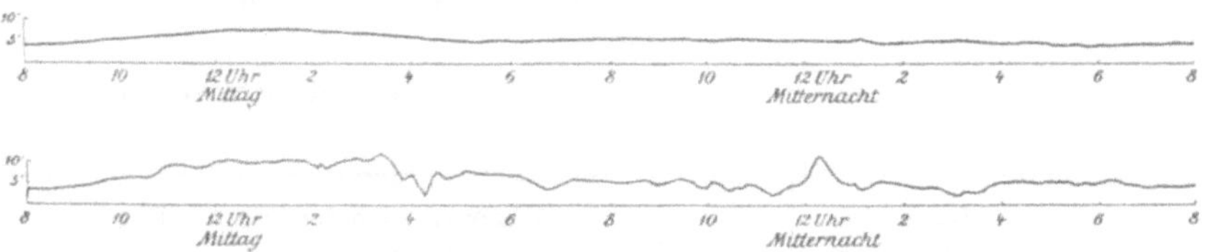

Fig. 103. Kurven der magnetischen Abweichung; oben regelmäßige,
unten gestörte Kurve.

Spiegel zurückgeworfene Lichtstrahl nach Q statt nach P. Aus dem Ausschlag PQ = a und der Entfernung d zwischen dem Spiegel und der Walze läßt sich der Winkel ε berechnen. Es ist:

$$\operatorname{tg}2\,\varepsilon = \frac{a}{d} \quad \text{oder} \quad \varepsilon = \frac{a}{2\,d}\cdot\rho', \quad \text{worin} \quad \rho' = 3438'.$$

Wird d = 1719 mm gemacht und setzt man a = 1 mm, dann ist:

$$\varepsilon = \frac{1}{2\cdot 1719}\cdot 3438' = 1'.$$

Die auf der Walze durch den Punkt Q gezogene Kurve deutet kleine Schwankungen des Magneten an. Um letztere leicht messen

6*

und die jeweilige Stellung des Magneten auf eine einheitliche Anfangstellung zurückführen zu können, läßt man den Lichtstreifen außer auf den Magnetspiegel auf einen zweiten an dem Magnetgeräte fest angebrachten Spiegel fallen, so daß auf dem Papier neben der Kurve eine gerade Linie, eine Grundlinie, geschrieben wird. Die in der Figur 102 durch P gezogene gerade Linie stellt die Grundlinie dar.

Der gewöhnliche Verlauf der täglichen Schwankungen ist aus der Figur 103 oben zu ersehen; in derselben Figur ist unten eine gestörte Kurve wiedergegeben. Solche Kurven werden von den im Bochumer Stadtpark und bei Langenberg (Rhld.) gelegenen magnetischen Warten der Westfälischen Berggewerkschaftskasse, sowie von den Warten in Hermsdorf (Niederschlesien) und Nikolai (Oberschlesien) regelmäßig an die Markscheider versendet.

b) Jährliche Änderung der magnetischen Abweichung (Säkularvariation). Die magnetische Abweichung wird von Jahr zu Jahr um ungefähr $^1/_{10}^0$ kleiner, so daß die Magnetrichtung sich allmählich der Nord-Südrichtung nähert, sie nach einer gewissen Zeit erreicht und nach Osten hin um ungefähr 13^0 überschreitet. Die Magnetnadel schwenkt dann um, geht wieder durch den astronomischen Meridian und wandert bis in die westlichste Stellung, in der die Abweichung etwa 20^0 beträgt, um darauf abermals umzukehren. Für einen vollen Hin- und Hergang, eine Pendelung, braucht die Magnetnadel in Deutschland ungefähr 500 Jahre.

Die nachstehende Zahlentafel gibt ein Bild von der

Abnahme der magnetischen Abweichung in Bochum seit dem Jahre 1800.

Jahr	Magn. Abw. westlich ^{0}	Jahr	Magnet. Abweichung westlich ^{0}		Jährliche Abnahme
1800	20	1900	12	47,2	
1810	$20^1/_2$	1901	12	42,8	4,4
1820	20	1902	12	39,4	3,4
1830	$19^1/_2$	1903	12	35,7	3,7
1840	19	1904	12	31,4	4,3
1850	18	1905	12	27,2	4,2
1860	17	1906	12	22,5	4,7
1870	16	1907	12	17,4	5,1
1880	14,8	1908	12	11,2	6,2
1890	13,7	1909	12	4,1	7,1
		1910	11	56,4	7,7

c) Ursachen der Schwankungen des Erdmagnetismus. Die stetigen Veränderungen in der Richtung und Kraft des Erdmagnetismus sind vornehmlich äußern Kräften zuzuschreiben und zwar in erster Linie der Sonnentätigkeit. Zum Teil finden die Schwankungen ihre Erklärung in elektrischen Strömen in der Erdrinde, den sogenannten Erdströmen, die durch Einwirkung von außen hervorgerufen werden. Ein Restbetrag der Schwankungen ist auf lotrechte Erd-Luftströme zurückzuführen die Spannungunterschiede im elektrischen Felde der Erde und der Luft ausgleichen.

Die Größe der täglichen und jährlichen Schwankungen hängt von der Stellung der Sonne ab. Im Sommer und am Mittag ist die magnetische Abweichung größer als im Winter und um Mitternacht. Der Einfluß der Sonnentätigkeit auf den Erdmagnetismus zeigt sich ferner außerordentlich deutlich bei den magnetischen Störungen. Veränderungen auf der Oberfläche der Sonne, die Sonnenflecken, mit denen gewaltige elektrische Vorgänge verbunden sind, haben immer erdmagnetische Störungen im Gefolge. Ferner treten Störungen im Zusammenhang mit den namentlich in höheren Breiten beobachteten Polarlichtern auf; es sind dies mit Lichtwirkung verbundene elektromagnetische Entladungerscheinungen in großen Höhen.

Gelegentliche Störungen der Magnetnadel, die aber ganz örtlicher Natur sind, können durch vorbeiziehende Gewitter verursacht werden.

II. Der Kompaß des Markscheiders.

60. Einrichtung und Gebrauch. Der Kompaß dient zur Angabe der Richtung einer Linie in der wagerechten Ebene. Sein wesentlicher Bestandteil ist eine Magnetnadel, die sich über einer wagerechten Kreisteilung einstellen kann. Die Anordnung ist aus der Figur 104 zu ersehen, welche die gebräuchlichste Form eines Markscheiderkompasses im Grund- und Aufriß darstellt. Im Mittelpunkte der oben durch eine Glasplatte G verschlossenen Kompaßbüchse K steht eine Stahlpinne P, auf der die Magnetnadel schwebt. Der Rand T der Büchse trägt eine Gradteilung, von der in der Figur nur die Zehn- und Fünfgradstriche angegeben sind. Die Kompaßbüchse K hängt mit zwei Lagern L in den Achsen A_1 und A_2 des Ringes R, der mit zwei Hängebügeln BB versehen ist. Die Bügel endigen in Haken H_1 und H_2, mit denen das ganze Gerät an einer Messingkette aufgehängt wird, wie es in der Figur angedeutet ist. Bei stark geneigten Zügen wird durch den unteren Haken ein Stift gesteckt, der verhindert, daß der Bügel sich von der Kette abhebt.

Die Magnetnadel läßt sich zum Schutz der feinen Pinne mittels einer Sperrvorrichtung feststellen, indem sie durch Drehen der Schraube S von der Pinne abgehoben und mit dem Hütchen gegen den Glasdeckel G gedrückt wird.

Alle Teile des Kompasses, mit Ausnahme der Magnetnadel und der Pinne, sind aus dem magnetisch unwirksamen Messing angefertigt. Die Stahlpinne lenkt die Nadel nicht ab, weil sie in ihrer Mitte steht, so daß Nord- und Südpol gleich stark beeinflußt werden.

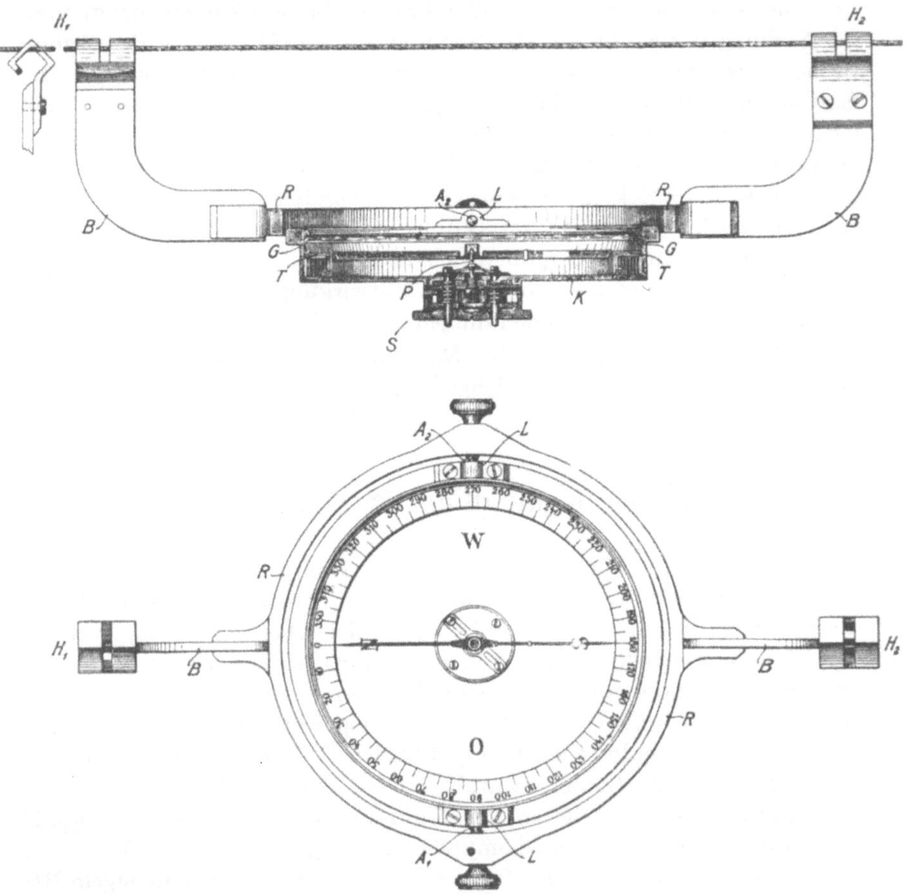

Fig. 104. Hängekompaß nach Freiberger Bauart (¹/₂ der natürl. Größe).

Der in der Figur 104 dargestellte Kompaß ist nach Freiberger Art gebaut; die Casseler Ausführung (Fig. 105) unterscheidet sich von ihr im wesentlichen nur dadurch, daß der Ring .R in zwei Lagern drehbar ist und sich infolgedessen in die Bügelebene klappen läßt.

Durch diese Einrichtung kann der Casseler Kompaß in einer kleineren Tasche verpackt werden, die in engen Grubenräumen handlicher ist. Auf der andern Seite treten mit der Anordnung eines beweglichen Ringes Fehlerquellen auf (siehe Seite 93).

An dem in der Figur 105 abgebildeten Kompaß erfolgt die Feststellung der Nadel durch seitliches Verschieben eines kleinen, auf dem Rande der Büchse angebrachten Schraubenkopfes.

Im Grundriß der Figur 104 fällt auf, daß die Kreisteilung linksläufig ist und O (Ost) und W (West) gegeneinander vertauscht sind. Die Zweckmäßigkeit oder Notwendigkeit dieser Einrichtung ergibt sich aus folgender Überlegung:

Soll die Richtung der Linie AB (Fig. 106) mit dem Kompaß bestimmt werden, so spannt man zwischen den Punkten A und B eine Schnur oder Meßkette aus und hängt den Kompaß so an, daß der Null- oder Nordpunkt N der Teilung voraus, d. h. in der Richtung nach B zeigt. Darauf wird die Sperrvorrichtung der Nadel gelöst und die Stellung der

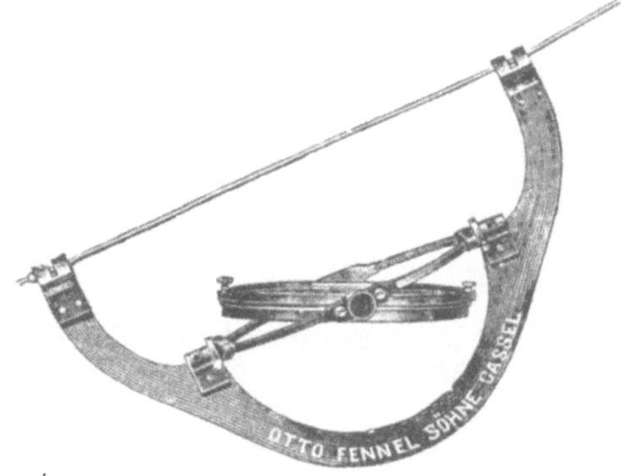

Fig. 105. Ansicht des Casseler Hängekompasses ($^1/_4$ der natürl. Größe).

Nordspitze an der Kreisteilung abgelesen. In der Figur beträgt die Ablesung 72^0; man erhält also unmittelbar den Winkel γ, den die Richtung AB mit der magnetischen Nordrichtung bildet. Wäre die Kreisteilung rechtsläufig, so würde man statt 72^0 den Winkel 360^0 — $72^0 = 288^0$ ablesen.

Der Winkel γ ist das Streichen der Linie AB, α ist ihr Nordwinkel oder Azimut. Das Streichen einer Linie ist demnach größer als der Nordwinkel, der Unterschied zwischen beiden ist gleich der magnetischen Abweichung; $\delta = \gamma - \alpha$.

Die Kreisteilung auf der Kompaßbüchse läuft von 0^0 bis 360^0 durch. Früher war statt der Gradteilung fast allgemein die in der Figur 107 gezeichnete Stundenteilung üblich, die in vereinzelten Fällen auch heute noch vorkommt. Sie rührt von der Einteilung des Tages in

$$2 \times 12 \text{ Stunden her, so daß einer Stunde } \frac{360}{2 \times 12} = 15^0 \text{ entsprechen.}$$

Die Unterabteilungen sind verschieden am häufigsten findet man die Einteilung in Achtelstunden, von denen noch Sechzehntel geschätzt werden.

Der kleinste Teil ist demnach $^1/_8/_{16} = {}^1/_{128}$ Stunde. Ganze, Achtel- und halbe Achtel-Stundenstriche sind auf der Teilung angegeben.

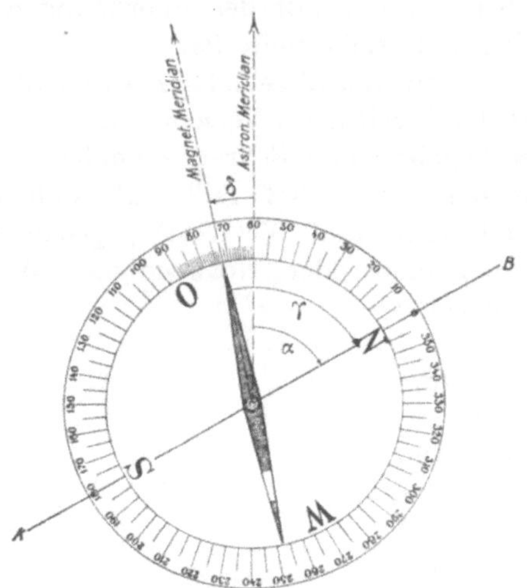

Fig. 106. Nordwinkel und Streichen.

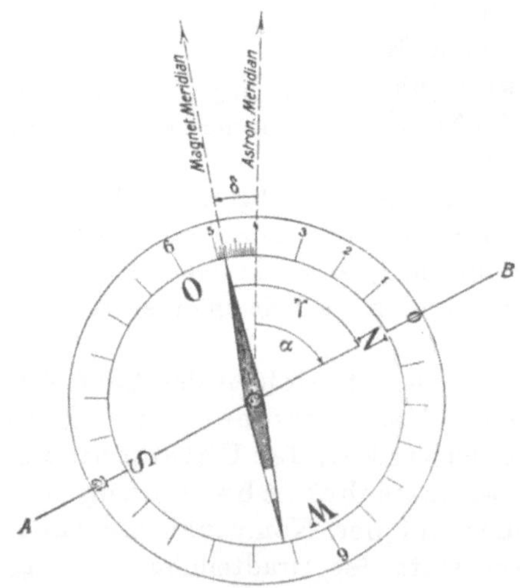

Fig. 107. Stundeneinteilung des Kompasses.

In der Figur 107 liest man O 4. 6. 7., d. h. Ost 4 Stunden $+$ 6 Achtel-stunden $+ {}^7/_{16}$ Achtelstunden; die Angabe von O (Ost) oder W (West) ist notwendig, weil die Teilung zweimal von 0 bis 12 Stunden läuft;

es müssen deshalb die beiden Hälften des Kreises besonders gekennzeichnet werden.

Die nachstehende Zahlentafel gibt die Bruchteile der Stunden
in Graden an. Wenn man z. B. die Ablesung O 4. 6. 7. (4 Stunden
+ 6 Achtelstunden + 7 Sechzehntel-Achtelstunden) in Grade verwan-
deln will, so bildet man zunächst $4 \times 15^0 = 60^0$ und entnimmt der
Zahlentafel bei 6. 7. den Wert $12,1^0$, der zu 60^0 hinzugezählt wird.
Das Ergebnis ist O 4. 6. 7. $= 72,1^0$.

Zahlentafel zur Verwandlung von Stunden in Grade.

Achtel-Stunden	Sechzehn-tel Achtel	Grad	Achtel-Stunden	Sechzehn-tel Achtel	Grad	Achtel-Stunden	Sechzehn-tel Achtel	Grad	Achtel-Stunden	Sechzehn-tel Achtel	Grad
0	0	0,0	2	0	3,8	4	0	7,5	6	0	11,2
	1	0,1		1	3,9		1	7,6		1	11,4
	2	0,2		2	4,0		2	7,7		2	11,5
	3	0,4		3	4,1		3	7,9		3	11,6
	4	0,5		4	4,2		4	8,0		4	11,7
	5	0,6		5	4,3		5	8,1		5	11,8
	6	0,7		6	4,5		6	8,2		6	12,0
	7	0,8		7	4,6		7	8,3		7	12,1
	8	0,9		8	4,7		8	8,4		8	12,2
	9	1,1		9	4,8		9	8,6		9	12,3
	10	1,2		10	4,9		10	8,7		10	12,4
	11	1,3		11	5,0		11	8,8		11	12,5
	12	1,4		12	5,2		12	8,9		12	12,7
	13	1,5		13	5,3		13	9,0		13	12,8
	14	1,6		14	5,4		14	9,1		14	12,9
	15	1,8		15	5,5		15	9,3		15	13,0
1	0	1,9	3	0	5,6	5	0	9,4	7	0	13,1
	1	2,0		1	5,7		1	9,5		1	13,2
	2	2,1		2	5,9		2	9,6		2	13,4
	3	2,2		3	6,0		3	9,7		3	13,5
	4	2,3		4	6,1		4	9,8		4	13,6
	5	2,5		5	6,2		5	10,0		5	13,7
	6	2,6		6	6,3		6	10,1		6	13,8
	7	2,7		7	6,4		7	10,2		7	13,9
	8	2,8		8	6,6		8	10,3		8	14,1
	9	2,9		9	6,7		9	10,4		9	14,2
	10	3,0		10	6,8		10	10,5		10	14,3
	11	3,2		11	6,9		11	10,7		11	14,4
	12	3,3		12	7,0		12	10,8		12	14,5
	13	3,4		13	7,1		13	10,9		13	14,6
	14	3,5		14	7,3		14	11,0		14	14,8
	15	3,6		15	7,4		15	11,1		15	14,9
									8	0	15,0
										= 1 Stunde	

Sollen umgekehrt z. B. 132,3⁰ in Stunden verwandelt werden, so bildet man zunächst $\dfrac{132,3^0}{15} = 8$ (Rest 12,3⁰). Für den Rest von 12,3⁰ findet man in der Zahlentafel 6. 9., so daß sich ergibt: 132,3⁰ = O 8. 6. 9.

Die Einteilung des Kompasses in Stunden und deren Bruchteile ist wegen der umständlichen Ablesung und der häufig notwendigen Umrechnung in Grade unpraktisch. Vor der allgemeinen Einführung der Gradteilung hatte sie Berechtigung, jetzt verschwindet sie mehr und mehr.

61. Die Richtlinie. Durch die Beziehung: Streichen weniger Nordwinkel gleich magnetische Abweichung ist der Weg gegeben, auf dem die Größe der magnetischen Abweichung ermittelt werden kann. Man braucht zu diesem Zweck nur mit dem Kompaß das Streichen einer Linie abzunehmen, deren Nordwinkel bekannt ist.

Eine Linie, die zur Ermittlung der magnetischen Abweichung dient, heißt Richtlinie. Über Tage besteht sie meist aus der ungefähr

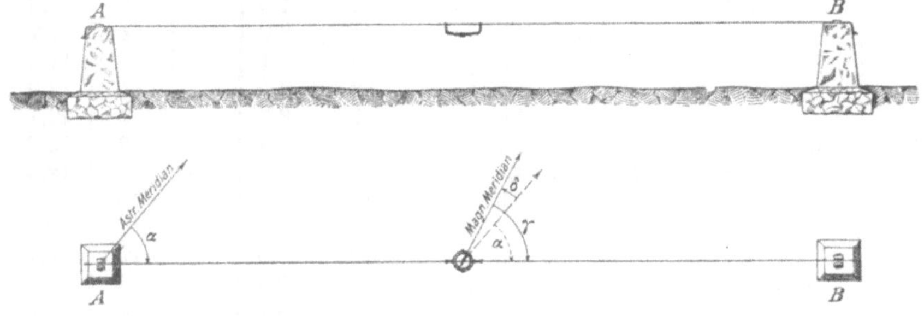

Fig. 108. Richtlinie.

wagerechten Verbindunglinie von zwei Steinen im Abstand von 10—20 m, die auf ihrer Oberfläche mit Rillen versehen sind, zwischen denen eine Schnur oder Meßkette ausgespannt werden kann (Fig. 108). An dem angehängten Kompaß wird das Streichen γ der Linie AB unmittelbar abgelesen. Der Nordwinkel α kann durch eine Bestimmung der Nord-Südlinie nach der Sonne oder dem Polarstern ermittelt oder aus dem Koordinatennetz des betreffenden Gebietes abgeleitet werden.

In der Grube kann als Richtlinie eine Seite des Theodolitzuges (siehe Abschnitt VIII) benutzt werden, jedoch nur dann, wenn die Magnetnadel nicht durch Eisen oder elektrische Ströme abgelenkt wird.

Das folgende Beispiel erläutert die Benutzung einer Richtlinie:

Beobachtung der Richtlinie im Grubenfelde der Zeche Wilhelmine am 1. Oktober 1911, nachmittags 3 Uhr, mit dem Kompaß Nr. 8231 von Fennel.

Streichen der Richtlinie (im Mittel aus drei Ablesungen am Kompaß an verschiedenen Stellen
der Linie) . . . . 63,2^0

Nordwinkel der Richtlinie . . . . 51,4^0

Magnetische Abweichung . . . . 11,8^0 westlich.

Die ermittelte Abweichung von 11,8^0 gilt nur für den Ort und die Zeit der Messung, sowie für den benutzten Kompaß. Finden die Kompaßmessungen an anderer Stelle statt, so ist die Änderung der magnetischen Abweichung mit dem Orte zu beachten (siehe Seite 80). Größere Unterschiede treten aber nur in ostwestlicher Richtung auf und auch diese können auf dem begrenzten Gebiete eines Grubenfeldes in den meisten Fällen vernachlässigt werden. Läßt man Ungenauig-keiten von $^1/_{20}{}^0$ vom richtigen Werte zu, was in Anbetracht der sonstigen bei einer einfachen Kompaßmessung unvermeidlichen Fehler berechtigt ist, so darf man in erdmagnetisch ungestörten Gegenden bis 7 km Entfernung östlich und westlich der Richtlinie mit der gleichen magnetischen Abweichung rechnen.

Die Beobachtung der Richtlinie findet nun immer zu einer anderen Zeit statt als die Kompaßmessungen, so daß die magnetische Ab-weichung sich in der Zwischenzeit geändert hat. Bei einem regel-mäßigen Verlauf beträgt die tägliche Schwankung im Sommer $^1/_4{}^0$, im Winter $^1/_{10}{}^0$. Ebenso groß können also höchstens auch die Fehler sein, die man macht, wenn der Zeitunterschied zwischen der Beobach-tung an der Richtlinie und den Messungen nicht berücksichtigt wird. In den meisten Fällen ist auch diese Vernachlässigung gestattet, zu-mal sich die Fehler zum Teil ausgleichen, wenn die Messung sich über einen längeren Zeitraum erstreckt. Nur in besonderen Fällen, wie beim Hängen einer wichtigen Stunde, soll man das an der Richtlinie be-obachtete Streichen mit Hilfe der magnetischen Kurven auf den Augen-blick umrechnen, in dem die Stunde gehängt worden ist. Es sei aber nochmals betont, daß dies nur in ganz seltenen Fällen zu geschehen braucht, im übrigen genügt es, von Zeit zu Zeit an der Richtlinie zu beobachten und den gefundenen Zahlenwert der magnetischen Ab-weichung bei der Zulage der Kompaßmessungen einzusetzen. Nur zu Zeiten großer magnetischer Unruhe, besonders bei starken magne-tischen Gewittern, die sich dem Beobachter während der Messung durch eigentümliches lebhaftes Zittern der Magnetnadel verraten, können beträchtliche Änderungen der magnetischen Abweichung vorkommen. In solchen Fällen empfiehlt sich ein Einblick in die magnetischen Kurven.

62. Fehler des Kompasses. Im vorigen Absatz wurde bereits erwähnt, daß die an der Richtlinie ermittelte magnetische Abweichung nur für den dort benutzten Kompaß gültig ist. Der Grund hierfür liegt in dem Hakenfehler, mit dem jeder Kompaß mehr oder weniger stark behaftet ist. Ein solcher Fehler liegt vor, wenn die Hakenlinie nicht parallel zur Nord-Süd-Linie der Teilung ist. Er bewirkt, daß alle Ablesungen an dem Kompaß um den Betrag der Verdrehung der Hakenlinie, den Hakenfehler, zu groß oder zu klein ausfallen. Wenn man nun an der Richtlinie die für den betreffenden Kompaß gültige magnetische Abweichung bestimmt und bei der Zulage der Messungen berücksichtigt, so hat der Fehler keinen Einfluß mehr auf das Ergebnis der Zulage.

Eine weitere Bedingung für die Richtigkeit des Kompasses ist die, daß die Kompaßachse, an der die Büchse in dem Kompaßringe hängt, rechtwinklig zur Hakenlinie steht. Die Abweichung heißt Kreuzungfehler, sein Einfluß nimmt mit dem Neigungwinkel der Meßkette stark zu. Bezeichnet man mit k_0 den Kreuzungfehler bei einer wagerecht hängenden Kette und mit α den Neigungwinkel der letztern, dann besteht die Beziehung:

$$k = \frac{k_0}{\cos \alpha}$$

Ist z. B. $k_0 = \pm 1^0$, d. h. bildet die Kompaßachse bei der wagerechten Kette mit der Hakenlinie einen Winkel von 91^0 oder 89^0 statt 90^0, so ergibt sich folgende

Zahlentafel des Kreuzungfehlers $\pm 1^0$ für Neigungwinkel von 0^0—90^0.

Neigungwinkel der Kette	0^0	10^0	20^0	30^0	40^0	50^0	60^0	70^0	80^0	90^0
Fehler des Streichwinkels infolge des Kreuzungfehlers	$\pm 1^0$	$\pm 1^0$	$\pm 1,1^0$	$\pm 1,1^0$	$\pm 1,3^0$	$\pm 1,6^0$	$\pm 2,0^0$	$\pm 2,9^0$	$\pm 5,7^0$	∞

Aus der vorstehenden Zahlentafel geht hervor, daß der Einfluß des Kreuzungfehlers auf den Streichwinkel bis zu Neigungwinkeln von etwa 45^0 nur sehr langsam zunimmt; darüber hinaus werden die Streichwinkel aber sehr ungenau.

Bei der Ermittlung des Hakenfehlers geht der Kreuzungfehler in den letztern ein, man erhält also die Summe von zwei Fehlern. Während nun der Hakenfehler für alle Neigungwinkel derselbe bleibt, nimmt der Anteil des Kreuzungfehlers mit dem Neigungwinkel zu. Der Betrag von 1^0, welcher der Berechnung der obigen Zahlentafel zugrunde gelegt wurde, ist in dem an der Richtlinie ermittelten Gesamtfehler bereits enthalten. Als Einfluß der Kettenneigungen kommt deshalb ein um 1^0 kleinerer Streichwinkelfehler in Betracht als die Zahlentafel angibt. Die Zunahme des Kreuzungfehlers von $\pm 1^0$ beträgt demnach bei einem Neigungwinkel von 50^0 erst $0,6^0$, bei 80^0 jedoch bereits $4,7^0$. Man muß demnach sehr steile Kettenneigungen vermeiden.

Ein weiterer Fehler des Kompasses tritt dann auf, wenn die Kompaßachse während der Messung nicht wagerecht liegt. An dem Casseler Hängezeug mit drehbarem Ring tritt leicht ein Kippachsenfehler auf, dessen Einfluß auf den Streichwinkel von dem Neigungwinkel der Kette abhängt. Ist i_0 die Neigung der Kompaßachse gegen die Wagerechte und α der Neigungwinkel der Meßkette, dann ergibt sich der Einfluß des Kippachsenfehlers auf den Streichwinkel aus der Beziehung: $i = i_0 \cdot \sin \alpha$.

Einfluß eines Kippachsenfehlers von $\pm 1^0$ auf den gemessenen Streichwinkel in Abhängigkeit von der Neigung der Meßkette.

Neigungwinkel der Kette	0^0	10^0	20^0	30^0	40^0	50^0	60^0	70^0	80^0	90^0
Fehler des Streichwinkels	$\pm 0,0^0$	$\pm 0,2^0$	$\pm 0,3^0$	$\pm 0,5^0$	$\pm 0,6^0$	$\pm 0,8^0$	$\pm 0,9^0$	$\pm 0,9^0$	$\pm 1,0^0$	$\pm 1,0^0$

Wie man sieht, ist die Wirkung des Kippachsenfehlers auf den Streichwinkel gering. Er wird ganz aufgehoben, wenn man den Kompaß umhängt, d. h. H_1 an die Stelle von H_2 bringt (Fig. 104) und aus beiden Ablesungen das Mittel nimmt.

Ein häufig vorkommender Fehler ist in der vom Mittelpunkt abweichenden Lage des Aufhängepunktes oder in einer Verbiegung der Nadel begründet. Die Ablesung an der Südspitze der Nadel ist dann nicht genau um 180^0 verschieden von der Nordablesung. Man prüft den Kompaß hierauf durch doppelte Ablesungen in verschiedenen Kreisstellungen ergeben sich dabei Unterschiede gegen 180^0 von mehr als 0,2°, so liest man bei den Messungen an beiden Nadelspitzen ab und verbessert die Ablesung am Nordende um den halben Betrag der Abweichung von 180°. Es sei z. B. an der Nordspitze 72,0°, an der Südspitze dagegen 252,4° abgelesen, dann beträgt die verbesserte Nordablesung 72,2°.

Aus den bisherigen Betrachtungen der Fehler des Kompasses ergibt sich, daß die Einflüsse der Haken-, Kippachsen- und Mittelpunktfehler sich durch geeignete Beobachtungverfahren unschädlich machen lassen, so daß nur der Kreuzungfehler bestehen bleibt.

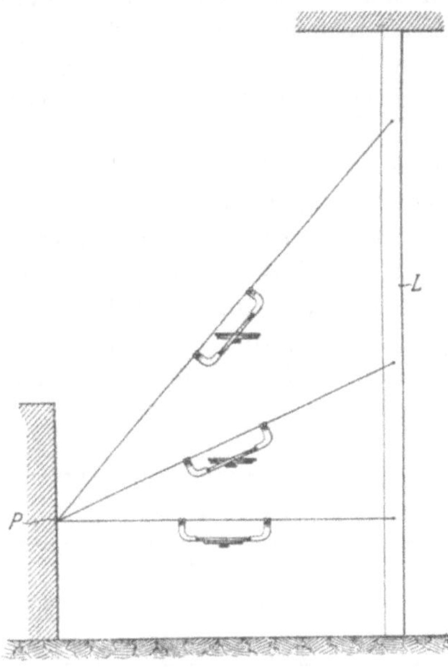

Fig. 109. Lattenprobe.

Man kann letztern durch die sogenannte Lattenprobe nachweisen. Die Einrichtung ist folgende: In eine lotrecht gestellte feste Latte L (Fig. 109) werden eine Anzahl Nägel oder Haken lotrecht untereinander eingeschlagen und zwischen ihnen und einem festen Punkte P Schnüre gespannt, die sich dann alle in einer lotrechten Ebene befinden und verschieden stark geneigt sind. Beobachtet man nacheinander das Streichen dieser Schnüre in beiden Kompaßlagen, so müssen sich für alle Schnüre dieselben Werte ergeben, wenn kein Kreuzungfehler vorliegt. Letzterer läßt sich durch vorsichtiges Biegen der Aufhängebügel verkleinern oder ganz beseitigen.

III. Ausführung eines Kompaßzuges.

63. Allgemeines. Unter einem Kompaßzuge versteht man einen gebrochenen Linienzug, in dem das Streichen jeder einzelnen Linie mit dem Kompaß bestimmt wird (Fig. 110). Dabei wird der Kompaß an eine zwischen den Endpunkten der Linie ausgespannte Meßkette gehängt, an der die Länge abgelesen werden kann. Sind die Linien geneigt, so wird der Neigungwinkel mit einem Gradbogen gemessen. Aus den Richtungen und söhligen Längen der einzelnen Linien läßt sich der Linienzug im Grundriß auftragen. Ein solcher Kompaßzug bildet das Gerippe für die Darstellung der Grubenbaue. Mißt man

die Abstände der Streckenstöße gegen Punkte des Kompaßzuges ein
und entwirft von dem Verlauf desselben eine gute Handzeichnung,
so lassen sich auf Grund der Messungergebnisse alle Einzelheiten der
Grubenbaue bildlich darstellen.

Für die Auftragung oder die „Zulage" des Kompaßzuges auf das
Grubenbild muß die Lage des Anfangpunktes der Messung bereits
bekannt sein. Ist ein Anschlußpunkt nicht von vornherein gegeben,
z. B. durch eine Markscheiderstufe oder einen Festpunkt der Theodolitmessung, so kann die Messung an dem Schnittpunkte von zwei
Strecken, einem Aufbruch oder dgl. beginnen, falls dieselben bereits
auf dem Grubenbild vorhanden sind. In dem Beispiel des Kompaßzuges (Fig. 112) beginnt die Messung in P. M. 75, d. h. in dem Festpunkte 75 der Präzisionmessung (Theodolitmessung).

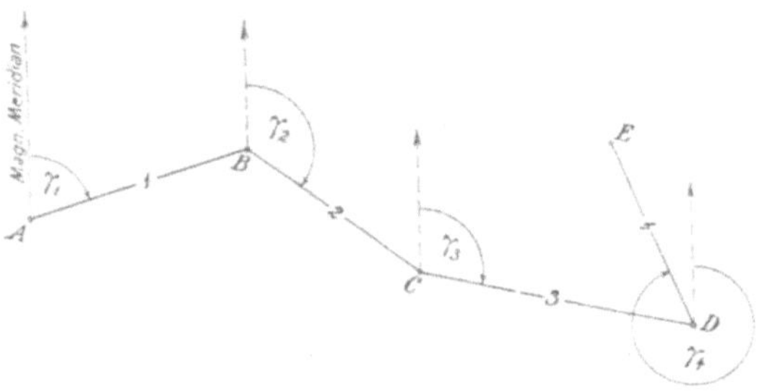

Fig. 110. Kompaßzug.

Bei der Ausführung eines Kompaßzuges werden folgende Geräte
gebraucht: Ein Hängezeug, bestehend aus Kompaß und Gradbogen,
zusammen in der zugehörigen Ledertasche verpackt, eine Meßkette,
ein Zollstock, 3 Pfriemen, Nägel, Hammer und eine eisenfreie
Lampe. Zur Bedienung sind zwei Mann als Kettenzieher erforderlich.
Der Hergang bei der Messung ist im einzelnen folgender: Zunächst
werden Jahr, Monat, Tag und Stunde sowie der Ort, an dem die
Messung stattfindet, ferner der Name des Beobachters und Angaben
über die benutzten Geräte in das Beobachtungbuch eingetragen. Die
beiden Kettenzieher spannen unterdessen die Kette aus. Während der
Hintermann die Kette an dem Anfangspunkte der Messung anhält,
geht der Vordermann in der Richtung der Messung voraus und sucht
einen geeigneten Endpunkt des ersten Zuges auf. Die Lage des letztern
ist außer durch die Länge des Zuges, die in söhligen Strecken höchstens
20 m, d. i. eine Kettenlänge, in schwebenden Strecken aber nicht mehr
als 10—15 m betragen soll, durch die örtlichen Verhältnisse bedingt,
da die Kette überall frei hängen muß. Der Beobachter überzeugt sich
hiervon, indem er vor dem Anhängen des Kompasses oder Gradbogens

an ihr entlang geht, wobei er zweckmäßig gleichzeitig die Länge des Zuges durch Ablesen der ganzen Meter und Messung des über das letzte Meterzeichen hinausreichenden Stückes mit einem Zollstock bestimmt. Die ermittelte Länge des Zuges wird sofort in das Beobachtungbuch eingetragen. In söhligen Strecken spannt man die Kette nach Augenmaß wagerecht, weil dann der Neigungwinkel nicht gemessen und die Sohle nicht berechnet zu werden braucht. Die Schätzung nach Augenmaß ist genügend genau, da die Sohle bei einem Höhenunterschied von ± 20 cm zwischen Anfang- und Endpunkt eines 10 m langen Zuges nur 2 mm kürzer ist als die unmittelbar gemessene Länge. Bei einem Höhenunterschied von 50 cm beträgt die Verkürzung der Sohle gegen die flache Länge von 10 m nur 1 cm.

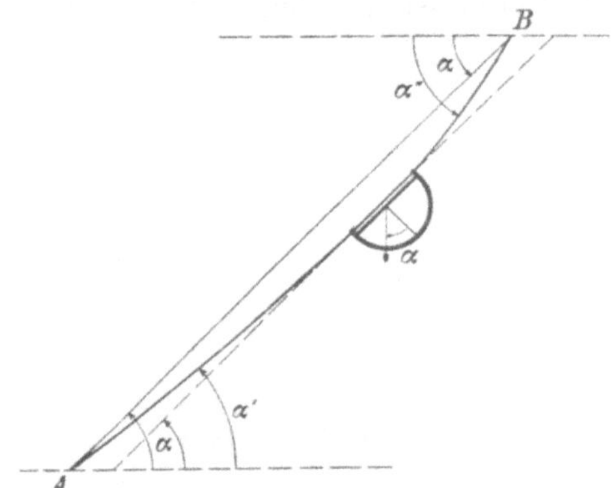

Fig. 111. Der Gradbogen an geneigter Kette.

Anders verhält es sich natürlich bei den Seigerteufen, indem hier der Höhenunterschied zwischen Anfang- und Endpunkt des Zuges in seine ganzen Größe eingeht. Wenn daher die Seigerteufen berechnet werden sollen, so müssen auch in söhligen Strecken die Neigungwinkel gemessen werden.

In schwebenden Strecken ist der Neigungwinkel bei jedem einzelnen Zuge zu bestimmen. Die Aufhängestelle des Gradbogens ist von der Neigung der Kette abhängig. Bei annähernd wagerechten Zügen wird der Gradbogen in der Mitte der Kette aufgehängt, bei Neigungen über 10^0 etwa in Zweidrittel der Länge von unten. In der Figur 111 sei α der Neigungwinkel der geraden Verbindunglinie AB, von der die Kette wegen ihrer eigenen Schwere und des Gewichtes des angehängten Gradbogens abweicht. Es entsteht nun die Frage, an welcher Stelle der Kette der Gradbogen den richtigen Neigungwinkel angibt. Am untern Ende erhält man den offenbar zu kleinen Winkel α', am oberen den zu großen Winkel α''. Den richtigen Winkel α

erhält man im Berührungspunkte der zu der Geraden AB parallelen Berührenden an die Kettenlinie. Die Lage dieses Punktes hängt von dem Gewicht und der Spannung der Kette, von der Schwere des Gradbogens und von der Größe des Neigungwinkels ab. Man trifft ungefähr das Richtige, wenn man die Aufhängestelle in Zweidrittel der Kettenlänge von unten aus gerechnet annimmt.

Der Kompaß wird an einer beliebigen Stelle der Kette angehängt aber immer mit „Norden" voraus, d. h. so, daß der Nord- oder Nullpunkt der Teilung nach vorn in der Richtung der Messung liegt. Die Aufhängestelle ist so zu wählen, daß der Kompaß möglichst weit von Eisen entfernt ist, also möglichst hoch über der Förderbahn und möglichst weit von Förderwagen und seitlich angebrachten Rohren (Seite 102 ff).

Nach dem Anhängen des Kompasses löst man die Sperrvorrichtung der Magnetnadel, richtet die Kompaßbüchse wagerecht, läßt die Nadel zur Ruhe kommen und liest an der Nordspitze (am blauen Ende) ab. Hierbei darf natürlich nur eine eisenfreie Lampe benutzt werden. Die Ablesung wird sofort in das Beobachtungbuch eingetragen. Wenn Eisen in der Nähe ist, so muß der Kompaß an mehreren Stellen der Kette angehängt werden, damit man ein Urteil über die Zuverlässigkeit des betreffenden Streichwinkels erhält. Ergeben die verschiedenen Ablesungen größere Unterschiede, so wird hierüber eine Bemerkung in das Beobachtungbuch eingetragen.

Der zweite Zug schließt sich an den Endpunkt des ersten Zuges an, der von dem vorderen Kettenzieher gesteckte Pfriemen muß also steckenbleiben. Im Endpunkte des letzten Zuges der Kompaßmessung wird ein Ringeisen oder Nagel geschlagen und in der Nähe desselben eine Stufe befestigt (Fig. 112). An der Abzweigung einer Strecke, z. B. eines Überhauens von der Grundstrecke, wird ein Nagel oder Ringeisen hinterlassen, aus dem die Messung fortgesetzt werden kann.

Zu den Messungen ist an Ort und Stelle eine gute Handzeichnung zu entwerfen, die den Verlauf der Strecke und alle bemerkenswerten Einzelheiten der Grubenbaue enthält. Insbesondere ist anzugeben, ob die Strecke in der Lagerstätte oder im Gestein steht; ferner sind Streichen und Fallen von Störungen zu bestimmen, in gewissen Abständen auch der Fallwinkel und die Mächtigkeit der Lagerstätte (Fig. 112).

64. Beispiel einer Kompaßmessung.

21. Oktober 1911, vormittags.

Zeche Germania I, 3. Tiefbausohle, nördlicher Hauptquerschlag. Flöz 16.
Angehalten an P. M. 75 im Querschlag.

Punkt	Zug Nr.	Ablesung am Kompaß = Streichen (° | 1/10°)	Gemessene flache Länge l (m)	Ablesung am Gradbogen = Neigungswinkel α + steigt	− fällt	Söhlige Länge $s = l \cdot \cos\alpha$ (m)	Seigerteufe $h = l \cdot \sin\alpha$ m +	m −	Höhenzahl des Punktes bezogen auf die Null-Höhe ±	m	Punkt	Abstand des Punktes von der Sohle
P.M.75											P.M.75	2,20
	1	73, 0	18, 35			18, 35						
	2	59, 8	16, 83			16, 83					⊙↑	1,34
	3	83, 5	17, 42			17, 42						
♀ 10/11 · 1	4	57, 2	13, 94			13, 94					♀ 10/12 · 1	1,40
					Aus P. M. 75 weiter:							
P.M.75									—	110, 26	P.M.75	2,20
	5	255, 0	12, 51		4, 7	12, 47		1, 02	—	111, 28		
	6	236, 4	10, 70	1, 2		10, 70	0, 22		—	111, 06	⊙↑	1,34
	7	266, 2	19, 78			19, 78						
	8	248, 5	10, 20			10, 20						
	9	303, 4	9, 90			9, 90						
	10	251, 0	16, 87			16, 87						
♀ 10/11 · 2											♀ 10/11 · 2	1,45
				Aus dem Endpunkte des Zuges Nr. 6 weiter:								
⊙↑									—	111, 06	⊙↑	1,34
	11	350, 6	13, 07	24, 3		11, 90	5, 38		—	105, 68		0,50
	12	324, 5	13, 51	34, 3		11, 16	7, 62		—	98, 06		0,65
	13	352, 5	13, 22	37, 5		10, 48	8, 05		—	90, 01		1,30
	14	343, 4	12, 83	35, 7		10, 41	7, 49		—	82, 52		1,25
	15	334, 3	12, 95	33, 3		10, 82	7, 11		—	75, 41		1,00
	16	359, 4	14, 29	35, 4		11, 65	8, 28		—	67, 13		0,90
	17	326, 2	14, 77	36, 5		11, 88	8, 79		—	58, 34	♀ 10/11 · 3	1,12
♀ 10/11 · 3	18	60, 4	20, 00			20, 00						
	19	85, 2	19, 85			19, 85						

Name des Beobachters: Paul Hartmann.	Beobachtung der Richtlinie am 21. Oktober um 3 Uhr nachmittags.
Benutzte Geräte: Hängezeug Nr. 68 von Breithaupt, 20 m Messingkette, Zollstock.	Streichen der Richtlinie 97,7⁰ Nordwinkel 85,7⁰ Magnetische Abweichung 12,0⁰ westl.

Höhe der Sohle bezogen auf die Null-Höhe m	Bemerkungen und Handzeichnung.
112, 46	$\stackrel{\uparrow}{\ominus} = 0{,}45$ m unter der Firste. Im 2. und 3. Zuge viel Eisen.
112, 46	
112, 40	Im 8. Zuge bei 7 m Sprung Streichen 330⁰.
12, 40	$\stackrel{\uparrow}{\ominus} = 0{,}80$ unter der Firste. Ende des Zuges 13 1,30 unter der Firste.
59, 46	

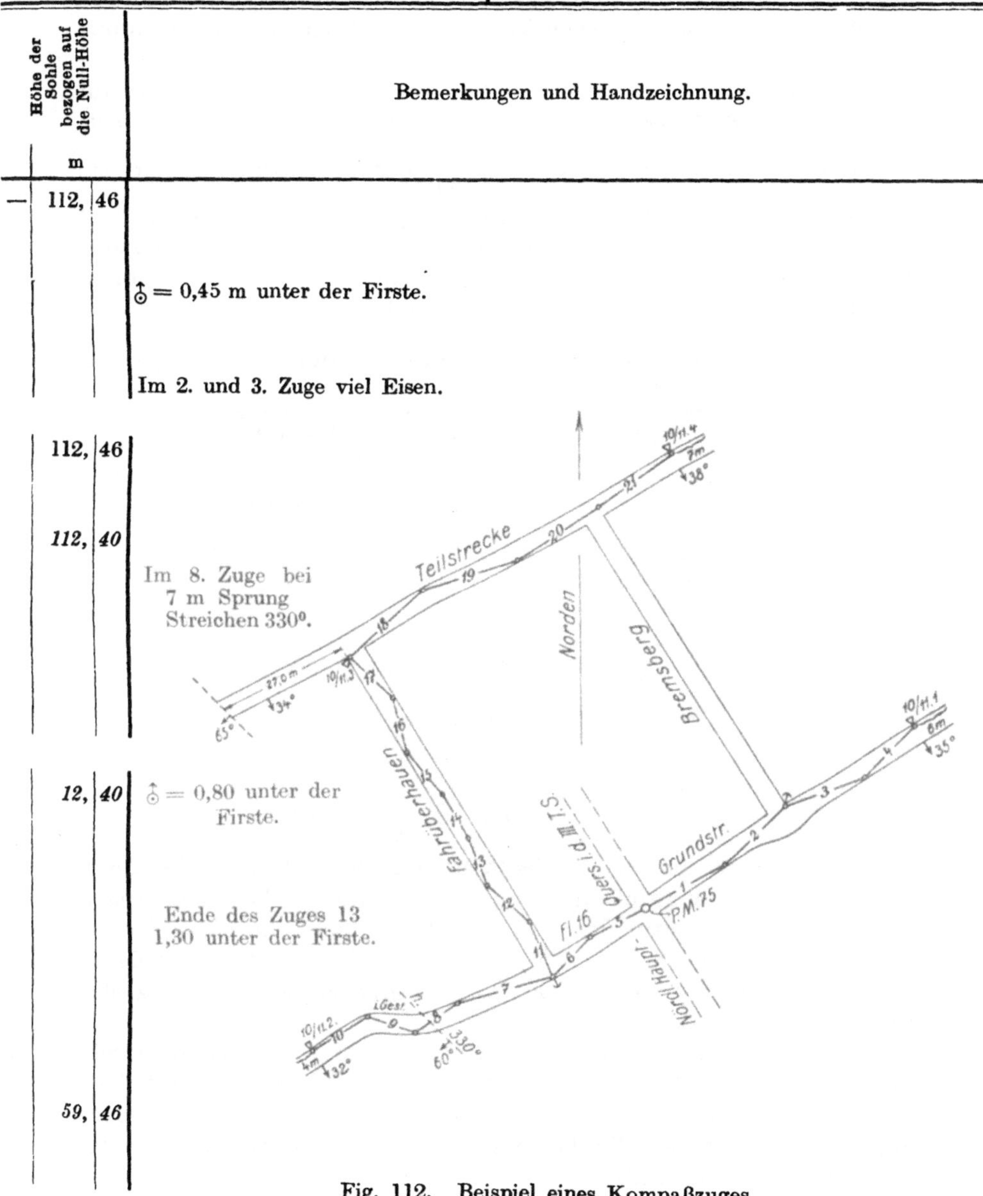

Fig. 112. Beispiel eines Kompaßzuges.

IV. Genauigkeit einer Kompaßmessung.

Allgemeines. Die Genauigkeit einer Kompaßmessung hängt von der Güte des benutzten Kompasses und der Meßkette, der Sorgfalt des Beobachters und von den örtlichen Verhältnissen ab. Im allgemeinen kann man zwischen Längen- und Richtungfehlern unterscheiden.

65. Längenfehler. Die Längenfehler bei Kettenmessungen sind auf der Seite 47 bereits besprochen worden. Die oberbergamtlichen Vorschriften lassen Abweichungen von $\dfrac{1}{800}$ der gemessenen Länge zu, d. h. auf 800 m einen Meter, auf 100 m $12^{1}/_{2}$ cm. Auf die Genauigkeit der Sohlen und Seigerteufen ist auch der Fehler der Gradbogenmessung von Einfluß. Nimmt man den Fehler des Neigungwinkels im Durchschnitt zu $\pm 0.5^{0}$ an, so ergibt sich folgende

Zahlentafel des Einflusses eines Neigungfehlers von $\pm 0,5^{0}$ bei einer flachen Länge von 10 m.

Neigungwinkel 0	Fehler in der Sohle $\pm$ cm	Fehler in der Seigerteufe $\pm$ cm
0	0,0	8,7
10	1,5	8,6
20	3,0	8,2
30	4,4	7,6
40	5,6	6,7
45	6,2	6,2
50	6,7	5,6
60	7,6	4,4
70	8,2	3,0
80	8,6	1,5
90	8,7	0,0
90	8,7	0,0

Man erkennt aus der Zahlentafel, daß die Fehler in der Sohle bei kleinen Neigungwinkeln gering sind, während bei den Seigerteufen das Umgekehrte der Fall ist. Wenn also aus einer flachen Länge von geringer Neigung die Seigerteufe oder bei starker Neigung die Sohle berechnet werden soll, so muß der Fallwinkel mit großer Genauigkeit gemessen werden.

Nun wirkt aber der Längenmeßfehler an sich je nach der Größe des Neigungwinkels verschieden auf die söhlige Länge und die Seigerteufe. Nimmt man den Fehler einer Kettenlänge von 10 m zu ± 5 cm an, so ergibt sich sein Einfluß auf die Sohlen- und Seigerteufen aus der folgenden Zahlentafel.

Neigungwinkel	Einfluß eines Längenfehlers von ± 5 cm auf die	
⁰	Sohle $\pm$ cm	Seigerteufe $\pm$ cm
0	5,0	0,0
10	4,9	0,9
20	4,7	1,7
30	4,3	2,5
40	3,8	3,2
45	3,5	3,5
50	3,2	3,8
60	2,5	4,3
70	1,7	4,7
80	0,9	4,9
90	0,0	5,0

Nach der vorstehenden Zahlentafel ist der Einfluß des Längenfehlers auf die Sohle einer wagerechten Kette am größten und auf die Seigerteufe am kleinsten.

Es sind fast immer Längen- und Neigungfehler vorhanden, die zusammenwirken. Entnimmt man den beiden Zahlentafeln die entsprechenden Fehler in der Sohle bei einem Neigungswinkel von 45⁰, so ergibt sich folgende Summe: $+3,5 -6,2$ oder $-3,5 -6,2$ oder $+3,5 +6,2$ oder $-3,5 +6,2$. Um die Ungewißheit des Vorzeichens zu beseitigen, quadriert man die beiden zusammengehörigen Zahlen und zieht aus der Summe der Quadrate die Wurzel, so daß der Gesamtfehler $\pm \sqrt{3,5^2 + 6,2^2} = \pm 7,1$ cm ist.

66. Richtungfehler. Die Ursache des Richtungfehlers eines Kompaßzuges liegt einmal in Fehlern oder Mängeln des Kompasses selbst, über die auf den Seiten 91 ff. Näheres ausgeführt ist, ferner in der Unvollkommenheit der Beobachtungverfahren und endlich hauptsächlich in der Ungunst der örtlichen Verhältnisse.

Untersucht man die Genauigkeit eines mit dem Kompaß ermittelten Streichwinkels, so ergibt sich etwa folgendes: Die Ablesung der Stellung der Nadel an der Teilung ist höchstens auf $\pm 0,1^0$ genau, vorausgesetzt, daß der Einfluß eines Mittelpunktfehlers der Nadel durch Ablesungen an beiden Nadelspitzen bereits ausgeschaltet ist. Von den Fehlern des Kompasses fallen die Kreuzung- und Richtfehler bei einem söhligen Zuge heraus, wenn die Richtlinie beobachtet ist, ebenso ist ein Kippachsenfehler unschädlich. Bei geneigten Zügen sind die Kreuzung- und Kippachsenfehler auf Grund der Zahlentafeln Seite 91 und 92 einzusetzen.

Eine weitere Bedingung ist die, daß die Hakenlinie des Kompasses genau in der Verbindunglinie der beiden Endpunkte des Zuges liegt.

Meist ist die Kette nach längerem Gebrauch mehrfach geknickt, wodurch Richtungfehler der Hakenlinie entstehen, die man auf 0,1—0,2⁰ schätzen kann. Der Gesamtrichtungfehler eines wagerechten Zuges ist demnach ungefähr $\pm 0,2^0$. Die seitliche Verschwenkung auf 10 m Länge berechnet sich daraus zu ungefähr $\pm 3^1/_2$ cm. Werden nun zehn solcher Züge von je 10 m Länge aneinandergereiht, so ergibt sich eine Verschwenkung des Endpunktes der Messung von $\pm 3^1/_2\sqrt{10} = \pm 11$ cm = rd 1 : 900 der gemessenen Länge. Nach 50 Zügen von insgesamt 500 m Länge beträgt die seitliche Abweichung $3^1/_2\sqrt{50} = \pm 25$ cm = 1 : 2000 der gemessenen Länge.

Die Fehler eines Kompaßzuges pflanzen sich danach recht günstig fort, während bei den im nächsten Abschnitt zu besprechenden Theodolitmessungen in dieser Beziehung ungünstigere Verhältnisse herrschen. Bei geneigten Kompaßzügen kommen allerdings die Einflüsse des Kreuzung- und Kippachsenfehlers in Betracht, wodurch das Ergebnis viel ungünstiger werden kann. Die allgemeinen Vorschriften für die Markscheider im Preußischen Staate vom 21. Dezember 1871 lassen eine seitliche Abweichung von höchstens 1 : 500 der gemessenen Länge zu.

67. Ablenkung der Kompaßnadel durch Eisen und elektrische Ströme. Bei der obigen Berechnung der Richtungfehler ist der Einfluß von örtlichen Ablenkungen der Magnetnadel durch Eisen oder elektrische Ströme nicht berücksichtigt worden. In den Strecken liegen aber Gleise, vielfach auch eiserne Drehplatten, ferner Druckluft- und Spülversatzleitungen, elektrische Kabel usw., die alle imstande sind, die Kompaßnadel abzulenken. In Strecken mit eisernem Ausbau kann die Störung der Magnetnadel so groß sein, daß die Kompaßmessung ganz unbrauchbar wird.

Die Größe der Ablenkung, welche die Magnetnadel erfährt, hängt von der Masse des Eisens und von seiner Entfernung ab. Sie steht im allgemeinen im geraden Verhältnis zur Eisenmasse, nimmt aber mit dem Quadrate der Entfernung ab, so daß auch verhältnismäßig große eiserne Gegenstände, wie z. B. Förderwagen, nicht sehr weit wirken. Von großem Einfluß ist die Richtung der Gleise, da nord-

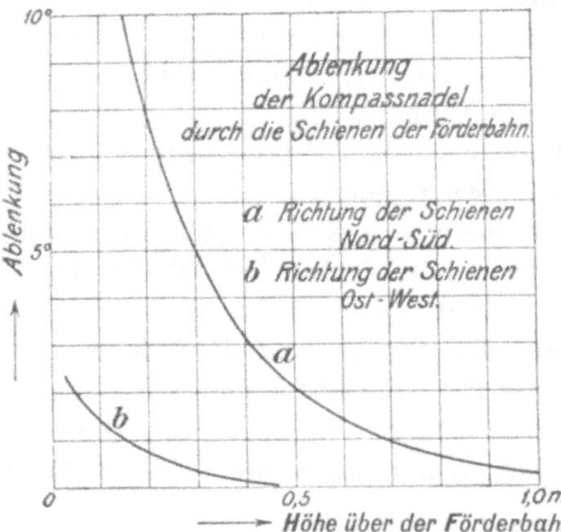

Fig. 113. Ablenkung der Kompaßnadel durch die Förderbahn.

südlich verlaufende Schienen durch den Erdmagnetismus selbst zu Magneten werden, wobei am Nordende Nordmagnetismus, am Südende Südmagnetismus entsteht. Im allgemeinen wird deshalb die Kompaßnadel in nordsüdlich verlaufenden Strecken stärker abgelenkt als in ostwestlichen. Die erdmagnetische Wirkung zeigt sich besonders stark an einem steil geneigten oder lotrechten Eisenstabe, der, wenn er längere Zeit in seiner Lage verharrt, zu einem starken Magneten werden kann; am stärksten wirkt der erdmagnetische Einfluß, wenn der Stab nach magnetisch Norden zeigt und stark nach unten geneigt ist.

In den Figuren 113 und 114 sind die Ergebnisse einiger Ablenkungbestimmungen zeichnerisch dargestellt worden. Die Versuche des Verfassers fanden in der Weise statt, daß zunächst alles Eisen beseitigt und das eisenfreie Streichen einer Linie bestimmt wurde. Nachdem die Förderbahn so hingelegt worden war, daß ihre Achse mit der Richtung der Linie genau zusammenfiel, wurde der Kompaß nacheinander 1, 2, 3, . . . Dezimeter über den Schienen aufgehängt und abgelesen. Es ergaben sich Unterschiede gegen das eisenfreie Streichen, die in der Figur 113 dargestellt sind. Die Versuche fanden in zwei Strecken statt, von denen die eine in der Nord-Südrichtung, die andere ostwestlich verlief. Aus der Figur geht hervor, daß die Ablenkungen in der Richtung Nord-Süd erheblich stärker sind als in Ost-West. Weiterhin ergibt sich das bemerkenswerte Ergebnis, daß der Einfluß der Schienen bereits in etwa 1 m Höhe unmerklich wird. Die Ablenkungen waren an verschiedenen Stellen des Gleises verschieden stark, die größten Ablenkungen zeigten sich über den Schienenstößen, die auf zwei eisernen Schwellen befestigt waren. In der Figur sind die größten Werte der gefundenen Ablenkungen dargestellt worden, so daß die Verhältnisse in vielen praktischen Fällen noch günstiger liegen. Natürlich hängt die Größe der Ablenkung auch von dem Querschnitt der Schienen ab; die Untersuchungen bezogen sich auf eine 7 kg/m Stahlschiene, wie sie in Abbauörtern zur Anwendung kommt.

Eine weitere Untersuchung erstreckte sich auf die Ablenkung der Magnetnadel durch einen auf dem Gleise heran-

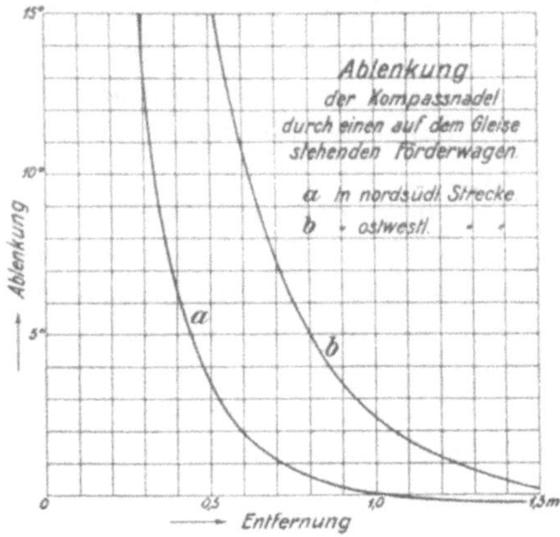

Fig. 114. Ablenkung der Kompaßnadel durch einen Förderwagen.

gebrachten Förderwagen. In unmittelbarer Nähe desselben zeigte der Kompaß um mehr als 100° falsch, während in $1^1/_2$ m Entfernung der Einfluß des Wagens von dem der Schienen kaum noch zu unterscheiden war. In der Figur 114 sinkt die in der nord-südlichen Strecke aufgenommene Kurve bei 1 m unter Null, d. h. die Wirkung der Schienen ist entgegengesetzt und stärker als die des Förderwagens. Der Kompaß hing bei diesem Versuch 0,8 m über dem Gleise. In der ostwestlich verlaufenden Strecke war die Ablenkung durch den Förderwagen naturgemäß am stärksten, weil auf die nord-südlich gerichtete Magnetnadel eine ostwestlich gerichtete ablenkende Kraft die größte Drehwirkung ausübt.

Der störende Einfluß von Rohrleitungen kann in den meisten Fällen vermieden werden, wenn man den Kompaß in der Nähe des von den Rohren abgewendeten Streckenstoßes an die Kette hängt. Beobachtungen über die Ablenkung der Magnetnadel durch eine Luft-druckleitung von 50 mm (= 2 Zoll) Durchmesser ergaben, daß die Ablenkung der Kompaßnadel bereits in 0,5 m Abstand unmerk-lich ist.

Der Einfluß von elektrischen Strömen auf die Magnetnadel hängt von sehr vielen Umständen ab. Wechsel- und Drehstrom mit genügend hoher Wechselzahl wirken fast gar nicht ein; so rief z. B. ein Strom von 50 Wechseln, 14 Ampère und 110 Volt nur dann die geringe Ablenkung von ungefähr 1° hervor, wenn der Kompaß unmittelbar an die Leitung herangebracht wurde.

Gleichstrom wirkt nur bei einfachen Leitungen stark in die Ferne, während der Einfluß gewickelter Doppelleitungen sich nur in unmittel-barer Nähe und nur in geringem Maße bemerkbar macht. Ströme in blanken Drähten lenken stärker ab als solche in eisengepanzerten Kabeln, weil sich bei letztern die magnetischen Kraftlinien in der Eisenpanzerung zusammendrängen. Es ist aber zu beachten, daß eisengepanzerte Leitungen auch dann ablenken, wenn sie strom-los sind.

Im allgemeinen hat eine von einem elektrischen Strom beeinflußte Magnetnadel das Bestreben, sich senkrecht zur Stromrichtung einzu-stellen. Die Größe der Ablenkung ist außer von der Stromstärke und der Entfernung von der Lage des Kompasses zur Leitung des Stromes abhängig. An seitlich von der Leitung gelegenen Punkten ist der Einfluß geringer als ober- und unterhalb derselben. Die fol-gende Zusammenstellung enthält die Ergebnisse von einigen Be-obachtungen:

Ablenkung der Kompaßnadel durch Gleichstrom.

Gewöhnliche Lichtleitung 1 Ampère (110 Volt) Drähte in Gummiadern.		Leitung für Bogenlampen 20 Ampère (45 Volt). Drähte in Gummiadern.		Eisengepanzertes Kabel.					
				Kompaß seitlich vom Kabel.					Kompaß über dem Kabel 200 Ampère
Doppelleit. gewickelt.	Einfache Leitung.	Doppelleit. gewickelt	Einfache Leitung.	Entfernung m	Ohne Strom	10 Ampère	20 Ampère	200 Ampère	
In unmittelbarer Nähe der Leitung $1/2°$.	In unmittelbarer Nähe der Leitung $5°$; in 10 cm Entfernung bereits unmerklich	In 10 cm Entfernung bereits unmerklich	In 10 cm Entfernung $20°$; in 50 cm bereits unmerklich	0,1	$7°$	$30°$	$33°$	$53°$	$80°$
				0,2	5	13	14		
				0,3	3,5	7	9	24	
				0,4	2,6	4	6,5		
				0,5	1,5	2,7	4,5		
				0,6	1,0	1,6	3,0		
				0,7	0,6	1,1	1,5	2,5	5
				0,8	0,4	0,7	1,0		
				0,9	0,2	0,4	0,6		
				1,0	0,1	0,2	0,4		3

V. Hilfseinrichtungen bei der Anwendung der Magnetnadel im Bereich von ablenkenden Einflüssen.

68. Allgemeines. Im vorigen Abschnitt wurde gezeigt, daß die Magnetnadel des Kompasses vielfachen Ablenkungen unterliegt, die aber sehr häufig vermieden werden können. Wenn die Messung jedoch an großen Eisenmassen vorbeiführen muß, so versagt die übliche Anwendung des Kompasses. Man kann nun die Ablenkung dadurch unschädlich machen, daß man die Magnetnadel in, unter oder über den Schnittpunkt von zwei aufeinanderfolgenden Zügen bringt und genau an der gleichen Stelle zwei Ablesungen macht, eine für den rückwärts, die andere für den vorwärts gerichteten Zug. Beide Ablesungen sind dann um den gleichen Betrag der an dem Aufhängepunkte bestehenden Ablenkung der Magnetnadel falsch, ihr Unterschied ergibt aber den richtigen Schnittwinkel der beiden Schnüre. Das Verfahren setzt voraus, daß in der ganzen Kompaßmessung wenigstens ein Zug eisenfrei ist, von dem aus dann die abgelesenen Streichwinkel der übrigen Züge nacheinander berichtigt werden können.

69. Das Verfahren der Kreuzschnüre. Um den Kompaß unter dem Schnittpunkte zweier Züge aufhängen zu können, spannt man gleichzeitig zwei Meßketten oder Schnüre aus, etwa zwischen AB und BC in der Figur 115 und zwar so, daß sie sich im Punkte B kreuzen. Es

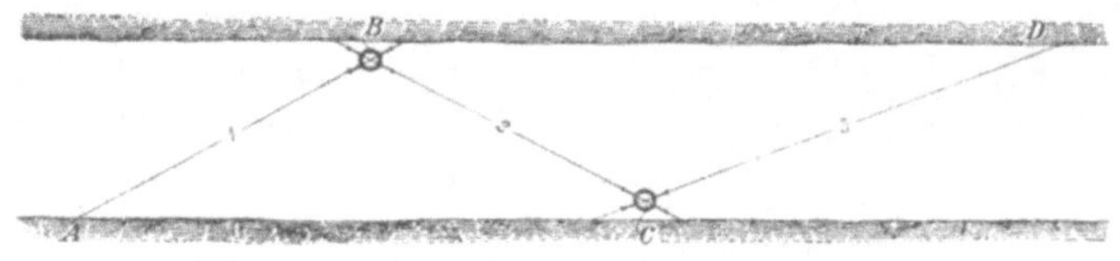

Fig. 115. Anwendung von Kreuzschnüren.

sei nun das Streichen des Zuges 1 durch Anhängen des Kompasses in der Nähe des Punktes A, der noch eisenfrei liegen möge, zu 70⁰ bestimmt. In der Nähe von B befinde sich bereits viel Eisen. Hängt man nun den Kompaß genau im Punkte B auf und findet das Streichen des Zuges 1 zu 90⁰, so ist die Ablesung infolge der Ablenkung um $90⁰ — 70⁰ = 20⁰$ zu groß. Um denselben Betrag ist das beobachtete Streichen des Zuges 2 zu verringern, um es auf eisenfreies Streichen zurückzuführen. Hat man in der Richtung BC z. B. 150⁰ abgelesen, so beträgt das von der Ablenkung befreite Streichen $150⁰ — 20⁰ = 130⁰$. In ähnlicher Weise läßt sich durch zwei Beobachtungen im Punkte C das eisenfreie Streichen des Zuges 3 ableiten usf.

Wenn statt des ersten Zuges irgendein anderer Zug eisenfrei ist, so rechnet man von diesem aus rückwärts und vorwärts.

Das Verfahren der Kreuzschnüre liefert keine sehr genauen Ergebnisse, einmal weil die Aufhängung des Kompasses genau unter dem Schnittpunkte der Züge Schwierigkeiten macht und dann besonders deshalb, weil die Fehlerfortpflanzung ungünstig ist, indem ein einmal begangener Fehler alle nachfolgenden Züge verschwenkt.

Um nun eine genauere Aufhängung zu erreichen als es bei der Anwendung der Kreuzschnüre möglich ist und um das Meßverfahren zu vereinfachen, sind besondere Hilfeinrichtungen gebaut worden, die jedoch ihre praktische Bedeutung seit der Einführung von handlichen Theodoliten fast ganz verloren haben.

Statt der Kreuzschnüre oder anderer Hilfeinrichtungen kann man in Gegenwart von Eisen den im nächsten Absatz beschriebenen Richtkreis (Bussole) benutzen.

70. Der Richtkreis. Der Richtkreis (die Bussole) ist ein Magnetnadelgerät, das im wesentlichen aus einem Kompaß und einer Zielvorrichtung besteht (Fig. 116). Letztere ermöglicht Zielungen von dem Standpunkte des Gerätes aus, während die zugehörigen Streichwinkel an der zusammen

Fig. 116. Richtkreis (Bussole).
(Ungefähr ¹/₃ der natürl. Größe.)

mit der Zielvorrichtung um eine lotrechte Achse drehbaren Kompaßteilung abgelesen werden können. Das ganze Gerät ruht mit einem
Dreifuß auf dem Teller eines Dreibeines.

Bei der Messung wird der Teilkreis wagerecht unter einem Punkte
des Zuges aufgestellt, das Fernrohr auf den andern Punkt gerichtet und
das Streichen des Zuges an der Magnetnadel abgelesen. In eisenfreien
Strecken oder an ungestörten Stellen über Tage braucht der Richtkreis nur unter jedem zweiten Punkte aufgestellt und je eine Rück-
wärts- und Vorwärtszielung genommen zu werden. Man mißt dann
in sogenannten Springständen, weil die Magnetnadel unmittelbar das
eisenfreie Streichen angibt.

In Gegenwart von Eisen ist die Messung mit dem Richtkreise dem
Kreuzschnureverfahren und der Anwendung von Hilfeinrichtungen
vorzuziehen, weil die Aufstellung genauer erfolgen kann. Das Gerät
muß natürlich in jedem Brechpunkte des Linienzuges aufgestellt werden.
Andererseits ist der Gebrauch von Geräten, die mit einem Fernrohr
versehen sind. in der Grube immer mit gewissen Schwierigkeiten verknüpft, besonders für den ungeübten Beobachter.

VI. Zulage eines Kompaßzuges.

71. Allgemeines. Ein Kompaßzug wird nur in ganz außergewöhn-
lichen Fällen nach Koordinaten berechnet, in der Regel begnügt man
sich mit einer zeichnerischen Darstellung. Das Auftragen oder „Zulegen“ der Richtungen der einzelnen Züge geschieht mit Hilfe einer
Zulegeplatte, einer Gradscheibe oder eines besonderen Zulegegerätes.
Die söhligen Längen werden in verkleinertem Maßstabe, der bei den
Zulegerissen (S. 159) 1 : 1000 beträgt, mit Zirkel und Maßstab aufgetragen. Auf Grund der während der Messung entworfenen Handzeichnung wird das Bild vervollständigt. Die der Zulage vorausgehende
Berechnung der Sohlen und Seigerteufen erfolgt am einfachsten mit
Hilfe der Zahlentafeln der Seigerteufen und Sohlen.

72. Zulage mit der Zulegeplatte. Die Zulegeplatte (Fig. 117) besteht aus einer etwa 20 cm langen und 10 cm breiten Messingplatte
mit abgeschrägten Kanten.
In der Mitte trägt sie einen
Ring, in den die aus dem
Hängezeug losgelöste Kom-
paßbüchse so eingesetzt
werden kann, daß der Nullpunkt der Kompaßteilung
parallel zur Längskante der

Fig. 117. Ansicht einer Zulegeplatte.
(Ungefähr ¼ der natürl. Größe.)

Platte gerichtet ist. Zu diesem Zwecke sind die Kompaßbüchse und der Ring der Zulegeplatte mit je einer Strichmarke versehen, die aufeinander eingestellt werden können.

Vor der Zulage mit der Zulegeplatte ist der Zeichenbogen richtig zu legen, d. h. die auf demselben angegebene Nord-Südlinie ist nach Norden zu drehen (Fig. 118 links). Zu diesem Zwecke legt man die Langkante der Zulegeplatte an die Nord-Südlinie, löst die Sperrvorrichtung der Magnetnadel und dreht den Zeichenbogen mit der auf ihr liegenden Platte so lange, bis die Nadel die mit demselben Kompaß an der Richtlinie ermittelte magnetische Abweichung anzeigt. Sobald es der Fall ist, wird der Zeichenbogen festgelegt, so daß er sich während der Dauer der Zulage nicht drehen kann.

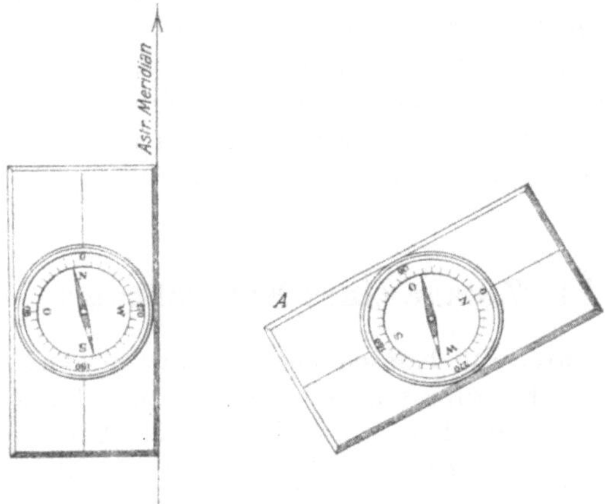

Fig. 118. Zulage mit der Zulegeplatte.
Links: Zurechtlegen des Zeichenbogens. Rechts: Auftragen eines Streichwinkels.

Wenn die Messung auf einer Karte zugelegt werden muß, auf der statt der Nord-Südlinie die Richtlinie selbst verzeichnet ist, so legt man die Platte parallel zu letzterer und dreht den Zeichenbogen so lange, bis die Nadel das an der Richtlinie gemessene Streichen angibt.

Nach der richtigen Festlegung des Zeichenbogens auf einer wagerechten Unterlage beginnt die Zulage der Messung, indem man die Längskante der Zulegeplatte in den Anfangpunkt der Messung schiebt und die Platte so lange dreht, bis das Nordende der Nadel das beobachtete Streichen des ersten Zuges angibt (Fig. 118 rechts).

Bei der Zulage mit der Zulegeplatte muß alles Eisen ferngehalten werden; da dies jedoch in Gebäuden nur in den seltensten Fällen möglich ist, so wird das Verfahren nur noch vereinzelt angewendet.

73. Zulage mit der Gradscheibe. Ein sehr einfaches Hilfsmittel für die Zulage ist die Gradscheibe aus Metall oder Zelluloid;
Gradscheiben aus Papier sind für die Zulage von Kompaßmessungen
zu ungenau. In der Figur 119 links ist der Nordwinkel des ersten

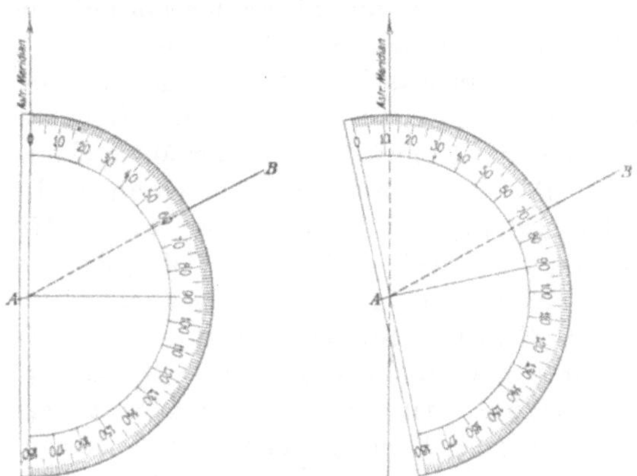

Fig. 119. Zulage mit einer Gradscheibe.
Links: Auftragen des Nordwinkels. Rechts: Auftragen des Streichwinkels.

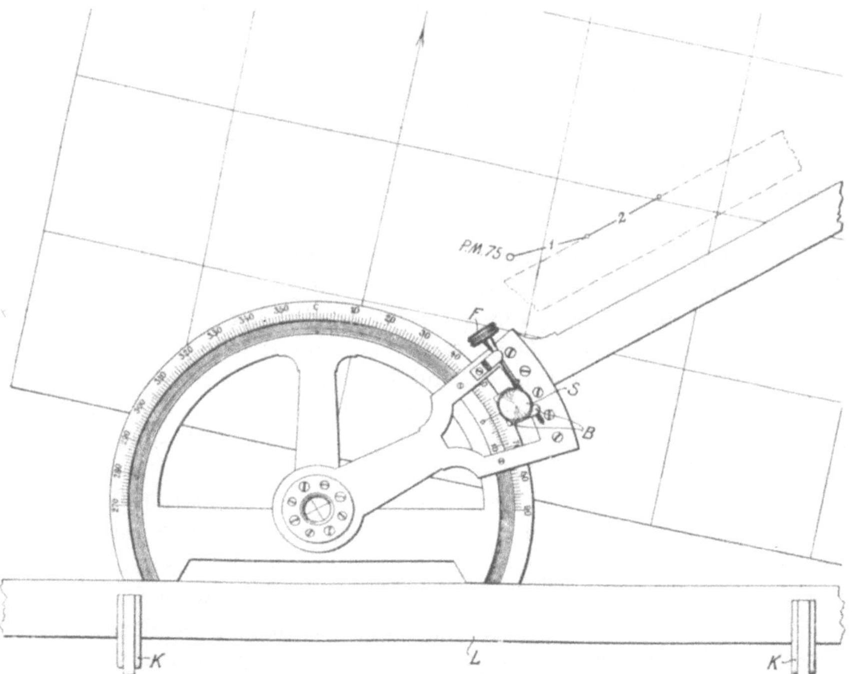

Fig. 120. Zulage mit dem Zulegegerät ($^1/_4$ der natürl. Größe).

Zuges aus dem Beispiel der Kompaßmessung (S. 98) aufgetragen worden. Die magnetische Abweichung mußte rechnerisch abgezogen werden. Statt 73° waren also an der Gradscheibe 61° abzutragen. In der Figur 119 rechts ist der Streichwinkel zugelegt worden, indem die Gradscheibe so weit gedreht wurde, bis an der Nord-Südlinie der Winkel der magnetischen Abweichung von 12° erschien.

74. Zulegen mit dem Zulegegerät. Ein genau arbeitendes Gerät zum Auftragen von Richtungen ist die in der Figur 120 abgebildete Einrichtung, mit der die Kompaßzüge in der Markscheiderei durchweg zugelegt werden. Es besteht aus einem in Grade und vielfach auch noch in Stunden geteilten Halbkreise, um dessen Mittelpunkt ein Lineal, die sogenannte Regel, drehbar ist. Mit der Schraube S läßt sich das Klemmstück B an dem Teilkreise feststellen, worauf dann die Regel mit Hilfe der Feinstellschraube F noch um kleine Winkel gedreht werden kann. Zur Erhöhung der Genauigkeit der Einstellung und der Ablesung am Teilkreis ist an der Regel statt einer einfachen Strichmarke ein Zeiger (Nonius) angebracht, dessen Einrichtung

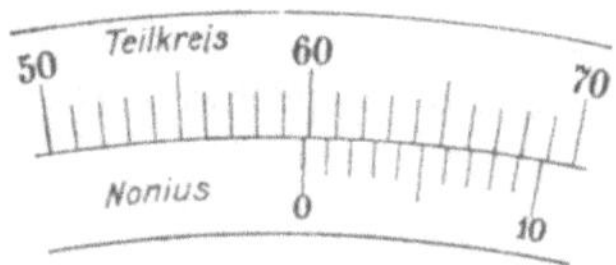

Fig. 121. Ablesung mit Hilfe eines Zeigers (Nonius).

aus der Figur 121 zu ersehen sind. Der Nullstrich des Zeigers steht dort zwischen 59° und 60°; man erhält die Dezimale, wenn man den Strich des Zeigers aufsucht, der sich mit einem Strich des Teilkreises deckt. In der Figur ist es der achte Strich, so daß die genaue Ablesung 59,8° beträgt. Es gibt mannigfache Ausführungen von Zeigern (vgl. z. B. die Fig. 126, S. 117), das Wesentliche an ihnen ist immer, daß auf n Striche des Zeigers n—1 Striche des Teilkreises entfallen.

Beim Gebrauch des Gerätes wird an der Vorderkante des Zeichentisches zunächst mittels zwei Klemmen K ein 1—2 m langes, gut abgeschliffenes Lineal L fest angeschraubt, an dem sich das Zulegegerät seitlich verschieben läßt. Dann stellt man die Regel auf den Winkel der magnetischen Abweichung ein und dreht den Zeichenbogen so lange, bis die Nord-Südlinie parallel zur Langachse der Regel verläuft. Darauf wird der Zeichenbogen durch aufgelegte Gewichte beschwert (ein Zulegeplan oder eine Grubenbildplatte dürfen niemals durchlöchert werden!). Führt man die Regel jetzt auf den Nullstrich des Teilkreises zurück, so ist klar, daß sie nach magnetisch Norden zeigt und infolgedessen in jeder anderen Stellung am Teilkreise das Streichen anzeigen wird. Der Zeichenbogen ist jetzt gerichtet und die Zulage kann beginnen. In der Figur 120 ist das Streichen 59,8° eingestellt, das im zweiten Zuge des oben angeführten Beispieles beobachtet wurde.

Nach vollzogener Einstellung verschiebt man das Zulegegerät am Lineal entlang, bis eine Langkante der Regel durch den Anfangpunkt des Zuges geht und zieht eine scharfe Bleilinie durch den Punkt. Die söhlige Länge des Zuges wird mit Zirkel und Maßstab aufgetragen.

Bei sehr vielen Zulegegeräten liegt der Nullstrich der Teilung links, wo in der Figur 270⁰ steht und an der Stelle von 0 befindet sich die Zahl 90. Die in der Figur 120 gewählte Bezifferung entspricht der üblichen Einteilung des Kreises und ein Grund für eine andere Zählweise ist nicht ersichtlich. In manchen Fällen, besonders bei den Einstellungen in der Nähe von 90⁰ und 270⁰ ist es nicht möglich, mit der Regel an den Anfangpunkt des Zuges heranzukommen. Man stellt dann einen um 90⁰ größeren oder kleineren Streichwinkel ein und legt an die Regel ein Dreieck an; es gibt zu diesem Zwecke gute Dreiecke aus Metall. Die Streichwinkel von 90⁰ bis 180⁰ werden vor der Einstellung um 180⁰ vergrößert, diejenigen zwischen 180⁰ und 270⁰ um 180⁰ verkleinert; man zieht dann den Bleistrich an der Langkante der Regel nach innen statt nach außen.

75. Genauigkeit der Zulage eines Kompaßzuges. Ebenso wie bei der Messung werden auch bei der Zulage eines Kompaßzuges Fehler gemacht, deren Größe von der Güte der benutzten Geräte und der Sorgfalt des Beobachters abhängt. Die Genauigkeit der Messung ist ungefähr so groß wie die der Zulage, vorausgesetzt, daß die Magnetnadel nicht durch Eisen abgelenkt wurde. Zur Erzielung möglichst kleiner Fehler der Zulage mit dem Zulegegerät sind folgende Punkte zu beachten:

1. Das Lineal, an dem das Gerät verschoben wird, ist gut zu befestigen.

2. Die Klemmschraube S ist fest anzuziehen, so daß die Regel sich bei der seitlichen Verschiebung nicht drehen kann.

3. Der Zeichenbogen ist genau zu richten.

4. Es sind ein scharfer Bleistift, ein guter Zirkel und ein Quermaßstab aus Metall zu benutzen.

Theodolitmessungen.

76. Allgemeines. Die im siebenten Abschnitt besprochenen Kompaßmessungen dienen im allgemeinen nur zur Aufnahme kleiner Teile der Grube. vornehmlich zur Nachtragung von Abbaustrecken. Der Grund hierzu liegt in der für die großen Ausdehnungen eines Bergwerkes unzulänglichen Genauigkeit der Kompaßmessungen. Zudem verdrängen die im neuzeitlichen Bergbau verwendeten großen Eisenmassen und elektrischen Stromleitungen die Magnetnadel immer mehr. An die Stelle der Richtungbestimmung mit Hilfe der von der Natur gegebenen Richtkraft des Erdmagnetismus tritt die Winkelmessung mit dem Theodolit. Das Wesen einer Theodolitmessung, von dem bereits bei der Winkeltrommel (Seite 53, Figur 74) Gebrauch gemacht worden ist, sei an dem Vorläufer des Theodolits, der „Eisenscheibe“, erläutert (Fig. 122). Um den Winkel β zwischen den Geraden B A und B C zu messen, bringt man in dem Scheitelpunkte B eine Scheibe an, die mit einer Gradteilung versehen ist. Von dem Mittelpunkte B der Kreisteilung zieht man eine Schnur nach A und liest ihre Richtung an der Teilung ab; in der Figur beträgt die Ablesung 70⁰. Darauf zieht man die Schnur nach C und liest wieder ab, etwa 198⁰. Der Unterschied der beiden Ablesungen ergibt den Winkel $\beta = 198^0 - 70^0 = 128^0$. Mißt man noch die Längen

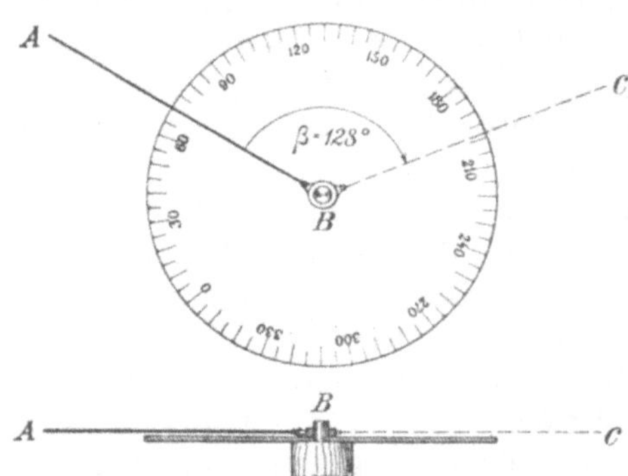
Fig. 122. Eisenscheibe; oben Grundriß, unten Aufriß.

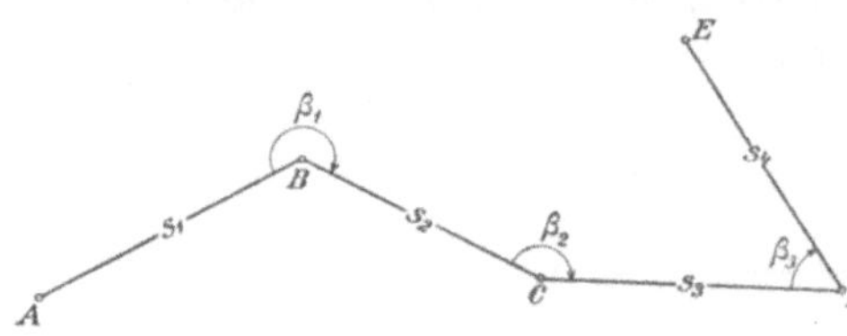
Fig. 123. Vieleckzug.

der beiden Winkelschenkel AB und BC, so läßt sich der Linienzug ABC zeichnerisch darstellen. Natürlich kann ein solcher Zug aus vielen Linien bestehen, man nennt ihn dann Vieleckzug. Der Winkel, unter dem zwei Linien aneinanderstoßen, heißt Vieleckwinkel oder Brechungswinkel (β_1, β_2, β_3 in der Fig. 123).

Ein Theodolitzug sieht wie ein Kompaßzug aus. Da aber bei dem letzteren der Streichwinkel jeder einzelnen Linie, d. h. die Winkel gegen magnetisch Norden, gemessen wird (vgl. Fig. 110), so sind die Richtungen der einzelnen Linien voneinander unabhängig. Beim Theodolitzug dagegen wird jede Linie durch Winkelmessung unmittelbar an die vorhergehende Linie angeschlossen, so daß alle Richtungen voneinander abhängen. Wenn der Theodolitzug nur einem bestimmten Zweck dient, etwa als Grundlage für eine Durchschlagsangabe zwischen zwei Punkten, die durch den Zug verbunden werden, so kann man eine beliebige Linie als Anfangsrichtung wählen.

77. Anschluß der Grubenmessungen an die Tagesmessungen. In den weitaus meisten Fällen sind die Theodolitmessungen in den Gruben an die Tagesmessungen anzuschließen; es geschieht dies durch Richtungsübertragung vermittelst Schachtlotungen. Sind die Grubenbaue vom Tage aus durch einen Stollen oder tonnlägigen Schacht zugänglich, so kann durch sie in unmittelbarem Anschluß an die Tagesmessung ein Vieleckzug gelegt werden. Über Tage werden zunächst die Koordinaten eines Punktes und der Richtungswinkel einer von letzterem ausgehenden Linie bestimmt. Zu diesem Zweck schneidet man den Punkt in dem gegebenen Koordinatennetz vorwärts, rückwärts oder seitwärts ein. Die Besprechung der Einschneideverfahren geht über den Rahmen dieses Buches hinaus. Für die weiteren Betrachtungen wird angenommen, daß die Koordinaten eines Punktes und der Richtungswinkel einer von ihm ausgehenden Linie bekannt sind. In der Figur 124 sind also bekannt die Koordinaten y_A, x_A des Punktes A und der Richtungswinkel α_1 der Linie A B. Mißt man nun die Brechungswinkel β_1, β_2, β_3, β_4 und β_5, so lassen sich die Richtungswinkel α_2, α_3, α_4, α_5 und α_6 ableiten. Z. B. ist $\alpha_2 = \alpha_1 + \beta_1 - 180^0$, $\alpha_3 = \alpha_2 + \beta_2 - 180^0$. Allgemein ist: $\alpha_n = \alpha_{n-1} + \beta_{n-1} \pm 180^0$. Wenn $\alpha + \beta$ größer als 180^0 ist, so werden 180^0 abgezogen, im umgekehrten Falle zugezählt.

Bei der Richtungsübertragung in die Grube hängt man zwei Lote ($L_1 L_2$ in Fig. 124) in einen Schacht und bestimmt den Richtungswinkel α_5 ihrer Verbindungslinie $L_1 L_2$ über Tage, indem man den Theodolit in der Verlängerung der Verbindungslinie der beiden Lote aufstellt und den Anschlußwinkel β_4 mißt. Wenn die Punkte L_1 und L_2 genau herabgelotet werden, so ist der Richtungswinkel der Linie $L_1 L_2$ unter Tage ebenfalls $= \alpha_5$. Der Richtungswinkel $L_2 L_1$ ist nun $\alpha_5 - 180^0$.

Stellt man den Theodolit in der Verlängerung der Linie L_1L_2 in F auf und mißt den Anschlußwinkel β_5, so ergibt sich der Richtungswinkel von FG, der ersten festen Linie unter Tage, zu $\alpha_6 = \alpha_5 - 180^0 + \beta_5$.

In vielen Fällen gestatten die örtlichen Verhältnisse nicht, den Theodolit genau in der Verlängerung der Verbindungslinie der Lote aufzustellen; es entstehen dann Anschlußdreiecke, in denen die spitzen

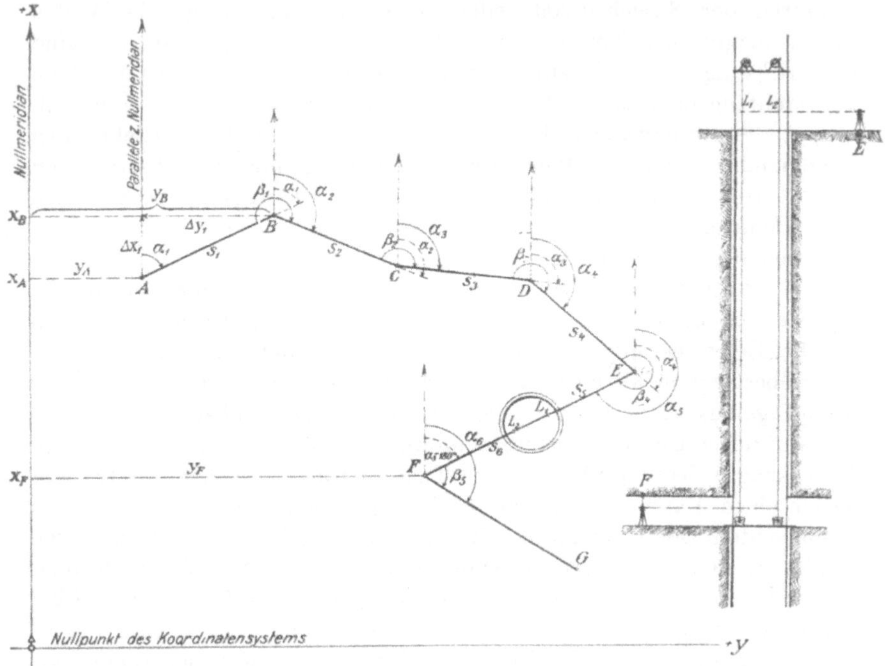

Fig. 124. Anschluß der Grubenmessung an die Tagesmessung durch einen seigeren Schacht.

Winkel L_1EL_2 und L_1FL_2 sowie die Seiten EL_1, EL_2 und L_1L_2 bzw. FL_2, FL_1 und L_2L_1 gemessen werden. Aus ihnen lassen sich die Richtungswinkel der Lotlinie L_1L_2 und der Anschlußlinie L_2F berechnen. Die Richtungsübertragungen durch einen Schacht sind wegen der kurzen Lotlinie von höchstens 4—5 m, an die kilometerlange Grubenmessungen angeschlossen werden, mit äußerster Sorgfalt auszuführen, sie gehören zu den schwierigsten markscheiderischen Messungen.

Für die Schachtlotungen benutzt man dünnen Draht aus Messing, Phosphorbronze oder Stahl und beschwert ihn durch angehängte Gewichte.

Zur zeichnerischen Darstellung des Theodolitzuges oder zur Berechnung seiner Koordinaten ist die Kenntnis der söhligen Längen der einzelnen Vieleckseiten erforderlich (s_1, s_2, s_3 usw. in Fig. 124). Man bestimmt sie durch sorgfältige Längenmessungen mit dem Stahlmeß-band (Seite 43). Aus den Richtungswinkeln und Längen lassen sich die Koordinaten der einzelnen Punkte berechnen. Die Koordinaten des Punktes B (Fig. 124) ergeben sich aus: $y_B = y_A + \Delta y_1$, $x_B = x_A + \Delta x_1$. Da y_A und x_A bekannt sind, so bleiben nur Δy_1 und Δx_1 zu bestimmen. Nun ist $\Delta y_1 = s_1 \cdot \sin \alpha_1$, $\Delta x_1 = s_1 \cdot \cos \alpha_1$ und da s_1 und a_1 bekannt sind, so können Δy_1 und Δx_1 berechnet werden. In derselben Weise bestimmt man aus den gefundenen Ko-ordinaten von B, dem Richtungswinkel α_2 und der Länge s_2 die Ko-ordinaten des Punktes C usw. und erhält auf diese Weise die Ko-ordinaten der unterirdischen Festpunkte F und G, von denen aus die Messung durch alle Strecken weitergeführt werden kann.

78. Allgemeine Be-schreibung des Theodo-lits. Der Theodolit be-steht im wesentlichen aus einem in Grade ge-teilten Metallkreis und einem Fernrohr, das um die Mittelachse des Krei-ses drehbar ist und des-sen Richtung mittels eines Zeigers an der am Umfang des Kreises an-gebrachten Teilung ab-gelesen werden kann. Die Zielungen mit dem Fernrohr ersetzen die bei der Eisenscheibe (Seite 112) angewende-ten Schnüre. Die Fi-gur 125 zeigt die An-sicht eines Grubentheo-dolits[1]). H ist der wage-rechte Kreis oder Haupt-kreis mit der Gradein-teilung; in seiner hohlen Achse läßt sich die Achse eines zweiten Kreises, des Zeigerkreises Z,

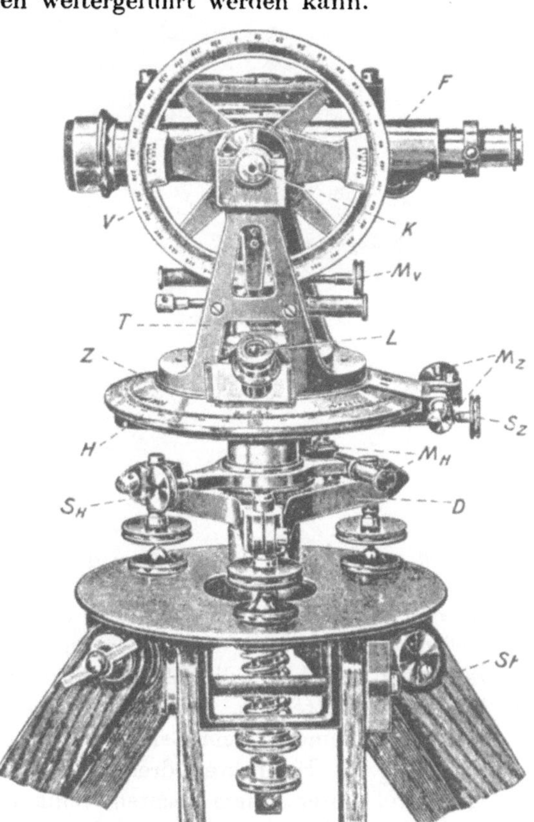

Fig 125. Wiederholungstheodolit ($^1/_4$ der natürl. Größe).

---

[1]) Die Fig. 125—130 sind mit Erlaubnis des Herrn A. Fennel der Ver-öffentlichung: „Geodätische Instrumente. Heft II, Nonien-Theodolite", Verlag von Konrad Wittwer, Stuttgart 1911, entnommen.

drehen. Auf dem Zeigerkreise steht der Fernrohrträger T, in dessen Lagern sich das Fernrohr F mit der Kippachse K kippen läßt. Der Zeigerkreis kann mittels der Klemmschraube S_z an den Hauptkreis geklemmt und darauf mit Hilfe der Feinstellschraube M_z noch um kleine Winkel gedreht werden. Die Vorrichtung dient zur scharfen Einstellung des Fernrohres auf den Zielpunkt; eine ähnliche Einrichtung ist bereits beim Zulegegerät (Seite 109) besprochen worden.

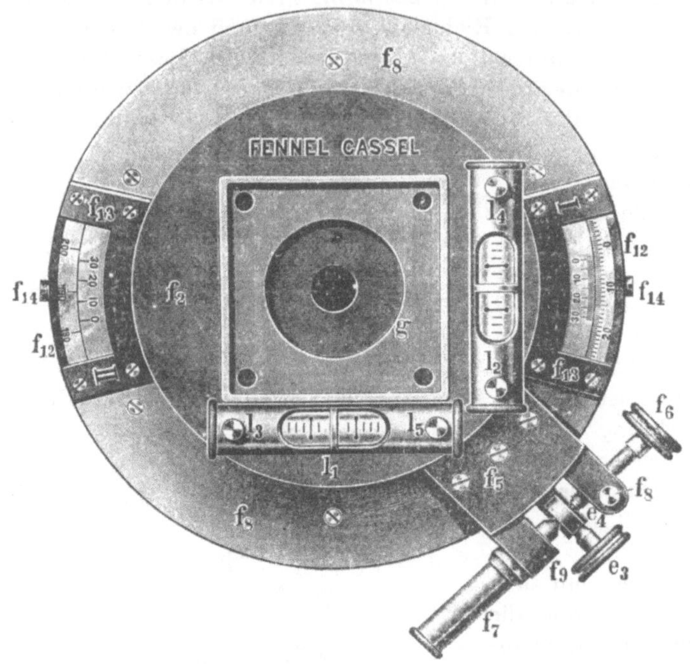

Fig. 126. Aufsicht auf den Haupt- und den Zeigerkreis eines Theodolits.

In der Figur 126 ist eine Aufsicht auf den Haupt- und den Zeigerkreis wiedergegeben, aus der die Wirkungsweise der Feinstellschraube zu ersehen ist. Nachdem die Klemmschraube e_3 angezogen ist, läßt sich der Zeigerkreis mittels der Feinstellschraube f_6, die gegen den Zapfen e_4 drückt und der eine in dem Gehäuse f_7 liegende Spiralfeder entgegenwirkt, gegen den Hauptkreis drehen.

Mit zwei unter einem rechten Winkel zueinander angeordneten Röhrenlibellen, an deren Stelle auch eine Dosenlibelle treten kann, werden Haupt- und Zeigerkreis wagerecht gerichtet.

Die Ablesung am Teilkreis erfolgt mit Hilfe von Zeigern (Nonien) (f_3 und f_4, Fig. 126), die durch Lesegläser (Lupen L, Fig. 125) beobachtet werden. Die wesentliche Einrichtung eines Zeigers wurde bereits auf der Seite 110, besprochen. Der Hauptkreis des Theodolits ist meist in ganze und Drittel- oder halbe Grade geteilt, so daß man am Nullstrich des Zeigers zunächst die Rohablesung macht, z. B. $73^0\,20'$. Darauf sieht man weiter zu, welcher Strich des Zeigerkreises sich mit einem Teilstrich des Hauptkreises deckt. Zählt man dann die Zeigerablesung, z. B. $17'$, zur Rohablesung am Hauptkreise, so erhält man die genaue Ablesung $73^0\,37'$, die durch Schätzung von Bruchteilen einer Minute noch verschärft werden kann. Es gibt verschiedene Arten von Zeigern, alle erfordern zur sicheren Ablesung einige Übung.

An den Theodoliten mit Feinablesung (Mikroskoptheodoliten) sind statt der Zeiger einfache Strichteilungen angebracht, die mit Hilfe von Ableseröhren abgelesen werden. Die Feinröhrenablesung ist im allgemeinen leichter als die Ablesung an Zeigern.

Die Ablesungen erfolgen immer an zwei gegenüberliegenden Stellen des Teilkreises, weil im Mittel aus beiden Ablesungen der Mittelpunktfehler unschädlich gemacht wird, der dadurch entsteht, daß der Mittelpunkt des Zeigerkreises, um den sich der Oberbau des Gerätes dreht, nicht mit dem Mittelpunkte des Hauptkreises zusammenfällt. Wenn man nun z. B. am 1. Zeiger $3^0\,44'\,0''$ und am 2. Zeiger $183^0\,45'\,0''$ abgelesen hat, so ist das Mittel $3^0\,44'\,30''$ die vom Einfluß des Mittelpunktfehlers befreite Ablesung.

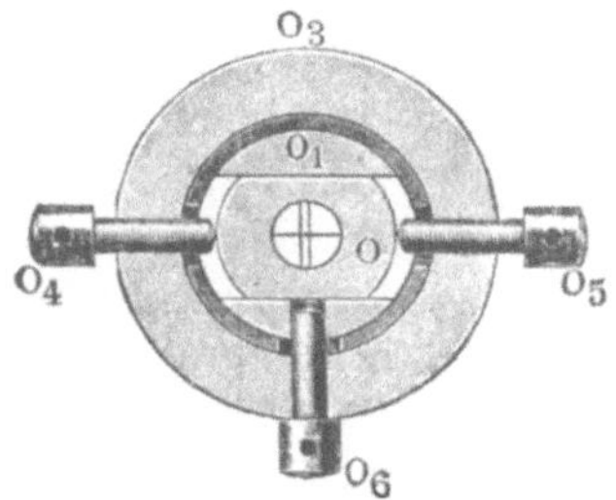

Fig. 127. Fadenkreuz eines Theodolitfernrohres.

Die Einrichtung des Fernrohres ist im wesentlichen die gleiche wie bei dem in der Figur 145 dargestellten Einwägegerät, nur mit dem Unterschied, daß die Zielachse beim Theodolitfernrohr durch Verschieben des lotrechten Fadens mit Hilfe der Schräubchen O_4 und O_5 (Fig. 127) seitlich verstellt werden kann. In der Figur sind zwei lotrechte Fäden gezeichnet, zwischen denen sich der Zielpunkt sehr scharf einstellen läßt. Ferner ist das Fernrohr um eine Achse K (Fig. 125) kippbar, so daß geneigte Zielungen eingestellt werden können (vgl. die Fig. 128 und 129). Die Neigungswinkel können dabei an einem lotrechten Kreise, dem Höhenkreise (V in Fig. 125), mit Hilfe von Zeigern und Lesegläsern oder Feinröhren abgelesen werden. Eine Libelle am Höhenkreise oder am Zeiger der letztern erhöht die Genauigkeit der Messung. Parallel zur Zielachse ist auf dem Fernrohrmantel eine Röhrenlibelle angebracht, mittels der die Zielachse wagerecht gerichtet werden kann. In dieser Stellung kann der Theodolit auch als Einwägegerät benutzt werden.

In der Figur 129 ist die auf der Seite 25 erwähnte Reiterlibelle zu sehen, mit deren Hilfe sich die Kippachse des Fernrohres sehr genau wagerecht richten läßt.

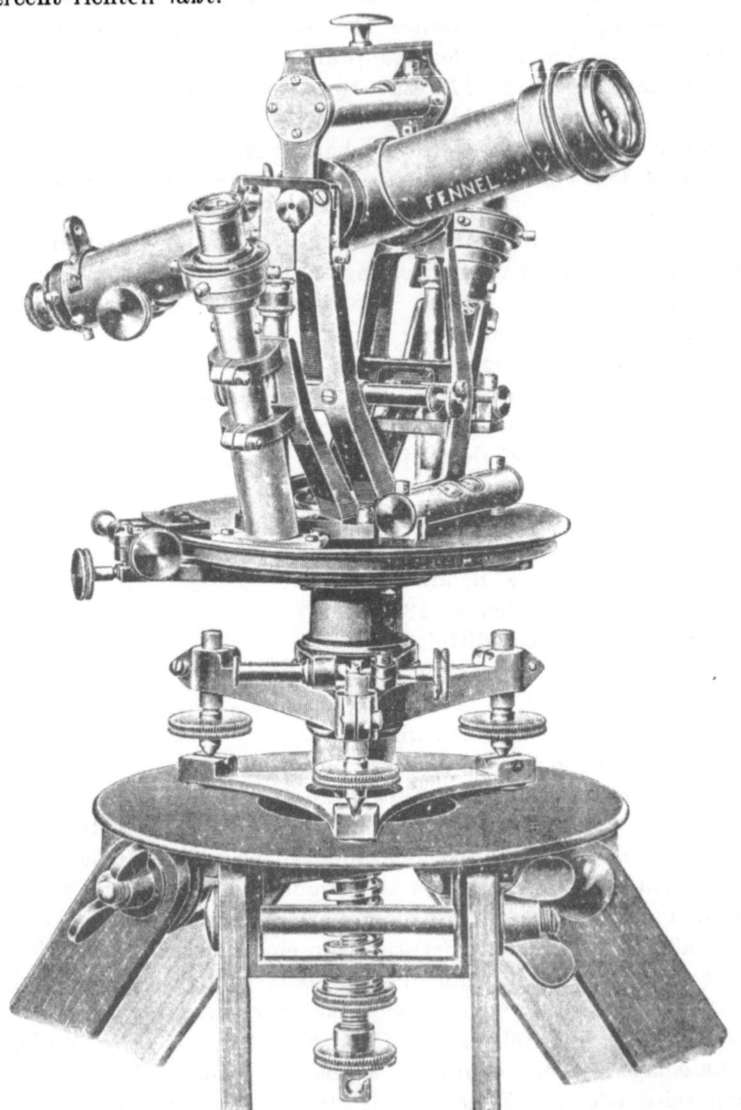

Fig. 128. Wiederholungstheodolit mit Feinrohrablesung
($^2/_5$ der natürl. Größe).

Bei Messungen in engen Grubenräumen ist es oft sehr schwer oder unmöglich, zwecks Ablesung an beide Zeiger heranzukommen. Man

Fig. 129. Wiederholungs-Grubentheodolit ($^2/_5$ der natürl. Größe).

benutzt deshalb zweckmäßig einen Wiederholungstheodolit, bei dem
auch der Hauptkreis verstellbar ist, so daß sich der ganze Oberteil

des Gerätes in einer Büchse des Dreifußes D drehen läßt, ähnlich wie es auf der Seite 135 beim Einwägegerät zu sehen ist. Die Feststellung des Hauptkreises erfolgt mit der Klemmschraube S_H (Fig. 125), die Feinstellung mittels der Feinstellschraube M_H, deren Wirkungsweise aus der Figur 130 hervorgeht. Theodolite, bei denen der Hauptkreis verstellbar ist, heißen Wiederholungstheodolite, weil die Messung eines Winkels ohne jedesmalige Ablesung am Teilkreis wiederholt werden kann. Man liest am Schluß der wiederholten Messung das entsprechende Vielfache des gesuchten Winkels ab (siehe das Beispiel der Seite 124).

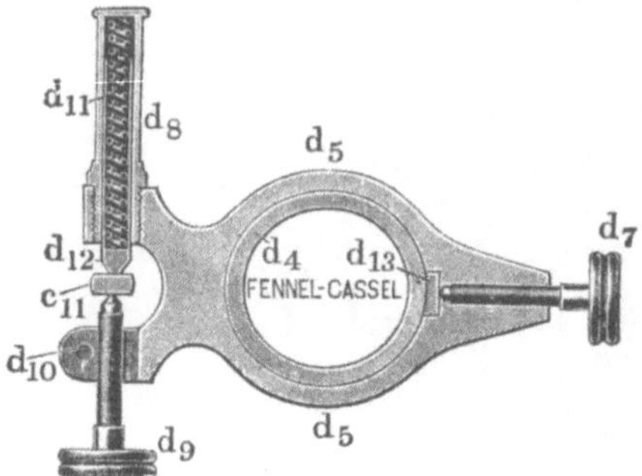

Fig. 130.   Schnitt durch den Klemmhebel des Hauptkreises.

79. Aufstellen des Theodolits. In der Figur 125 ist der Theodolit auf einem Dreibein aufgestellt. Das Aufstellen in der Grube geschieht in folgender Weise: Zunächst wird in das Ringeisen des Festpunktes, in dem der Winkel gemessen werden soll, ein gutes Lot gehängt (siehe Fig. 44, S. 22) und darunter das Dreibein so aufgestellt, daß sein Teller annähernd wagerecht und mitten unter dem Festpunkte steht. Zur Erleichterung der Aufstellung in engen Strecken sind die Beine des Dreibeins ausziehbar (vgl. die Fig. 148, S. 138). Nachdem die eisernen Spitzen der Beine, die Schuhe, fest eingetreten und die Flügelschrauben angezogen worden sind, wird der Theodolit auf den Teller des Dreibeins gestellt und mit der Mittelschraube angeschraubt, wobei das Gerät mit einer Hand festzuhalten ist, damit es nicht herabgestoßen wird. Darauf werden die auf dem Zeigerkreise angebrachten Libellen, entweder eine Dosenlibelle oder zwei Röhrenlibellen, mittels der Dreifußschrauben zum Einspielen gebracht. Hiernach verschiebt man das ganze Gerät auf dem Teller des Dreibeins, bis die Spitze des herabhängenden Lotes über der auf dem Fernrohr angebrachten Mittelmarke, die aus einer kleinen Vertiefung oder Spitze besteht, einspielt. Infolge der Verschiebung werden die Libellen wieder ausgeschlagen sein; man bringt sie abermals zum Einspielen und schiebt die Mittelmarke wieder genau unter die Lotspitze. Hat man nach einigen Wiederholungen die wagerechte Mittelpunktstellung erreicht, so wird die Feder der Mittelschraube angezogen, wobei darauf zu achten ist, daß der Theodolit sich nicht verschiebt. Die Feder darf nicht zu fest angezogen werden, weil das Gerät leicht schädliche Spannungen erleidet.

Über Tage liegen die Festpunkte durchweg unter dem Theodolit.

Das Lot wird dann an den Haken der Mittelschraube (Fig. 125 und 129) gehängt.

Statt eines Dreibeins wird bei der Freiberger Theodolitaufstellung ein Tellerarm benutzt, der in Stoßstempel oder quer durch die Strecke geschlagene Spreizen eingeschraubt ist. Der Hängetheodolit von Brandenberg wird an Bolzen in der Firste oder am Stoß aufgehängt.

Bei sehr steilen Zielungen, die in schwebenden Strecken häufig vorkommen, ist ein Theodolit mit seitlich gelagertem Fernrohr im Gebrauch. Die Anwendung ist dieselbe wie beim gewöhnlichen Theodolit, nur muß der Winkel unbedingt in beiden Fernrohrlagen gemessen werden, damit der Einfluß der seitlichen Lage des Fernrohres herausfällt.

80. Fehler des Theodolits. An dem für die Messung von wagerechten Winkeln fertig aufgestellten Theodolit sollen folgende Bedingungen erfüllt sein.

1. Das Fadenkreuz soll scharf erscheinen.
2. Die Achsen der auf dem Zeigerkreis angebrachten Libellen sollen rechtwinklig zur lotrechten Stehachse liegen.
3. Die Kippachse soll wagerecht, also rechtwinklig zur Stehachse sein.
4. Ein Faden soll lotrecht, also senkrecht zur Kippachse stehen.
5. Die Zielachse des Fernrohres soll rechtwinklig zur Kippachse gerichtet sein.

Betreffs der unter 1, 2 und 4 gestellten Forderungen vergleiche man die Ausführungen über die Berichtigung des einfachen Einwägegerätes, Seite 138 ff., die in entsprechender Übertragung auch hier Geltung haben.

Die genaue Erfüllung der Bedingungen 3 und 5 ist nicht notwendig, wenn man das Beobachtungsverfahren entsprechend wählt. Neigungen der Kippachse und Kreuzungen der Zielachse sind Fehler, die bei Beobachtungen eines Winkels in zwei Fernrohrlagen herausfallen. Nach der ersten Messung kippt man das Fernrohr um 180°, wiederholt den Winkel und nimmt aus beiden Messungen das Mittel.

81. Ausführung einer Theodolitmessung. Bei der Ausführung einer Theodolitmessung unter Tage werden folgende Geräte gebraucht: Ein Theodolit mit Dreibein, drei Lote, ein Stahlmeßband, ein Zollstock, drei Pfriemen, eine helle Lampe zur Ablesung am Teilkreis, wozu neuerdings vielfach kleine elektrische Lampen benutzt werden, endlich durchsichtiges Papier bei der Beleuchtung der angezielten Lote. Über Tage werden die Zielpunkte mit Fluchtstäben bezeichnet. Außer dem Beobachter sind wenigstens zwei Mann erforderlich.

Der Winkelmessung geht die Auswahl und Anbringung geeigneter Festpunkte (S. 30 und 32) voraus, deren Lage und Entfernung in erster Linie durch die örtlichen Verhältnisse bedingt sind. Unter Tage sucht man möglichst feste Gebirgsschichten aus, in denen die Punkte gut halten. Die Längen der Vieleckseiten sollen im allgemeinen möglichst groß gewählt werden, unterliegen aber der Bedingung, daß man von einem Punkte zum anderen sehen kann. In Querschlägen und Richtstrecken erreichen die Entfernungen einige hundert Meter, in gewundenen Strecken dagegen bisweilen nur einige Meter. Die Längenmessung geschieht in der auf der Seite 143 erläuterten Weise.

Wenn eine neue Theodolitmessung an eine bereits vorhandene angeschlossen werden soll, was in der Regel der Fall ist, so wiederholt man zur Prüfung etwaiger Punktverschiebungen, die unter Tage infolge des Gebirgsdruckes häufig vorkommen, zunächst den letzten Winkel der alten Messung. Sind P, Q, R die drei letzten Festpunkte, so wird der Theodolit in der oben besprochenen Weise unter dem Punkte Q wagerecht aufgestellt. In P und R werden Lote gehängt und durch eine hinter die Lotschnüre gehaltene Lampe beleuchtet, wobei man zur Erzielung eines gleichmäßigen Lichtes zwischen der Lampe und der Schnur eine Blende aus durchsichtigem Papier halten läßt.

Für den Gang der Messung ist es nun von Bedeutung, ob man mit einem einfachen oder einem Wiederholungstheodolit beobachtet. Dazu ist zunächst zu bemerken, daß auch der Wiederholungstheodolit wie ein einfacher Theodolit gebraucht werden kann, wenn man die untere Klemmschraube anzieht und sie mitsamt der zugehörigen Feinstellschraube nicht benutzt. Bei einem einfachen Theodolit gestaltet sich die Winkelmessung in folgender Weise: Nach der wagerechten Aufstellung des Gerätes zielt man den rückwärts liegenden Punkt an, klemmt den Zeigerkreis fest und stellt das Fadenkreuz mittels der Feinstellschraube scharf auf den Lotfaden ein. Darauf liest man an beiden Zeigern ab, trägt die gefundenen Werte in das Beobachtungsbuch ein und bildet das Mittel aus beiden Ablesungen. Darauf wird die Klemmschraube des Zeigerkreises gelöst und der obere Teil des Gerätes so weit gedreht, bis das Fernrohr in der Richtung nach dem vorderen Punkte R liegt. Man stellt auch diesen scharf ein, liest abermals an beiden Zeigern ab, trägt die neuen Ablesungen ebenfalls in das Beobachtungsbuch und bildet das Mittel. Der Unterschied aus dem Mittel der beiden letzten und der beiden ersten Ablesungen ergibt den Winkel PQR, der aber noch mit den Fehlern des Theodolits behaftet ist. Zwecks Ausscheidung der Fehler beobachtet man auch in der 2. Fernrohrlage, indem man das Fernrohr um 180° kippt und die Messung wiederholt. Das Mittel aus der ersten und zweiten Fernrohrlage ergibt den richtigen Winkel. Zu einer vollständigen Winkelmessung sind also Beobachtungen in beiden Fernrohrlagen erforderlich. Durch wiederholte Messungen kann die Genauigkeit des Winkels gesteigert werden.

Die Wiederholungsmessung wird durch die Anwendung eines Wiederholungstheodolits erleichtert, wobei die Beobachtung in folgender Weise vor sich geht. Nach erfolgter Aufstellung des Gerätes werden die Klemmschrauben des Hauptkreises und des Zeigerkreises gelöst und beide Kreise gegeneinander verschoben, bis am Zeiger I der Nullstrich des Hauptkreises erscheint. Hierauf klemmt man den Zeigerkreis fest und stellt seinen Nullstrich mittels der Feinstellschraube scharf auf den Nullstrich des Hauptkreises und liest am Zeiger II ab, wo sich dann in der Regel keine oder nur eine geringe Abweichung von 180° zeigen wird. Einstellung und Ablesung sind in das Beobachtungsbuch einzutragen. Darauf stellt man den rückwärts liegenden Punkt P mittels der Klemm- und Feinstellschraube des Hauptkreises scharf ein, löst dann die Klemmschraube des Zeigerkreises, zielt den vorn liegenden Punkt R scharf an und liest am Zeiger I ab. Jetzt wird das Fernrohr durchgeschlagen, der Hauptkreis gelöst und die Messung wiederholt, wobei nach der zweiten Einstellung auf den Punkt R an beiden Zeigern abzulesen ist. Bildet man nun aus den letzten Ablesungen das Mittel und teilt durch 2, so erhält man den richtigen Winkel P Q R, dessen Genauigkeit durch Wiederholungsmessungen gesteigert werden kann.

Stimmt der neugemessene Winkel P Q R mit dem frühern überein, so kann man annehmen, daß eine Punktverschiebung nicht stattgefunden hat, der Anschluß der neuen Messung also einwandfrei ist. Ergibt sich aber zwischen dem neuen und dem alten Winkel P Q R ein wesentlicher Unterschied, so ist die neue Messung an einer andern Stelle der alten Messung anzuschließen, die einwandfrei ist. Nach dieser Prüfung werden die neuen Winkel Q R S, R S T usw. gemessen.

82. Beispiele einer Winkelmessung.

a) Mit einem einfachen Theodolit.

Zielpunkt	Ablesungen am Teilkreis																Mittel aus beiden Fernrohrlagen			Einfacher Winkel		
	Fernrohrlage I								Fernrohrlage II													
	Zeiger I			Zeig. II		Mittel			Zeiger I			Zeig. II		Mittel								
	°	′	″	′	″	°	′	″	°	′	″	′	″	°	′	″	°	′	″	°	′	″
22	127	12	0	12	30	127	12	15	307	13	0	12	30	307	12	45	127	12	30			
24	212	49	30	50	15	212	49	52	32	49	0	49	30	32	49	15	212	49	34	85	37	4
23	15	32	15	32	00	15	32	8	195	31	30	31	30	195	31	30	15	31	49			
25	286	40	0	40	45	286	40	22	106	40	30	41	0	106	40	45	286	40	34	271	8	45

 Theodolitmessungen.

b) Mit einem Wiederholungstheodolit.

Standpunkt	Zielpunkt	Fernrohrlage I · Zeiger I			Zeig. II		Mittel			Fernrohrlage II · Zeiger I			Zeig. II		Mittel			Einfacher Winkel		
		o	′	″	′	″	o	′	″	o	′	″	′	″	o	′	″	o	′	″
23	22	0	0	0	0	0	0	0	0											
	24	85	37	0																
	zweifach									171	14	0	14	15	171	14	8	85	37	4
24	23	0	0	0	0	15	0	0	8											
	25	271	8	15																
	zweifach									182	17	30	17	45	182	17	38			
																	—8			
															182	17	30	271	8	45

Aus den obigen Beispielen geht hervor, daß bei dem Wiederholungsverfahren erheblich weniger Ablesungen zu machen sind wie bei der Messung mit einem einfachen Theodolit; ebenso ist die Berechnung einfacher.

Die Beispiele sind so gewählt, daß sich gleiche Winkel ergeben Es sei jedoch bemerkt, daß zwischen zwei Messungen desselben Winkels in der Regel Unterschiede von mehreren Sekunden vorkommen.

Beispiel der Berechnung

Punkt	Gemessener Winkel (Brechungswinkel β)			Richtungswinkel α			Söhlige Länge m		log sin α / log s / log cos α		log s + log sin α; log s + log cos α		Teilkoordinaten · Ordinate Δy			Abszisse Δx			Koordi- Ordinate y		
	o	′	″	o	′	″							+			±			±		
22																					
				153	10	58															
23	85	37	4																+	12736	98
									9	93215	1	28860									
				58	48	2	22	67	1	35545	1	06979	+	19	44	+	11	74			
									9	71434									+	12756	42
24	271	8	45																		
									9	69967	1	77631									
				149	56	47	119	30	2	07664	2	01393	+	59	75	—	103	26			
25									9	93729									+	12816	17
													+	79	19	—	91	52			
	509	56	47																		
$2 \times 180 =$	360	0	0																		
	149	56	47																		

83. Die Berechnung eines Theodolitzuges. Im Gegensatz zum Kompaßzug, der durchweg nur zeichnerisch dargestellt wird, liefert der Theodolitzug die Unterlagen für die Berechnung der Koordinaten der einzelnen Festpunkte. Hierbei ist zwischen einem angeschlossenen und einem freien Theodolitzuge zu unterscheiden. Über den Anschluß der Theodolitmessungen an das Koordinatennetz sowie der Grubenmessungen an die Tagesmessungen ist auf den Seiten 113 ff. Näheres gesagt. Während beim angeschlossenen Zuge die Koordinaten des Anfangspunktes und der Richtungswinkel der ersten Vieleckseite gegeben sind, kann man die Werte hierfür bei dem freien Theodolitzuge beliebig annehmen, also auch gleich Null setzen.

In dem nachfolgenden Beispiel ist nur der Fall eines angeschlossenen Zuges behandelt worden. Nachdem die gemessenen Winkel, die Brechungswinkel, in das Berechnungsheft eingetragen sind, leitet man zunächst die Richtungswinkel der neuen Vieleckseiten ab, indem man die Brechungswinkel nacheinander zu dem Richtungswinkel der vorhergehenden Linie hinzufügt und 180⁰ zuzählt oder abzieht. Aus den Richtungswinkeln und den söhligen Längen werden die Teilkoordinaten mit einer Logarithmentafel, einer Rechenmaschine oder einem Rechenschieber berechnet und nacheinander zu den gegebenen Koordinaten des Anfangspunktes hinzugezählt.

eines Theodolitzuges.

naten		Punkt	Bemerkungen und Handzeichnung
Abszisse x			
134 617	53	23	
134 605	79	24	
134 709	05	25	

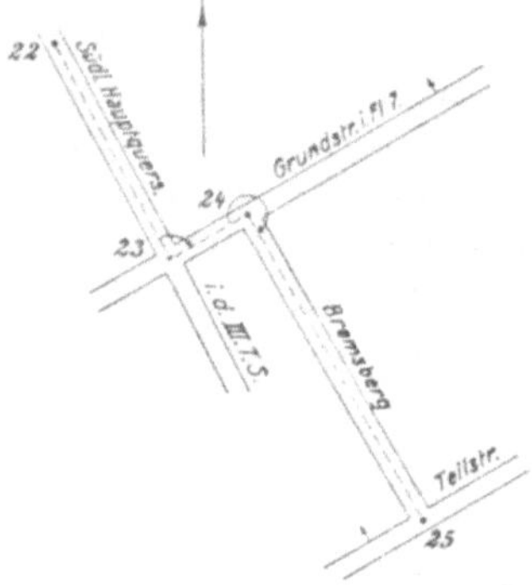

Fig. 131. Handzeichnung zum
Beispiel eines Theodolitzuges.

84. Genauigkeit einer Theodolitmessung. Die Genauigkeit einer Winkelmessung mit dem Theodolit hängt in außerordentlich hohem Maße von der Beschaffenheit des Gerätes, dem Beobachtungsverfahren, der Sorgfalt des Ausführenden und den örtlichen Verhältnissen ab. Eine gründliche Würdigung aller in Betracht kommenden Fehlerquellen und der im einzelnen Falle einzuschlagenden Meßverfahren würde hier zu weit führen. Erste Bedingungen für ein gutes Gelingen sind aber genaue Aufstellung und gute Behandlung des Theodolits. Im übrigen sei bemerkt, daß die Genauigkeit eines unter Tage in jeder Fernrohrlage einmal gemessenen Vieleckwinkels etwa 15″ beträgt. Mit großen Theodoliten, wie sie zu Dreieckmessungen und himmelkundlichen Bestimmungen benutzt werden, läßt sich die Genauigkeit durch Wiederholungsmessungen bis auf Bruchteile einer Sekunde steigern.

Infolge der unvermeidlichen Fehler, die den einzelnen Vieleckwinkeln anhaften, werden auch die aus den letztern abgeleiteten Richtungswinkel in gewissem Grade unsicher und zwar überträgt sich die Unsicherheit eines Richtungswinkels auf alle nachfolgenden Richtungswinkel. Insofern ist die Fehlerfortpflanzung bei dem Theodolitzuge erheblich ungünstiger als bei der Kompaßmessung, bei der die einzelnen Streichwinkel voneinander unabhängig sind. Wenn die Theodolitmessung dennoch viel besser ist als die Kompaßmessung, so liegt der Grund dafür in der größeren Genauigkeit, mit der ein Winkel mit dem Theodolit gemessen werden kann.

Die Ungenauigkeiten in der Winkelmessung übertragen sich natürlich auf die aus den Richtungswinkeln und Längen berechneten Koordinaten. Dazu kommt der Einfluß der Längenmeßfehler, über die auf den Seiten 46 und 47 bereits genauere Angaben gemacht wurden. Während nun die Winkelmeßfehler eine Verschwenkung des ganzen Vieleckzuges hervorrufen, kommen die Längenmeßfehler in einer Parallelverschiebung der einzelnen Züge zum Ausdruck.

Die Allgemeinen Vorschriften für die Markscheider im Preußischen Staate vom 21. Dezember 1871 lassen bei Theodolitzügen eine seitliche Abweichung von 1 : 1500 der gemessenen Länge zu (gegenüber 1 : 500 bei der Kompaßmessung). Bei Angabe von Schächten und Gegenörtern dürfen die Abweichungen in keinem Falle mehr als 1 : 3000 der gemessenen Länge betragen.

Höhenmessungen.

85. Allgemeines. Unter dem Höhenunterschied zweier Punkte versteht man ihren lotrechten Abstand. Ein Punkt liegt höher als der andere, wenn seine Entfernung vom Erdmittelpunkt größer ist. Liegen zwei Punkte in einer Lotlinie, so ergibt sich ihr Höhenunterschied unmittelbar aus einer einfachen Längenmessung, wie sie z. B. bei der Schachtteufenmessung, Seite 48, besprochen worden ist. Wenn zwei Punkte jedoch außer in der lotrechten auch in der wagerechten Richtung voneinander entfernt sind, so legt man durch einen von ihnen eine wagerechte Ebene und bestimmt den kürzesten Abstand des zweiten Punktes von dieser Ebene. In der Figur 132 sei die Ebene durch A wagerecht, dann ist die Länge h des von B auf die Ebene gefällten Lotes gleich dem Höhenunterschied der Punkte A und B. Wenn die wagerechte Ebene z. B. durch den Fußboden eines Zimmers

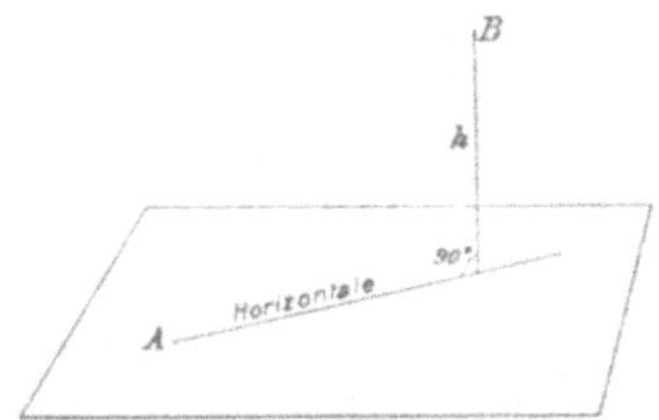

Fig. 132.   Höhenunterschied
zweier Punkte.

Fig. 133.   Kanalwage.

verkörpert ist, so läßt sich die Höhe h mit einem Maßstabe leicht messen. In den meisten praktischen Fällen muß die wagerechte Ebene erst geschaffen werden, z. B. durch Einwägen mit der Kanalwage (Fig. 133) oder mit Hilfe einer Libelle (Seite 25).

Die Kanalwage, das einfachste Einwägegerät, besteht aus einer Blechröhre von etwa 1 m Länge und 3 cm lichter Weite, die an den umgebogenen Enden zwei Glaszylinder Z_1 und Z_2 trägt. Vor dem Gebrauch wird die Röhre ungefähr bis zur halben Höhe der Zylinder mit gefärbtem Wasser gefüllt. Die ganze Vorrichtung wird entweder in einem der Punkte A und B oder an beliebiger Stelle zwischen beiden (Fig. 134) aufgestellt. Darauf sieht man in beiden Richtungen über die Oberfläche des Wassers hinweg und liest die lotrechten Abstände r und v der Punkte A und B von der so geschaffenen wagerechten Ebene an Maßstäben ab. $r - v = h$ ist dann der Höhenunterschied der Punkte A und B. Auf dieser Tatsache beruhen die sogenannten geometrischen Nivellements oder staffelförmigen Einwägungen.

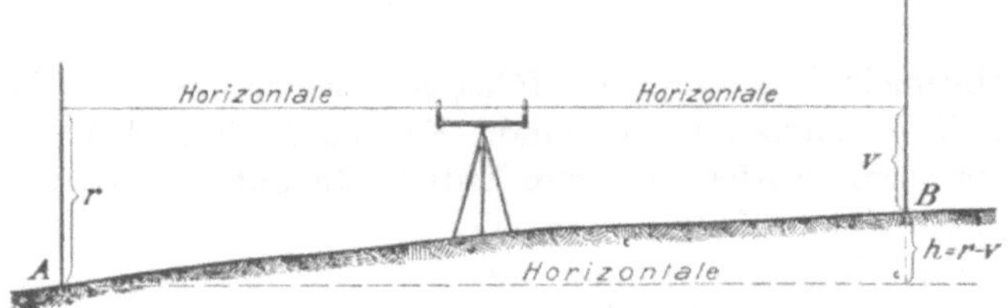

Fig. 134. Einfache Einwägung aus der Mitte.

Ein anderes Verfahren wird bei der dreieckförmigen Einwägung eingeschlagen, das bei der Einwägung mit dem Gradbogen bereits besprochen worden ist (siehe die Seite 141). Der Höhenunterschied oder die Seigerteufe wird aus der flachen Länge und dem Neigungswinkel berechnet. Bei Dreieckeinwägungen über Tage wird statt der flachen häufig die söhlige Länge gemessen und bei der Berechnung der Seigerteufe benutzt.

Eine dritte Art, die physikalische Höhenmessung, beruht auf der Abnahme des Luftdruckes mit der Erhebung über dem Erdboden; umgekehrt wird der Luftdruck beim Eindringen in die Tiefen eines Bergwerkes größer. Zwischen der Änderung des Barometerstandes und der Höhenänderung besteht die bekannte Beziehung, daß auf ungefähr 11 m Höhenunterschied ein Millimeter Unterschied im Stand des Barometers entfällt. Indem man nun zu gleicher Zeit den Barometerstand an zwei Punkten beobachtet, kann man deren Höhenunterschied berechnen. Auch das Siedethermometer eignet sich zu Höhenmessungen. Es beruht auf der Erscheinung, daß das Wasser bei geringerem Luftdruck, also z. B. auf Bergen, bereits siedet, wenn das Thermometer noch keine 100° zeigt.

A. Staffelförmige Einwägungen.

I. Übersicht.

86. Landes-Nullhöhe und grundlegende Einwägungen der Königlich Preußischen Landesaufnahme. Wenn die an verschiedenen Orten ermittelten Höhenzahlen miteinander verglichen werden sollen, so müssen die Einwägungen untereinander zusammenhängen oder von einem gemeinschaftlichen Punkte ausgehen. Früher hatte jede Provinz, ja fast jede Stadt und jede Zeche ihren eigenen Höhenausgangpunkt. Seit 1878 gilt für ganz Preußen ein an der Berliner Sternwarte festgelegter Normal-Höhenpunkt, dessen Meereshöhe $+37{,}000$ Meter beträgt (Fig. 135, rechts). Als Landes-Nullhöhe gilt die 37 m unter dem Normal-Höhenpunkte liegende Fläche, die als die ruhende Oberfläche der unter

Fig. 135. Nullhöhe (Normal-Null) und Normal-Höhenpunkt.

dem Festlande fortgesetzt gedachten Nordsee angesehen werden kann. Entsprechend der Kugelgestalt der Erde ist die Fläche gekrümmt. Man bezeichnet sie mit Normal-Null (abgekürzt N. N.). Ein Punkt, der über der Nullhöhe liegt, hat eine positive, ein unterhalb liegender eine negative Höhenzahl. Die an der Erdoberfläche gelegenen Punkte haben meist positive Höhenzahlen, z. B. sämtliche Rasenhängebänke der Schachtanlagen im Rheinisch-Westfälischen Steinkohlenbezirk, während die Grubenbaue fast ausschließlich unter Normal-Null liegen.

Von dem Höhenpunkte an der Berliner Sternwarte gehen zahlreiche staffelförmige Einwägungen aus, die von der trigonometrischen Abteilung der preußischen Landesaufnahme ausgeführt worden sind. Sie erstrecken sich über ganz Preußen und haben Anschluß an die Einwägungen der Bundesstaaten, deren Höhenmessungen ebenfalls auf die Nullhöhe bezogen sind. Die Einwägungen folgen durchweg den Landstraßen, an denen

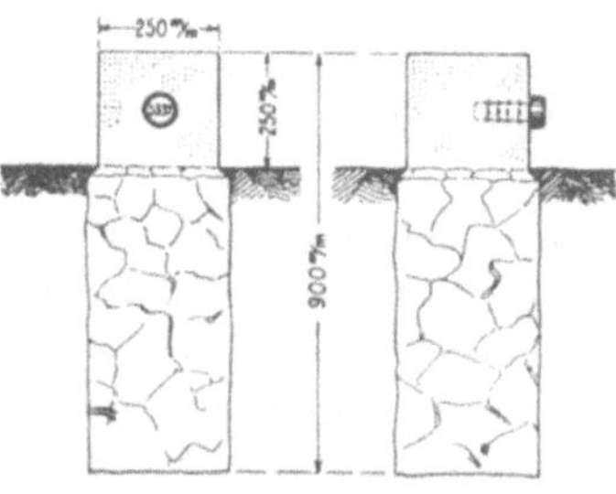

Fig. 136. Nummerbolzen der preußischen Landesaufnahme.

in regelmäßigen Abständen von 2 km Höhenfestpunkte, bestehend aus Steinen mit eingelassenen Nummerbolzen, gesetzt sind (Fig. 136). Die 0,9 m langen Steine bestehen aus Granit und ragen mit ihrem behauenen Teile 0,25 m aus dem Erdboden hervor. Der eigentliche Festpunkt besteht aus einem in den Stein eingelassenen schmiedeeisernen Bolzen, auf dessen Stirnfläche die laufende Nummer des Punktes verzeichnet ist. Die ermittelten Höhen, die in Verzeichnissen veröffentlicht sind, beziehen sich auf die höchsten Punkte der Bolzenköpfe.

Außer diesen Nummerbolzen sind in Abständen von durchschnittlich 5 km an festen Gebäuden Mauerbolzen eingelassen, die in Gestalt und Größe den Nummerbolzen gleichen, jedoch an der Stelle der Nummer die Bezeichnung Niv. P. (Abkürzung für Nivellementspunkt) tragen (Fig. 137).

Endlich sind in Abständen von durchschnittlich 10 km und möglichst in der Nähe der Landstraßen an besonders festen Gebäuden, namentlich an Kirchen, Höhenmarken angebracht, die aus sehr großen gußeisernen Bolzen bestehen (Fig. 138). Der aus der Gebäudewand heraus ragende Kopf trägt die Inschrift: Königlich Preußische Landesaufnahme, Meter über Normal-Null und ferner auf einem auswechselbaren Plättchen die Höhenzahl. Alle durch Höhenmarken oder Mauerbolzen festgelegten Punkte gelten als Festpunkte I. Klasse, die Nummerbolzen sind Festpunkte II. Klasse.

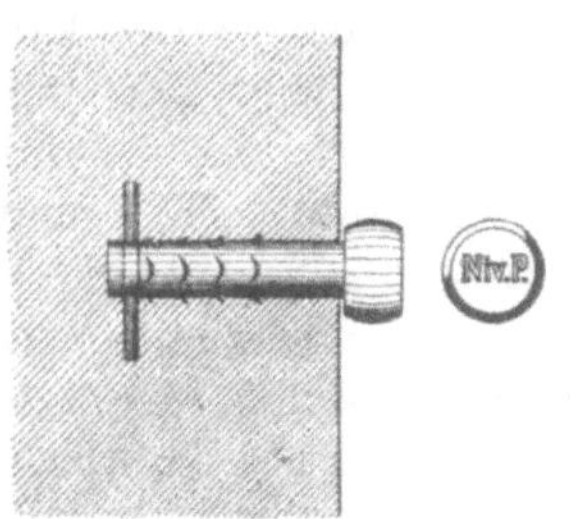
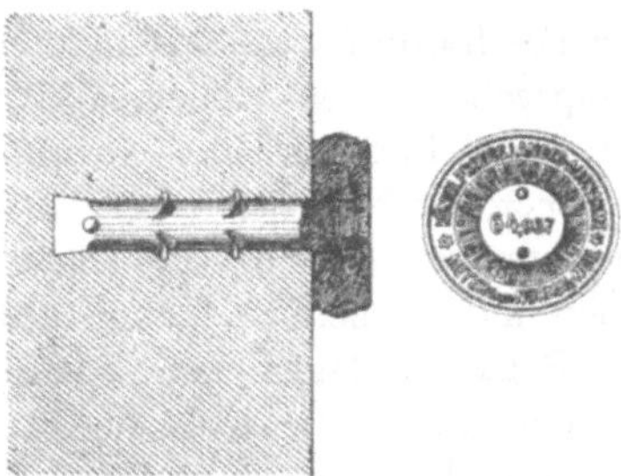

Fig. 137. Mauerbolzen der preußischen Landesaufnahme.

Fig. 138. Höhenmarke der preußischen Landesaufnahme.

Die Einwägungen der Königlich Preußischen Landesaufnahme erstrecken sich über ein Gebiet von 430 000 qkm mit zusammen 12 800 Festpunkten, so daß auf ungefähr 34 qkm ein Festpunkt kommt. Die einzelnen Linien laufen in sich zurück, bilden also sogenannte Schleifen. Im ganzen sind 77 Schleifen ausgeführt worden, deren längste 731 km und deren kürzeste 113 km lang ist, während die Gesamtlänge der Schleifen rund 16 000 km beträgt.

Für den Rheinisch-Westfälischen Steinkohlenbezirk kommt die große Schleife in Betracht, die an den Landstraßen von Burgsteinfurt über Hamm, Hagen, Mühlheim a. Rh., Wesel, Burgsteinfurt entlang verläuft (Fig. 139). Sie wurde in den Jahren 1876—1878 zum ersten Male ausgeführt und 1895 auf den Strecken Hamm—Hagen und Mülheim—Wesel wiederholt. Einen Einblick in die Leistungsfähigkeit der angewendeten Geräte und Verfahren gewährt der Unterschied von nur 14 mm, den man bei der Rückkehr auf den Ausgangspunkt des 367 km langen Zuges erhielt. Der Schlußfehler erhöht sich um 8 mm auf 22 mm, wenn man den Einfluß der Abweichung der Erde von der Kugelgestalt berücksichtigt.

Die Einwägungen der Landesaufnahme bilden die Grundlage für die Anschlüsse aller weiteren Einwägungen innerhalb der großen Schleifen. Unter den Höhenmessungen anderer Behörden, die den Anschluß an die Einwägungen der Landesaufnahme vermitteln können, sind die im Höhennetz der Landesaufnahme ausgeglichenen Ein-

Fig. 139. Einwägelinien im Rheinisch-Westfälischen Steinkohlenbezirk.

wägungen des Ministeriums der öffentlichen Arbeiten zu erwähnen. Sie sind von dem Büro für die Haupteinwägungen und Wasserstandsbeobachtungen ausgeführt worden und begleiten die Wasserstraßen des Preußischen Staates und der angrenzenden Landesteile. Im Rheinisch-Westfälischen Steinkohlenbezirk folgen die unter dem Namen des ersten ausführenden Beamten, Geheimrat Seibt, bekannten Einwägungen dem Rhein, der Ruhr und der Lippe, sowie den Kanälen (Fig. 139).

Große Einwägungen im Anschluß an die Schleifen der Landesaufnahme werden auch von den Eisenbahnverwaltungen ausgeführt. Auf den meisten Bahnhöfen befinden sich Höhentafeln von der in der Figur 140 dargestellten Form; die angegebenen Höhen beziehen sich auf die Oberkante des unter der Tafel angebrachten Bolzens.

Fig. 140.
Höhenbolzen der preußischen Eisenbahnen.

Fig. 141.
Höhenbolzen des Königl. Oberbergamtes zu Dortmund.

87. Grundlegende Einwägungen des Königlichen Oberbergamtes in Dortmund und Einwägungen der Zechen. Zur Schaffung einer einheitlichen Grundlage für die Höhenfeststellungen der einzelnen Zechen läßt das Königl. Oberbergamt in Dortmund seit dem Jahre 1899 eine Verbindungseinwägung zwischen der östlichen und westlichen Linie der Landesaufnahme ausführen und alle zwei Jahre wiederholen. Die durch den Königl. Oberbergamtsmarkscheider Bimler ausgeführte Messung schließt auf dem Höchsten an der Straße von Hagen nach Aplerbeck an und läuft über Bochum und Buer nach Dinslaken zum Anschluß an die Linie Duisburg—Wesel der Landesaufnahme. Nach und nach sind noch andere in der Figur 139 angegebene Linien hinzugekommen.

Die Festpunkte der oberbergamtlichen Einwägung bestehen aus Mauerbolzen von der in der Figur 141 dargestellten Form. An sie schließen die Höhenmessungen der Zechen an, soweit dieselben in der Nähe der Linien des Oberbergamtes liegen. Wo die Entfernungen zu groß sind, wie z. B. im Norden und Osten des Bezirkes, sind Anschlüsse an die Einwägungen des Ministeriums der öffentlichen Arbeiten sowie an Höhenfestpunkte der Eisenbahn zugelassen.

Bei den Höhenmessungen der Zechen ist zwischen Tages- und Grubeneinwägungen zu unterscheiden. Die Tagesmessungen, die im wesentlichen zur Ermittlung der Bodensenkungen durch den unterirdischen Abbau dienen, sind alle zwei Jahre zu wiederholen. Als Festpunkte werden meist Mauerbolzen benutzt, außerdem aber Haussockel, Treppenstufen, Durchlässe usw. eingewägt. Die Grubenmessungen erstrecken sich durch alle Hauptquerschläge, Richt- und Sohlenstrecken und werden durch Bolzen gesichert, die an den Füllörtern, an Schnittpunkten der Querschläge und Hauptstrecken sowie an blinden Schächten im Gestein befestigt werden. Die Verbindung der Tagesmessungen mit den Grubenmessungen erfolgt durch die auf der Seite 48 besprochene Schachtteufenmessung.

II. Einwägelatten und Einwägegeräte.

a) Einwägelatten.

88. Allgemeine Beschreibung und Prüfung von einfachen Einwägelatten. Die Maßstäbe für die Ablesung der Zielhöhen sind als Latten ausgebildet, die eine Einteilung in Meter, Dezimeter und Zentimeter tragen. Latten mit Teilungen auf der Vorder- und Rückseite werden Wendelatten genannt. Die Länge der Latten ist sehr verschieden; über Tage gebraucht man in ebenem Gelände 2- und 3-m-Latten, in hügeliger oder gebirgiger Gegend 4—5-m-Latten. In der Grube werden den örtlichen Verhältnissen entsprechend Latten von ungefähr $1^1/_2$ m Länge benutzt, die häufig auch ausziehbar sind (Figur 142). Im allgemeinen sind die Latten aus trockenem, mit Öl getränktem Tannen-, Eschen- oder Ahornholz angefertigt, 8—12 cm breit und 2—4 cm dick. Die Stirnseiten sind mit Eisen beschlagen. In den Figuren 143 und 144 sind zwei einfache hölzerne Latten abgebildet. Es kommen außerordentlich mannigfache Teilungen vor, meist sind die einzelnen Meter durch abwechselnd weiße und schwarze oder weiße und rote Farbe bezeichnet. Der Beobachter gewöhnt sich bei längerem

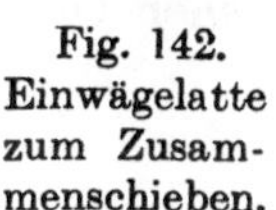

Fig. 142.
Einwägelatte zum Zusammenschieben.

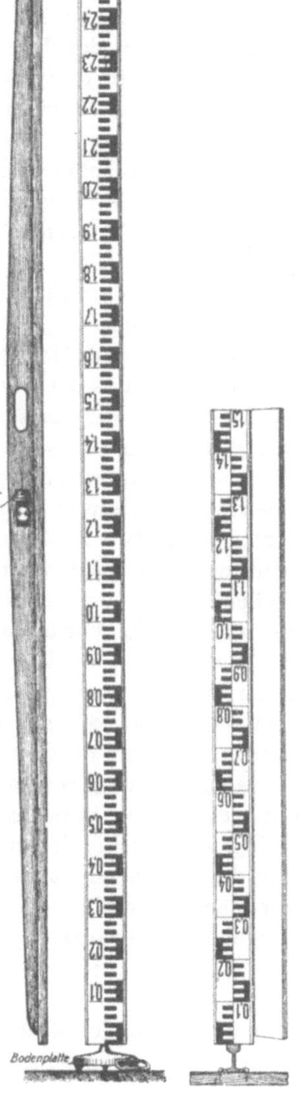

Fig. 143. Einfache Latte für Einwägungen über Tage.
Fig. 144. Einfache Grubenlatte.

Gebrauch sehr an eine bestimmte Teilung, so daß ihm eine neue Form leicht unzweckmäßig erscheint; nach einigen etwas schwierigen Ablesungen wird sie ihm aber vertraut. Allgemein kann man sagen, daß für einfache Einwägungen auch eine einfache übersichtliche Lattenteilung am vorteilhaftesten ist. Insbesondere soll die Unterteilung nicht weiter als Zentimeter getrieben sein, so daß die Millimeter geschätzt werden. Für Feineinwägungen können Latten mit Halbzentimeter- oder sogar 2 mm-Teilung am Platze sein.

Für Grubeneinwägungen sind auch Teilungen auf Glas in Gebrauch, die von der Rückseite her belichtet werden. Zum Schutz der Teilungen ist ein durchsichtiger Zelluloidbelag eingeführt worden.

Große Sorgfalt ist auf die lotrechte Stellung der Latten zu legen, die mit Hilfe einer Dosenlibelle (Fig. 143) herbeigeführt wird. Bei einspielender Libelle steht die Latte lotrecht, vorausgesetzt, daß die Libelle richtig in der Fassung sitzt. Man prüft es, indem man die Latte an eine lotrechte Kante, z. B. eine Hausecke, hält und einen Ausschlag der Blase an den Stellschrauben der Libellenfassung beseitigt. Statt der Libelle kann seitlich an der Latte ein Lot befestigt werden.

Während der Messung darf die Latte nicht in den Boden einsinken. Um dies zu verhüten, wählt man feste Aufstellungspunkte aus oder stellt die Latte auf eine Bodenplatte (Fig. 143), die fest in den Boden eingetreten wird.

Die Bodenplatten tragen häufig statt einer kegelförmigen Erhöhung eine kleine Vertiefung, in die ein am unteren Ende der Latte eingelassener Stollen von etwa 2—3 cm Länge gestellt wird. Bei einer solchen Einrichtung ist die Latte an Festpunkten entweder immer oder nie mit dem Stollen aufzusetzen. In der Grube ist die Bodenplatte entbehrlich, weil die Schienen der Förderbahn feste Aufstellungen ermöglichen (Fig. 144).

Die Länge der Latte ändert sich mit der Temperatur und vor allem mit der Feuchtigkeit der Luft, so daß häufige Nachprüfungen notwendig sind, die mit einem Normalmeter (Seite 38) vorgenommen werden können. Zu diesem Zwecke sind auf der Teilung der für Feineinwägungen bestimmten Latten in Abständen von je einem Meter mit Teilstrichen versehene Metallplättchen eingelassen, an denen die geringste Längenänderung der Latte gemessen werden kann. Der Einfluß der Feuchtigkeit kann etwa $^1/_2$ mm pro Meter betragen. Um das Verziehen zu verhindern, werden die Latten an einem trockenen Orte hängend aufbewahrt.

b) Die Einwägegeräte.

89. Allgemeine Beschreibung der Einwägegeräte mit festverbundenen Teilen. Die wesentlichsten Teile eines Einwägegerätes sind die Libelle

und das Fernrohr, von denen die Libelle bereits auf den Seiten 23 ff. beschrieben worden ist. In der Figur 145 ist ein einfaches Einwägegerät
im Schnitt dargestellt, aus dem auch die Einrichtung des Fernrohres
zu ersehen ist. Es besteht aus zwei ineinander verschiebbaren Röhren,
von denen die größere an einem Ende die Gegenstandlinse (Objek-
tivlinse) trägt. Die letztere ist aus zwei Linsen zusammengesetzt, von

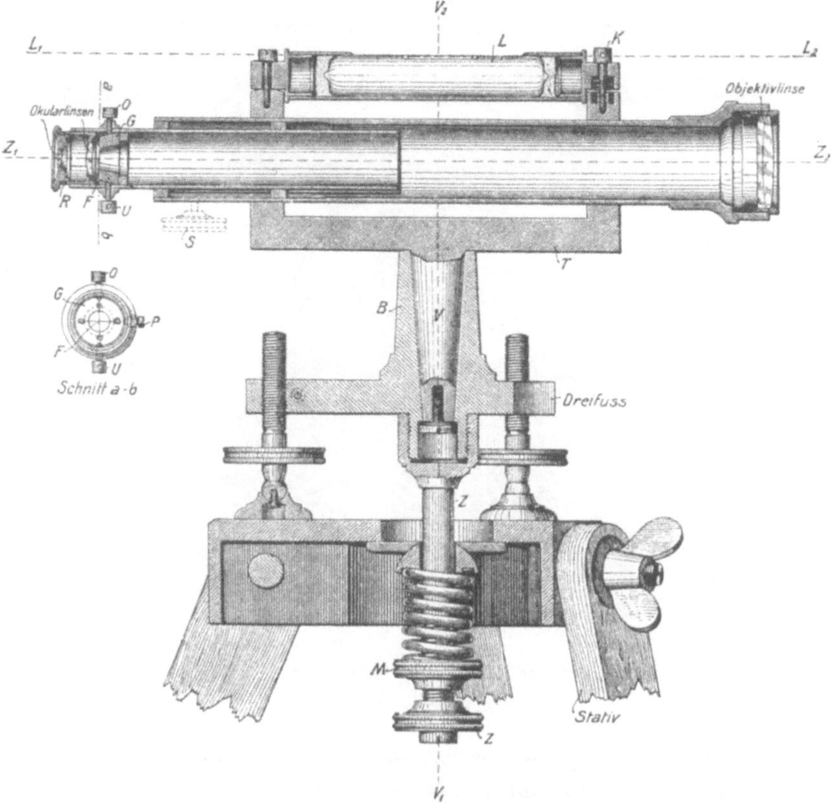

Fig. 145. Schnitt durch ein einfaches Einwägegerät mit fest verbundenen Teilen
($^2/_5$ der natürl. Größe).

denen die eine aus einem doppelt gewölbten, die andere aus einem
ebenversenkten Glaskörper besteht. Die beiden Gläser haben verschiedene Brechungszahlen, wodurch die beim Brechen der Lichtstrahlen
entstehende Farbenzerstreuung ausgeglichen wird. In der Bildröhre
sind zwei doppelt gewölbte Linsen untergebracht, durch die das von
der Gegenstandlinse entworfene umgekehrte Bild des Gegenstandes
mit dem Auge beobachtet wird. Die Bildröhre ist verschiebbar ein-

gerichtet; je näher ein Gegenstand liegt, desto mehr muß die Röhre durch Drehen der Schraube S, die in eine Zahnstange greift, herausgeschraubt werden. An der Stelle, wo das Bild erscheint, ist ein auf der Fadenblende G befestigtes Fadenkreuz F angebracht. Es besteht aus dünnen Spinnfäden oder feinen in eine Glasplatte geritzten Linien. Der Abstand der Augenlinsen vom Fadenkreuz kann durch Verschieben der Linsenfassung R verändert und jedem Auge angepaßt werden.

Fig. 146. Ansicht eines einfachen Einwägegerätes mit fest verbundenen Teilen. ($^1/_3$ der natürl. Größe.)

Die Zielachse $Z_1 Z_2$ des Fernrohres wird durch die Verbindungslinie des optischen Mittelpunktes der Gegenstandlinse mit dem Schnittpunkte des Fadenkreuzes gebildet. Durch Verstellen des letzteren mittels der Schräubchen O und U läßt sich die Zielachse etwas neigen. Ebenso ist die auf dem Fernrohr angebrachte Libelle L durch die Schraube K verstellbar. Der obere Teil des Gerätes läßt sich mittels der Steh- oder Umdrehungsachse V in der Büchse B des Dreifußes drehen. Beim Gebrauch wird das ganze Gerät mit dem Dreifuß auf den Teller eines Dreibeins gestellt und angeschraubt.

Die Figur 146 zeigt die Ansicht eines einfachen Einwägegerätes, bei dem die Libelle des besseren Schutzes wegen unter dem Fernrohr angeordnet ist.

90. Die Aufstellung des Einwägegerätes. Das Einwägegerät wird auf ein Dreibein gestellt, von dem die Figuren 147 und 148 zwei gebräuchliche Formen zeigen. Das Dreibein mit ausziehbaren Beinen (Fig. 148) wird vorwiegend in engen Grubenräumen benutzt. Die Auf-

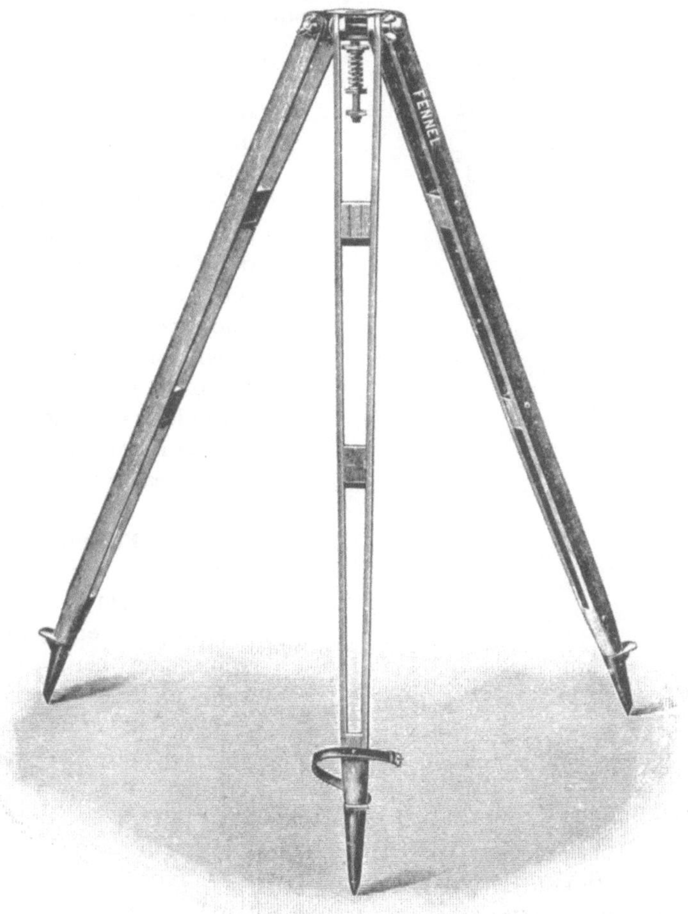

Fig. 147. Dreibein mit festen Beinen.

stellung des Einwägegerätes geschieht in folgender Weise: Nachdem ein geeigneter Standpunkt ausgewählt ist, der im Gegensatz zur Theodolitaufstellung im allgemeinen beliebig liegen kann, jedoch auf festem Untergrund und möglichst vor unmittelbaren Sonnenstrahlen geschützt zu suchen ist, wird das Dreibein so aufgestellt, daß sein Teller

angenähert wagerecht steht. Darauf tritt man die eisernen Schuhe der
Beine ein und zieht die Flügelschrauben an. Erst dann wird das Gerät
auf den Dreibeinteller gestellt und durch die Mittelschraube Z (Fig. 145)
vorsichtig angeschraubt, wobei es mit einer Hand festgehalten werden
muß. Hiernach beginnt die Einwägung des Gerätes, indem man das
Fernrohr mit der Libelle
in die Ebene einer oder
zweier Dreifußschrauben
dreht (etwa wie in Fig. 146)
und die Libelle mittels der
letzteren zum Einspielen
bringt. Darauf dreht man
das Fernrohr um 90° in
die Ebene der dritten Fuß-
schraube (wie in Fig. 145)
und verstellt nur diese
allein, bis die Blase wieder
einspielt. Das Verfahren
ist so lange zu wiederholen,
bis die Libelle in jeder Stellung des Fernrohres ein-
spielt.

**91. Prüfung und Be-
richtigung des einfachen
Einwägegerätes.** Ein fertig
aufgestelltes einfaches Einwägegerät, bei dem Fern-
rohr und Libelle mit dem
Träger fest verbunden sind,
soll folgende Bedingungen
erfüllen:

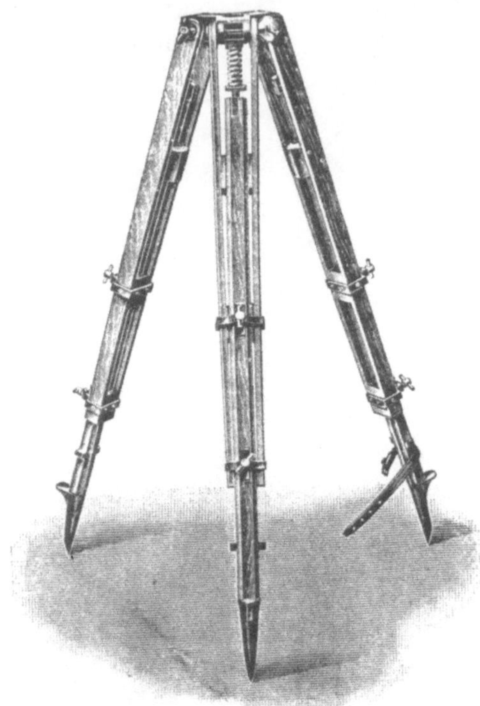

Fig. 148. Einwägegerät mit verstellbaren Beinen.

1. Das Fadenkreuz soll scharf erscheinen.
2. Die Libellenachse $L_1 L_2$ soll rechtwinklig zur lotrechten Stehachse $V_1 V_2$ liegen.
3. Der Querfaden des Fadenkreuzes soll wagerecht liegen.
4. Die Zielachse $Z_1 Z_2$ des Fernrohres soll parallel zur Libellenachse $L_1 L_2$ sein.

Zur Prüfung dieser Forderungen stellt man das Gerät an einem
ruhigen Orte und möglichst im Schatten auf.

Zu 1. Das Fadenkreuz soll scharf erscheinen. — Man richtet das
Fernrohr auf einen entfernten, gut beleuchteten Gegenstand, indem
man die Bildröhre mittels des Zahnradgetriebes so lange verschiebt,
bis das Bild des Gegenstandes im Fernrohr scharf erscheint. Dann muß

auch das Fadenkreuz scharf begrenzt und schwarz erscheinen. Ist es nicht der Fall, sondern verschiebt sich der wagerechte Faden beim Auf- und Abwärtsbewegen des Auges, tanzt es, so muß das Augenglas durch vorsichtiges Verschieben der Röhre R verstellt werden, bis das Tanzen des Fadenkreuzes aufhört (Tanzprobe).

Zu 2. Die Libellenachse soll rechtwinklig zur lotrechten Stehachse liegen. — Zur Prüfung hierauf stellt man das Fernrohr parallel zu zwei Schrauben des Dreifußes und bringt die Libelle mit Hilfe dieser Stellschrauben zum Einspielen. Darauf dreht man das Fernrohr um 90° im Kreise herum, so daß es über der dritten Schraube liegt und stellt mit dieser die Libelle wieder ein. Wenn man jetzt das Fernrohr um 180° herumdreht, so daß das Gegenstandglas da zu liegen kommt, wo sich vorher das Augenglas befand, so darf die Libellenblase nicht

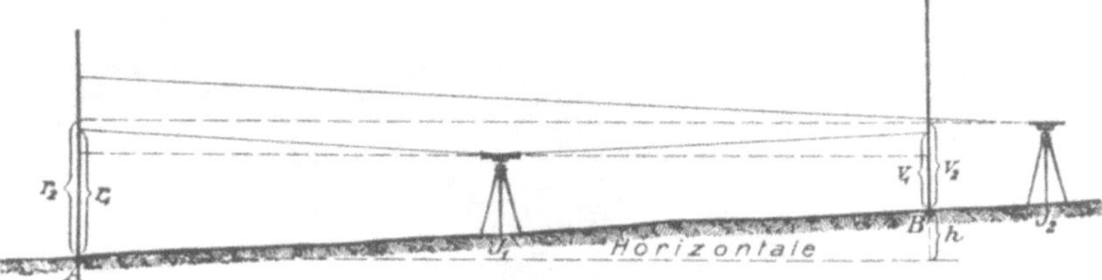

Fig. 149. Prüfung eines Einwägegerätes auf parallelen Verlauf der Zielachse zur Libellenachse.

ausschlagen. Schlägt sie aber aus, so beseitigt man den halben Aus- schlag mittels der Richtschraube K der Libelle (Fig. 145) und bringt die Blase mit Hilfe der Stellschraube des Dreifußes genau zum Ein- spielen. Hierauf dreht man das Fernrohr wieder in die Ebene von zwei Dreifußschrauben und beseitigt einen etwaigen Ausschlag nur mittels der letztern. Das Berichtigungsverfahren ist hiermit einmal erledigt, jedoch empfiehlt sich eine Wiederholung, bei der dann die verbliebenen kleinen Unterschiede wie oben beseitigt werden. Wenn die Bedingung: Libellenachse senkrecht zur Stehachse: genau erfüllt ist, so darf die Blase in keiner Stellung des Fernrohres ausschlagen Für die praktischen Messungen genügt es, wenn die Forderung bis auf einen Teilstrich genau erfüllt ist, weil man vor jeder Ablesung an der Latte die Libelle mittels der am günstigsten gelegenen Dreifußschraube scharf zum Ein- spielen bringt.

Zu 3. Der Querfaden des Fadenkreuzes soll wagerecht liegen. — Hierzu stellt man bei einspielender Libelle einen gut beleuchteten festen Punkt scharf ein und dreht das Fernrohr langsam im Kreise herum, wobei der eingestellte Punkt den wagerechten Faden nicht ver- lassen darf. Tritt dies aber ein, so muß das Fadenkreuz gedreht werden, was mit Hilfe der in einem Schlitz geführten Schraube P (Fig. 145) geschehen kann, indem man sie etwas löst, nach oben oder unten drückt und wieder anzieht.

Zu 4. Die Zielachse des Fernrohres soll parallel zur Libellenachse sein. — Die Prüfung hierauf erfolgt durch Einwägung aus der Mitte,

Fig. 150. Einwägegerät mit kippbarem Fernrohr und fester Libelle.
($^1/_4$ der natürl. Größe.)

indem man sich die Tatsache zunutze macht, daß eine Neigung der Ziellinie bei gleichen Zielweiten unschädlich ist. In der Figur 149 seien A und B zwei feste Punkte auf möglichst ebenem Gelände in etwa 60 bis 80 m Entfernung. Stellt man nun das Einwägegerät mitten zwischen die beiden Punkte, so ist klar, daß die Ablesungen in A und B um gleiche Beträge falsch werden. Aus dem Unterschied $r_1 - v_1$ ergibt sich also der richtige Höhenunterschied h. Bringt man nun das Gerät in die Nähe von B, so ist die neue Ablesung v_2 fast fehlerlos, während in A eine falsche Ablesung erscheint. Da der richtige Höhenunterschied von A und B bereits bekannt ist, so läßt sich die Ablesung r_2, die man mit einem fehlerfreien Gerät in A erhalten müßte, im voraus berechnen, denn es ist:

$$r_1 - v_1 = h = r_2 - v_2, \text{ also}$$
$$r_2 = h + v_2.$$

Beispiel: Vom Standpunkte J_1 aus seien abgelesen: $r_1 = 1{,}736$ m, $v_1 = 1{,}074$ m. Dann ist h $= +0{,}662$ m der richtige Höhenunterschied zwischen A und B. In der Gerätestellung J_2 sei abgelesen $v_2 = 1{,}183$ m. Die Ablesung in A muß dann 1,845 m betragen.

Erscheint an der Latte in A eine andere Ablesung als 1,845 m, so ist die Ziellinie nicht wagerecht, man muß dann den wagerechten Faden mit Hilfe der Schrauben O und U (Fig. 145) auf die Soll-Ablesung 1,845 m einstellen. Zu diesem Zwecke wird eine Schraube etwas gelöst und darauf die andere vorsichtig angezogen. Das Berichtigungsverfahren ist zu wiederholen.

92. Einwägegeräte mit kippbarem Fernrohr und fester Libelle. In der Figur 150 ist die Ansicht eines Einwägegerätes wiedergegeben, bei dem das Fernrohr zugleich mit der auf demselben angebrachten Libelle mittels einer Kippschraube (in der Figur links) um eine wagerechte Achse geneigt werden kann. Die Prüfung und Berichtigung dieses Gerätes erfolgt in derselben Weise wie bei dem einfachen Einwägegerät, nur fällt die zweite Bedingung: Libellenachse senkrecht zur Umdrehungsachse, weg, weil die Libelle bei jeder Zielung mit der Kippschraube zum Einspielen gebracht werden kann, ohne daß sich die Höhe der Zielachse des Fernrohres ändert. In der Figur ist über der Libelle ein schräggestellter Spiegel zu sehen, in dem der Beobachter die Libellenblase vom Augenglase aus sehen kann.

93. Einwägegeräte mit drehbarem Fernrohr und Wendelibelle. Die Figur 151 zeigt ein Einwägegerät, bei dem das Fernrohr in zwei Lagern ruht und in diesen um seine Längsachse gedreht werden kann. Die Einrichtung der Fernrohrlager ist aus der Figur 152 zu ersehen. Das Fernrohr ist an den Lagerstellen mit zwei Ringen h aus harter Bronze umgeben, die je einen Zapfen tragen, die sich nach einer Drehung des Fernrohres um 180^0 gegen eine verstellbare Schraube s legen (s_2 dient zur Feststellung von s). Der Lagerdeckel f_4 läßt sich nach Zurückbiegung der Schnappfeder f_6 aufklappen, so daß das Fernrohr aus den Lagern herausgenommen werden kann.

Die Libelle ist an beiden Seiten geschliffen und geteilt, weil sie nach der Drehung des Fernrohres um 180^0 oben zu liegen kommt (Wendelibelle).

Die Einwägegeräte mit drehbarem Fernrohr und Wendelibelle können wie einfache Einwägegeräte benutzt werden, indem man von der Drehung des Fernrohres keinen Gebrauch macht. Soll das Fernrohr aber in beiden Lagen benutzt werden, so erstreckt sich die Prüfung auf folgende Forderungen:

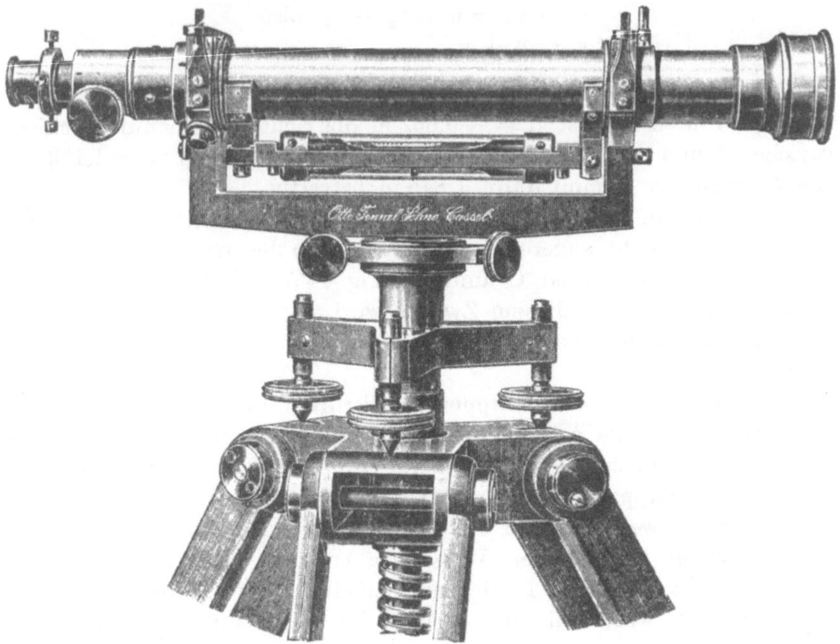

Fig. 151. Einwägegerät mit drehbarem Fernrohr und Wendelibelle
(¹/₄ der natürl. Größe).

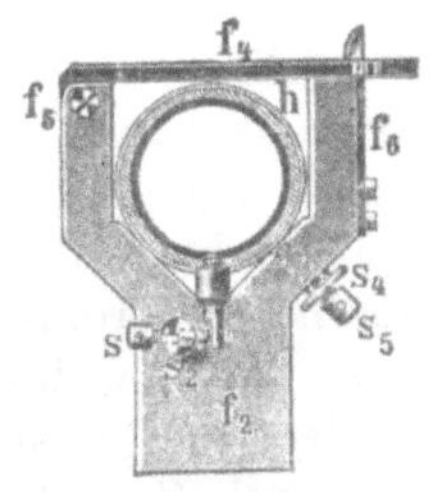

Fig. 152. Lager des drehbaren Fernrohres.

1. Das Fadenkreuz soll scharf erscheinen (Prüfung wie beim einfachen Einwägegerät).
2. Die Ziellinie soll mit der Ringachse des Fernrohres zusammenfallen.
3. Die Libellenachse soll parallel zur Ringachse des Fernrohres sein.
4. Die Libellenachse soll rechtwinklig zur lotrechten Stelachse sein.
5. Ein Faden soll wagerecht liegen.

Zu 2. Die Ziellinie soll mit der Ringachse des Fernrohres zusammenfallen. — Man stellt den Schnittpunkt des Fadenkreuzes auf einen 50—100 m entfernten, gut beleuchteten Zielpunkt scharf ein und dreht das Fernrohr langsam um seine Längsachse, wobei das Fadenkreuz den eingestellten Punkt nicht verlassen darf. Eine Abwei-

chung wird zur Hälfte an den Stellschrauben der Fadenblende (Fig. 145)
beseitigt. Darauf stellt man den Zielpunkt mit Hilfe der Dreifußschrauben von neuem ein und wiederholt das Verfahren, bis die Bedingung vollkommen erfüllt ist.

Zu 3. Die Libellenachse soll parallel zur Ringachse des Fernrohres sein. — Man stellt das Fernrohr über eine Dreifußschraube und bringt die Libelle
zum Einspielen. Hierauf dreht man das Fernrohr
um seine Längsachse und beobachtet die Libelle
wieder. Zeigt sich ein Ausschlag, so wird er zur
Hälfte mittels der Berichtigungsschraube der Libelle
beseitigt und hierauf die Blase mit der Dreifuß-

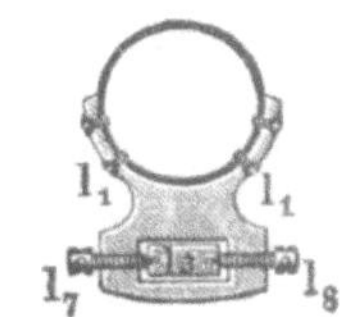

Fig. 153. Seitliche
Stellschrauben der
Libelle.

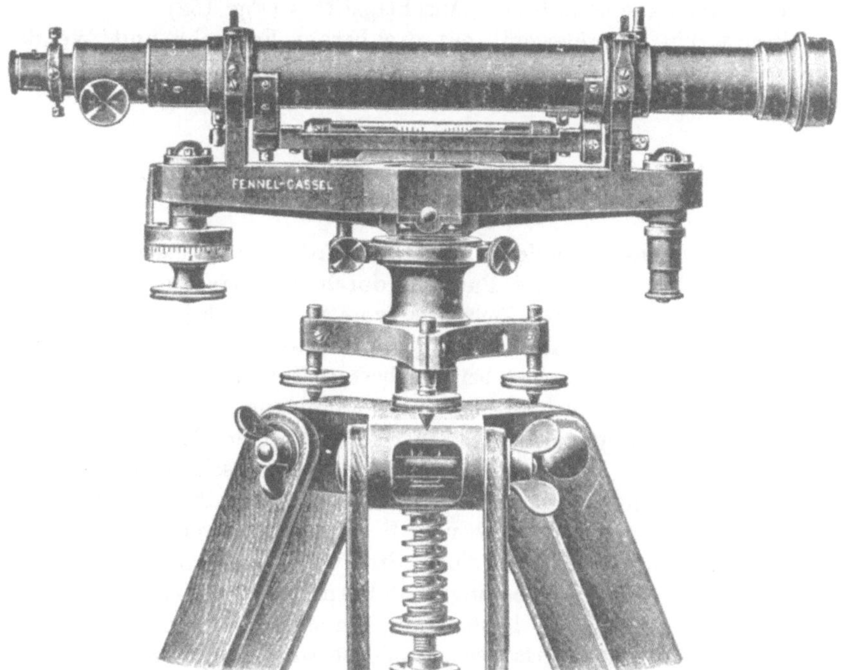

Fig. 154. Einwägegerät mit drehbarem Fernrohr, Wendelibelle und
Kippschraube ($^1/_4$ der natürl. Größe).

schraube zum Einspielen gebracht. Darauf dreht man das Fernrohr
um seine Längsachse so weit, daß die Libelle seitlich zu liegen kommt,
und beseitigt einen etwaigen Ausschlag ganz mit Hilfe der jetzt lotrecht stehenden Stellschrauben l_7 und l_8 der Libelle (Fig. 153). Das
Verfahren ist so lange zu wiederholen, bis die Libelle oben, unten und
seitlich am Fernrohre einspielt.

Zu 4. Die Libellenachse soll rechtwinklig zur lotrechten Stehachse sein. — Zur Prüfung hierauf stellt man das Fernrohr über eine Dreifußschraube, bringt die Libelle zum Einspielen und dreht hierauf das Fernrohr um 180° im Kreise herum. Der Ausschlag der Blase wird zur Hälfte mit der Schraube s_5 am Fernrohrlager (Fig. 152) beseitigt und die Libelle mit der Dreifußschraube zum Einspielen gebracht.

Zu 5. Ein Faden soll wagerecht liegen. — Man stellt das Gerät genau wagerecht, zielt einen gutbeleuchteten Punkt scharf an und dreht das Fernrohr langsam im Kreise herum. Verläßt der wagerechte Faden hierbei den Zielpunkt, so beseitigt man den Fehler durch Anziehen oder Lüften des Schräubchens s (Fig. 152) Ebenso verfährt man, nachdem das Fernrohr um seine Längsachse gedreht ist, und verstellt erforderlichenfalls den Anschlagstift s (Fig. 152).

Besitzt ein Einwägegerät mit drehbarem Fernrohr und Wendelibelle auch eine Kippschraube (Fig. 154), so fällt die unter 4 genannte Bedingung: Libellenachse rechtwinklig zur Stelachse weg.

III. Ausführung und Berechnung von staffelförmigen Einwägungen.

94. Allgemeines. In der Figur 134 wurde gezeigt, wie man den Höhenunterschied von zwei Punkten durch eine einzige Aufstellung des Gerätes bestimmt. Die Zielweiten vom Standpunkte bis zur Latte sind nun durch die Leistungsfähigkeit der Geräte und durch die örtlichen Verhältnisse begrenzt. Selbst bei den besten Einwägegeräten soll man die Zielungen im allgemeinen nicht über 50 m lang nehmen, weil sonst die Ablesungen zu ungenau werden. In gebirgiger Gegend sind die Zielweiten dadurch begrenzt, daß die Ablesungen sehr bald über die Latte hinweggehen oder bereits vor der Latte den Erdboden erreichen.

Liegen nun zwei Punkte A und B (Fig. 155) soweit auseinander, daß ihr Höhenunterschied von einem Standpunkte aus nicht bestimmt werden kann, so wird die Messung staffelförmig ausgeführt, indem man abwechselnd Geräte- und Lattenstand ändert. Hieraus ergibt sich folgendes Beobachtungsverfahren: Zunächst wird das Einwägegerät in angemessener Entfernung vom Ausgangspunkte der Höhenmessung in der auf den Seiten 137—138 beschriebenen Weise wagerecht aufgestellt. Darauf erfolgt die Rückwärtsablesung r_1 und nach Drehen des Fernrohres die Vorwärtsablesung v_1 in dem neuen Lattenstande W_1, der möglichst so gewählt wird, daß die Zielweiten gleich sind. A, J_1 und W_1 brauchen jedoch keineswegs in einer Richtung zu liegen, da das Fernrohr sich in einer wagerechten Ebene drehen läßt. Während nun die Latte in W_1 stehen bleibt, wird das Gerät in J_2 aufgestellt und die Ablesung r_2 gemacht, worauf die Latte nach W_2 rückt usf. Die Höhe der Latte darf sich während des Gerätestandwechsels ebensowenig ändern, wie die Gerätestellung zwischen Rückblick und Vorblick. Man stellt die Latte deshalb an den Wendepunkten W_1, W_2 usw. auf eine Bodenplatte, die fest eingetreten wird (Fig. 143).

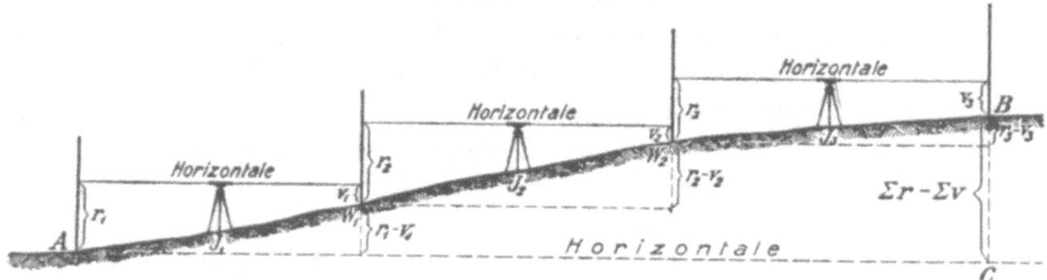

Fig. 155. Staffelförmige Einwägung.

Der Höhenunterschied BC der Punkte A und B in der Figur 155 ergibt sich aus der Summe $r_1 - v_1 + r_2 - v_2 + r_3 - v_3 = r_1 + r_2 + r_3 - (v_1 + v_2 + v_3) = \Sigma r - \Sigma v$, d. h. aus der Summe der Rückwärtsablesungen vermindert um die Summe der Vorwärtsablesungen.

Der Höhenunterschied von zwei Punkten ist gleich der Summe der Rückwärtsablesungen, vermindert um die Summe der Vorwärtsablesungen.

Beispiel:

$$r_1 = 1{,}560 \text{ m} \qquad v_1 = 0{,}423 \text{ m}$$
$$r_2 = 1{,}782 \text{ m} \qquad v_2 = 0{,}365 \text{ m}$$
$$r_3 = 1{,}364 \text{ m} \qquad v_3 = 0{,}749 \text{ m}$$
$$\overline{\Sigma r = 4{,}706 \text{ m} \qquad \Sigma v = 1{,}537 \text{ m}}$$
$$\Sigma v = 1{,}537 \text{ m}$$
$$\overline{\Sigma r - \Sigma v = +3{,}169 \text{ m.}}$$

Der Punkt B liegt also 3,169 m höher als A. Ist die Höhe von A über der Nullhöhe bekannt, so ergibt sich auch ohne weiteres die Höhenzahl von B bezogen auf N.N. Zur Sicherung des Ergebnisses wird jede Einwägung zweimal ausgeführt und zwar hin und zurück, also von A nach B und von B nach A. Das Mittel aus beiden Beobachtungen wird, wenn die Unterschiede der Einzelergebnisse gewisse Grenzen, die auf den Seiten 156—157 näher bezeichnet sind, nicht überschreiten, als richtig angesehen. In dem obigen Beispiel ergab die Einwägung von A nach B einen Höhenunterschied von $+3{,}169$ m; erhielt man bei der zweiten Messung 3,165 m, so ist der Mittelwert 3,167 m als richtig anzunehmen

Wenn die Unterschiede zwischen den Ergebnissen der beiden Einwägungen größer sind als die zulässigen Fehlergrenzen, so ist die Einwägung noch einmal zu wiederholen.

Bei der Einwägung von Firstpunkten, z. B. Theodolitpunkten

(Fig. 44), kann man die Einwägelatte umdrehen und unter die Firste halten; die Vorwärtsablesung erhält dann aber ein positives Vorzeichen. Umgekehrt wird beim Anschluß an einen Firstpunkt die Rückwärtsablesung negativ. Es gibt Latten, die zum Aufhängen eingerichtet sind, jedoch empfiehlt sich ihre Verwendung im allgemeinen für den Anfänger nicht, weil der Vorzeichenwechsel beim Übergang von der Standlatte zur Hängelatte leicht zu Irrtümern führt.

95. Die Festpunkteinwägung.

Allgemeines. Unter einer Festpunkteinwägung versteht man eine Einwägung, die zur Ermittlung der Höhenzahlen fester Punkte, z. B. von Bolzen, Haussockeln usw. dient. Daneben gibt es Längeneinwägungen, deren Endziel die Bestimmung des Ansteigens eines

96. Beispiel einer Festpunkteinwägung (vgl. hierzu die Fig. 156). 25. November 1911. Vormittags. Bochum. Ermittlung der Höhenzahlen der Bolzen am Bergschulgebäude im Anschluß an den Höhenbolzen Nr. 64 des Königl. Oberbergamtes, Ecke Dorstener Straße und Vidumestraße an der Wirtschaft Vidume.

Punkt	Lattenablesungen m			Unterschied der Lattenablesungen m		Höhenzahl des Punktes bezogen auf N. N. m	
	rückwärts	zwischen	vorwärts	steigt	fällt	±	
B_{64}	0,964					+	84,765
					0,753		
			1,717				84,012
W_1	1,191						
					1,029		
			2,220				82,983
W_2	0,861						
					1,071		
			1,932				81,912
W_3	0,923						
					0,432		
B_1		1,355					81,480
					0,510		
			1,865				80,970
W_4	1,998						
				1,307			
B_2		0,691					82,277
					0,012		
B_3		0,703					82,265
					0,271		
B_4		0,974					81,994
					0,420		
			1,394				81,574

Weges, einer Eisenbahnlinie oder einer unterirdischen Strecke ist, und ferner Flächeneinwägungen.

Die Festpunkteinwägung besteht im wesentlichen aus Rückwärts- und Vorwärtszielungen; nur wenn mehrere Punkte nahe zusammen- liegen, macht man von einem Gerätestande aus mehrere Vorwärts- ablesungen, von denen aber nur die letzte in der Spalte „Vorwärts" des Beobachtungsbuches angeschrieben wird. Die übrigen „Zwischen- ablesungen" schreibt man in die mittlere Spalte, behandelt sie bei der Berechnung aber wie Vorwärtsablesungen.

Zu einer Festpunkteinwägung werden folgende Geräte gebraucht: Einwägegerät mit Dreibein, Einwägelatte und Bodenplatte. Neben dem Beobachter sind wenigstens zwei Mann erforderlich, davon einer zum Halten der Latte, ein zweiter für die Überwachung des Gerätes

Beobachter: H. Stratmann. Wetter: klar, leichter Wind.

Geräte: Einfaches Einwägegerät von Fennel Nr. 6237, 3-m-Latte von Breithaupt Nr. 224 und Bodenplatte.

Punkt	Bemerkungen und Handzeichnung
B_{64}	
B_1	
B_2	
B_3	
B_4	

Punkt	Lattenablesungen m			Unterschied der Lattenablesungen m		Höhenzahl des Punktes bezogen auf N. N. m	
	rückwärts	zwischen	vorwärts	steigt	fällt	±	
W_5	1,658						
				0,926			
B_5			0,732			+	82,500
	7,595		9,860	2,233	4,498	—	84,765
			7,595		2,233		
			2,265		2,265	—	2,265
Prüfungseinwägung.							
B_5	0,608					+	82,500
					0,903		
			1,511				81,597
W_1	1,335						
				0,400			
B_4		0,935					81,997
				0,271			
B_3		0,664					82,268
				0,009			
B_2		0,655					82,277
			1,931		1,276		81,001
W_2	1,856						
				0,484			
		1,372					81,485
B_1				0,353			
			1,019				81,838
W_3	2,051						
				1,362			
			0,689				83,200
W_4	2,086						
				1,048			
			1,038				84,248
W_5	1,538						
				0,521			
B_{64}			1,017			+	84,769
	9,474		7,205	4,448	2,179	—	82,500
	7,205				2,179		
	2,269			2,269		+	2,269
Ergebnis der ersten Einwägung:						—	2,265
Unterschied:						+	0,0

und verschiedene Nebenarbeiten, wie Schutz der Libelle vor Sonnenstrahlen durch einen darüber gehaltenen Schirm oder unter Tage zum Leuchten. Die Einwägung geht schneller vorwärts, wenn zwei Latten benutzt werden, weil dann die Zeit gespart wird, die ein Lattenhalter gebraucht, um vom rückwärts liegenden Punkte nach dem vorderen Punkte zu gehen. Zweckmäßig ist ferner die Verwendung eines Gehilfen, der den Lattenträgern die Aufstellungen anweist.

Punkt	Bemerkungen und Handzeichnung
B_5	
B_5	
B_4	
B_3	
B_2	Fig. 156. Handzeichnung zum Beispiel der Festpunkteinwägung
B_1	
B_{64}	

Statt bei der Berechnung die Unterschiede zwischen den einzelnen Lattenablesungen, das „Steigen" und „Fallen" zu bilden, kann man für jeden Gerätestand durch Zuzählen der Rückwärtsablesungen zur Höhe des Punktes die Höhe der Ziellinie berechnen und von dieser die Vorwärtsablesungen abziehen. Das Verfahren vereinfacht die Rechnung bedeutend, wenn viele Zwischenablesungen gemacht sind. Die folgende Berechnung zeigt seine Anwendung auf das obige Beispiel.

Punkt	Lattenablesungen			Höhe der Ziellinie m		Höhe des Punktes bezogen auf N. N. m		Punkt
	rückwärts	zwischen	vorwärts	±		±		
B_{64}	0|964			+	85|729	+	84|765	B_{64}
W_1			1|717				84|012	
	1|191				85|203			
W_2			2|220				82|983	
	0|861				83|844			
W_3			1|932				81|912	
	0|923				82|835			
B_1		1|355					81|480	B_1
W_4			1|865				80|970	
	1|998				82|968			
B_2		0|691					82|277	B_2
B_3		0|703					82|265	B_3
B_4		0|974					81|994	B_4
W_5			1|394				81|574	
	1|658				83|232			
B_5			0|732			+	82|500	B_5
	7|595		9|860			—	84|765	
			7|595					
			2|265			—	2|265	

97. Die Längeneinwägung.

Allgemeines. Zur Ermittlung der Steigeverhältnisse eines Weges, einer Eisenbahnlinie oder einer Strecke unter Tage führt man eine Längeneinwägung aus, indem man die Höhe der Mittellinie oder Achse in gewissen Abständen einwägt. Die Streckeneinwägung unter Tage ist auf der Seite 189 behandelt, hier soll nur an der Hand der Figur 157 das Beispiel einer Wegeinwägung erläutert werden. Die Aufnahme besteht aus Längenmessungen und Einwägungen. Sie beginnt mit der Einteilung der ganzen Wegstrecke in gleiche Abschnitte von etwa 20 m und der Bezeichnung der Teilpunkte durch Holzpflöcke oder durch Kreuze mit blauem Ölkreidestift in der Mitte des Weges. Unter Tage bezeichnet man die Punkte mit Kreide auf den Schienen oder durch Pflöcke in der Sohle oder in den Stößen. Wenn möglich wird den einzelnen Punkten die Entfernung vom Anfangspunkte der Messung unmittelbar beigeschrieben; im andern Falle erhalten sie laufende Nummern. Die Entfernung der Punkte richtet sich nach den örtlichen Verhältnissen und der verlangten Genauigkeit; sie kann zwischen 10 und 100 m schwanken. In jedem Falle müssen aber alle Brechpunkte des Weges, in denen das Gefälle sich stark ändert, eingemessen und eingewägt werden. Am Anfang und am Ende des Weges, bei größeren Aufnahmen auch an andern Stellen, werden zur Sicherung der Einwägung Steine, Pflöcke oder dgl. als Festpunkte eingewägt. Die Höhen dieser Festpunkte werden unabhängig von der Längeneinwägung entweder vorher oder nachher noch einmal durch eine einfache Festpunkteinwägung ermittelt. Anschluß an die Landes-Nullhöhe ist in der Regel nicht erforderlich. Die Bodenplatte wird nur bei den Wechselpunkten benutzt; an den Teilpunkten des Weges wird die Latte unmittelbar auf den Erdboden gestellt, und die Ablesung erfolgt nur auf Zentimeter.

98. Beispiel einer Längeneinwägung.

(Vgl. hierzu die Fig. 157.)

Punkt	Lattenablesungen m			Höhe		Punkt
	rückwärts	zwischen	vorwärts	der Ziellinie m	des Punktes m	
km 3,7	0.910			$+100.91_0$	100.00_0	km 3,7
0+ 0		1.23			99.68	0+ 0
20		0.71			100.20	20
40		1.76			99.15	40
60		1.17			99.74	60
80		1.29			99.62	80
1+ 0		1.91			99.00	1+ 0
			2.003		98.90_7	
W₁	0.147			99.05_4		
1+20		1.01			98.04	20
40		2.30			96.75	40
60		3.95			95.10	60
			3.924		95.13_0	
W₂	0.201			95.33_1		
1+80		1.81			93.52	80
P₁		2.736			92.59_5	P₁ 86
2+ 0		3.55			91.78	2+ 0
			3.886		91.44_5	
W₃	0.053			91.49_8		
2+20		1.00			90.50	20
40		2.37			89.13	40
60		3.64			87.86	60
			3.720		87.77_8	
W₄	0.316			88.09_4		
2+80		1.42			86.67	80
3+ 0		2.39			85.70	3+ 0
P₂		2.810			85.28_4	P₂
20		3.24			84.85	20
40		3.79			84.30	40
			3.802		84.29_2	
W₅	1.527			85.81_9		
3+60		1.74			84.08	60
80		1.68			84.14	80
4+ 0		1.21			84.61	4+ 0
20		1.08			84.74	20
40		1.06			84.76	40
			1.125		84.69_4	
W₆	1.438			86.13_2		
4+60		1.45			84.68	60
80		1.58			84.55	80
5+ 0		1.43			84.70	5+ 0
P₃			1.406		$+84.72_6$	P₃

99. Auftragen einer Längeneinwägung und Massenberechnung.

Die vorstehende Längeneinwägung ist in der Figur 157 im Grundriß und im Aufriß zeichnerisch dargestellt. Die Höhen sind in einem zehnfach größeren Maßstabe aufgetragen als die gemessenen Längen, was sich zur Erzielung größerer Deutlichkeit immer empfiehlt. Auf Grund

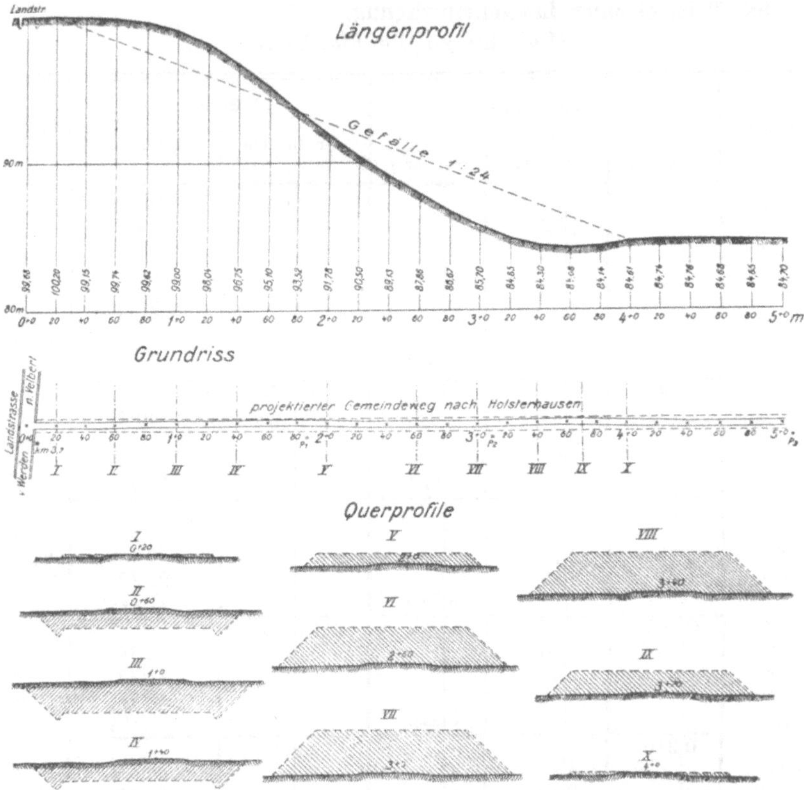

Fig. 157. Längeneinwägung und Massenberechnung.

der Einwägung ist dann die Achse eines neuen Weges entworfen worden, der von 24 bis 400 m Entfernung von der Landstraße gleichmäßig im Verhältnis 1 : 24 fallen soll. Dadurch wird auf eine Länge von 160 m Abtrag und auf 220 m Auftrag erforderlich. Zum Zwecke der Massenberechnung sind senkrecht zur Achse des geplanten Weges zahlreiche Querprofile aufgenommen und in demselben Maßstabe wie die Höhen des Längenprofiles aufgetragen worden. Die Zahl der erforderlichen Querschnitte hängt von den Gefälleverhältnissen des früheren Weges und des Geländes überhaupt sowie von der Genauigkeit ab, mit der die Massen angegeben werden sollen. Auf verhältnismäßig ebenem Gelände werden die Querschnitte in ähnlicher Weise aufgenommen wie der

Längenschnitt, indem man von der Mitte des Weges aus nach links und rechts die Brechpunkte des Geländes mit dem Meßband wagerecht einmißt und darauf einwägt. An steilen Hängen oder Böschungen ist der Gebrauch des Staffelzeuges sehr zweckmäßig (siehe Fig. 58, Seite 43).

Die Fläche eines Querschnittes ergibt sich nach den allgemeinen Regeln der Flächenberechnung (Seite 62 ff.). Zur Massenberechnung bildet man aus den Inhalten von zwei benachbarten Querschnitten das Mittel und vervielfacht diese Zahl mit dem Abstand der Querschnitte.

Zum Teil sind die Massen abzutragen, zum Teil aufzufüllen. Aus dem Beispiel der Figur 157 ergibt sich folgende Massenberechnung, wobei die Schnitte I und X unberücksichtigt geblieben sind.

Abtrag.

Querschnitte	Flächeninhalt qm	Abstand m	Rauminhalt cbm
$\dfrac{\text{I} + \text{II}}{2}$	$\dfrac{0 + 17,02}{2} = 8,50$	40	340
$\dfrac{\text{II} + \text{III}}{2}$	$\dfrac{17,0 + 30,8}{2} = 23,90$	40	956
$\dfrac{\text{III} + \text{IV}}{2}$	$\dfrac{30,8 + 18,5}{2} = 24,65$	40	986
$\dfrac{\text{IV}}{2}$	$\dfrac{18,5}{2} = 9,25$	40	370
		Summe des Abtrages	2652

Auftrag.

Querschnitte	Flächeninhalt qm	Abstand m	Rauminhalt cbm
$\dfrac{\text{V}}{2}$	$\dfrac{8,7}{2} = 4,35$	20	87
$\dfrac{\text{V} + \text{VI}}{2}$	$\dfrac{8,7 + 33,0}{2} = 20,85$	60	1251
$\dfrac{\text{VI} + \text{VII}}{2}$	$\dfrac{33,0 + 39,2}{2} = 36,1$	40	1444
$\dfrac{\text{VII} + \text{VIII}}{2}$	$\dfrac{39,2 + 36,4}{2} = 37,8$	40	1512
$\dfrac{\text{VIII} + \text{IX}}{2}$	$\dfrac{36,4 + 18,7}{2} = 27,55$	30	826
$\dfrac{\text{IX} + \text{X}}{2}$	$\dfrac{18,7 + 0}{2} = 9,35$	30	280
		Summe des Auftrages	5400
		„ „ Abtrages	2652
		Unterschied	2748

Der Unterschied von 2748 cbm zwischen Auftrag und Abtrag stellt die Erdmenge dar, die zum Bau des Weges herangeschafft werden muß.

100. Flächeneinwägung und Zeichnung von Höhenkurven.

Allgemeines. Für die Ermittlung des Ausgehenden einer Lagerstätte, für die Aufstellung von Bebauungsplänen und für den Entwurf von Rohrleitungs-, Ent- und Bewässerungsanlagen ist eine genaue Kenntnis der Bodengestalt von grundlegender Bedeutung. Man wägt zahlreiche Punkte der Erdoberfläche ein, besonders an den höchsten

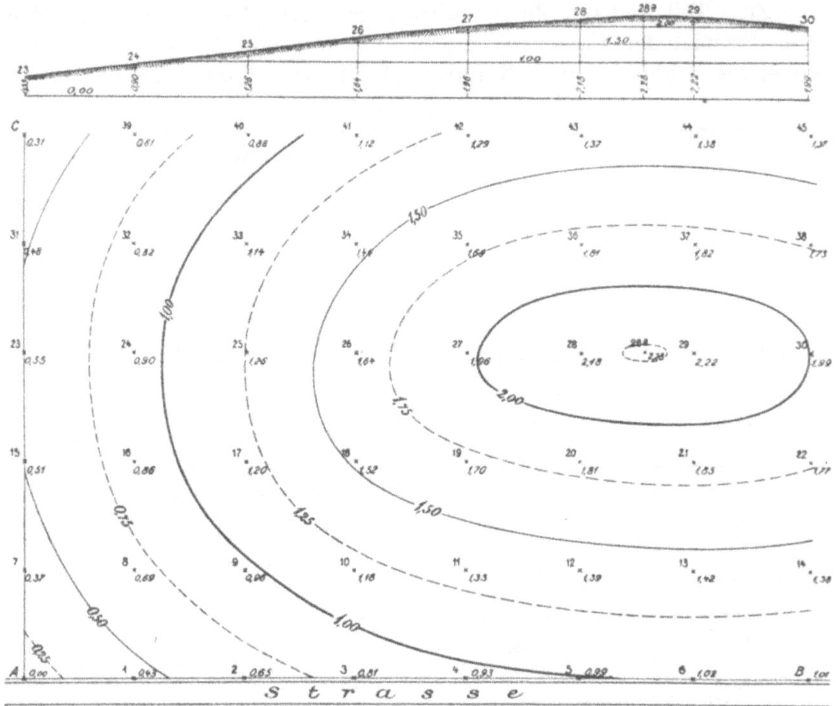

Fig. 158. Zeichnung von Höhenkurven; oben Querschnitt durch die Punkte 23—30.

und tiefsten Geländelinien, Wasserscheiden, Einsenkungen, Gefällwechseln, Böschungskanten usw. Die Auswahl der Punkte ist so zu treffen, daß die gerade Verbindungslinie von zwei benachbarten Punkten genügend genau mit der Erdoberfläche zusammenfällt, und die einzelnen Punktgruppen ungefähr den Linien des stärksten Gefälles folgen. Außer der Höhe ist demnach auch die Lage der Punkte zu bestimmen. Wenn von dem aufzunehmenden Gelände bereits Karten größeren Maßstabes vorliegen, etwa Katasterpläne mit den Eigentumsgrenzen, so gestaltet sich die Lageaufnahme sehr einfach, da die einzuwägenden Punkte nur gegen andere Punkte der Karte einzumessen sind.

Bei großen Flächen in ziemlich ebenem Gelände legt man der Aufnahme ein schachbrettförmiges Netz zugrunde und ermittelt die Höhenzahlen ihrer Schnittpunkte (Fig. 158). Die Maschenweite des Netzes hängt von der Gestalt des Geländes ab, da bei gleichmäßigen Geländeformen ein weiteres Netz genügt als bei zahlreichen Erhebungen und Senkungen. Jedoch können etwaige zwischen die Maschen des Netzes fallende Brechpunkte der Fläche leicht gegen die Netzlinien eingemessen und ebenfalls eingewägt werden. Alle Punkte werden mit durchlaufenden Nummern bezeichnet. Auf Grund der Höhenzahlen lassen sich Höhenkurven zeichnen, es sind dies Linien, die Punkte gleicher Höhe verbinden.

Zu diesem Zwecke teilt man die Entfernung von zwei Punkten, die ungefähr in der Richtung des größten Gefälles liegen, nach dem Verhältnis der Unterschiede ihrer Höhen gegen den Kurvenwert. Z. B. beträgt die Entfernung zwischen den Punkten 24 und 25 15 mm, ihr Höhenunterschied $1,26 - 0,90 = 0,36$ m. Die Kurve 1,00 m geht offenbar zwischen den beiden Punkten durch, und zwar in

$$\frac{1,00 - 0,90}{1,26 - 0,90} \cdot 15 = \frac{0,10}{0,36} \cdot 15 \text{ mm} = 4 \text{ mm Abstand vom Punkte 24 oder}$$

in $\dfrac{0,26}{0,36} \cdot 15 = 11$ mm Entfernung vom Punkte 25.

Es gibt zahlreiche Vorrichtungen, sogenannte Böschungsmaßstäbe, die die Zeichnung der Höhenkurven erleichtern.

In der Figur 158 oben ist ein lotrechter Schnitt durch das Gelände nach der Linie 23—30 dargestellt, aus dem man ersieht, daß die Höhenkurven Schnittlinien von wagerechten Ebenen mit dem Gelände sind.

IV. Genauigkeit von staffelförmigen Einwägungen.

101. Allgemeines. Die Genauigkeit der staffelförmigen Einwägungen hängt von der Güte der benutzten Geräte, von der Sorgfalt des Beobachters, dem angewendeten Meßverfahren, den örtlichen Verhältnissen und von dem Wetter ab. Die Güte der Geräte wird in erster Linie durch die Empfindlichkeit der Libellen, sowie die Vergrößerung und die Helligkeit des Fernrohres bestimmt. Bei den einfachen Einwägegeräten beträgt die Libellenempfindlichkeit etwa 20″, d. h. einem Einstellungsfehler der Blase von einem Teilstrich entspricht bei 50 m Zielweite ein Ablesefehler von 5 mm. Durch sehr sorgfältige Beobachtung kann man eine Einstellungsgenauigkeit von $^1/_5$ Teilstrich, entsprechend 1 mm Ablesefehler an der Latte, erreichen. Die zu Feineinwägungen benutzten Geräte besitzen Libellen von etwa 5″ Empfindlichkeit, wodurch die Ablesungen an der Latte auf Bruchteile eines Millimeters genau werden. Die Vergrößerung des Fernrohres beträgt 20- bis 40fach, der Durchmesser des Gegenstandglases $2^1/_2$ bis 4 cm.

Einfache Latten sind durchweg bis auf Zentimeter untergeteilt, während die Millimeter geschätzt werden. Bei Feineinwägungen sind auch $\frac{1}{2}$ cm- und 2 mm-Teilungen im Gebrauch. Wichtiger als die weitgehende Unterteilung der Latte ist jedoch ihre lotrechte Stellung und die Prüfung ihrer Änderung unter dem Einfluß der Witterungsverhältnisse. Besonders in gebirgigem Gelände kommen die Lattenfehler zur Geltung, da sie die Messungsergebnisse einseitig beeinflussen. Eine Latte, deren Teilung zu kurz ist, liefert zu große Höhenunterschiede, während zu große Teilungen zu kleine Unterschiede ergeben. Bei windigem Wetter

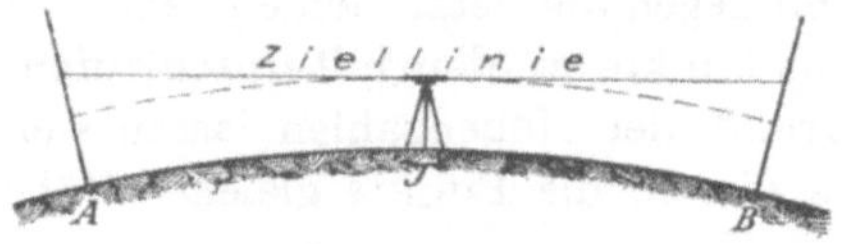

Fig. 159   Einfluß der Erdkrümmung auf die Ablesungen an einer lotrecht stehenden Latte.

ist es schwer, die Latte lotrecht und ruhig zu halten; andererseits zittert an heißen, sonnigen Tagen die Luft außerordentlich stark, so daß das Bild der Lattenteilung im Fernrohr sehr undeutlich und häufig verzerrt erscheint. Infolgedessen werden Feineinwägungen am besten bei ruhigem, klarem Wetter und in den frühen Morgenstunden ausgeführt.

Endlich sei noch der Einfluß der Erdkrümmung erwähnt (Fig. 159), der bei ungleichen Zielweiten auftritt, jedoch durchweg in so geringem Maße, daß er bei einfachen Einwägungen vernachlässigt werden kann.

102. Fehlergrenzen. Die allgemeinen Vorschriften für die Markscheider im Preußischen Staate setzen die Fehlergrenzen einer staffelförmigen Einwägung unter Tage auf 1 : 20 000 der wagerechten Länge fest, so daß der Unterschied zwischen einer je 1000 m langen Hin- und Rückeinwägung $\frac{1}{20\,000} \cdot 1000$ m $= 0{,}05$ m oder 5 cm betragen darf. Bei Angabe von Gegenörtern dürfen die Fehler höchstens halb so groß sein.

Der Deutsche Markscheiderverein hat folgende

Zahlentafel der zulässigen Höhenfehler in den Haupt-Grubeneinwägungen aufgestellt:

In söhligen Strecken		In schwebenden Strecken	
Länge der eingewägten Strecke m	Zulässiger Unterschied zwischen zwei Einwägungen mm	Flache Länge der eingewägten Strecke m	Zulässiger Unterschied zwischen zwei Einwägungen mm
10	10	10	12
50	14	50	20
100	18	100	28
200	24	200	41
300	29	300	53
400	34	400	64
500	38	500	75
600	42	600	85

In söhligen Strecke		In schwebenden Strecken	
Länge der eingewägten Strecke m	Zulässiger Unterschied zwischen zwei Einwägungen mm	Flache Länge der eingewägten Strecke m	Zulässiger Unterschied zwischen zwei Einwägungen mm
700	46	700	96
800	50	800	106
900	53	900	117
1000	57	1000	127
2000	92		
3000	123		
4000	153		
5000	184		

Über Tage sind die Fehlergrenzen im allgemeinen enger gehalten. Die amtlichen Vorschriften enthalten darüber nichts, dagegen hat der Verein folgende

Zahlentafel der zulässigen Höhenfehler in den Haupteinwägungen über Tage angegeben:

Entfernung der eingewägten Punkte m	Zulässiger Unterschied zwischen zwei Einwägungen mm	Entfernung der eingewägten Strecke m	Zulässiger Unterschied zwischen zwei Einwägungen mm
100	8	2000	23
200	9	3000	30
300	10	4000	37
400	11	5000	43
500	12	6000	49
600	13	7000	55
700	14	8000	61
800	15	9000	68
900	15	10000	74
1000	16		

Die Bestimmungen des Zentral-Direktoriums der Vermessungen im Preußischen Staate vom 12. Januar 1895 über den Anschluß der Einwägungen an die Preußische Landeshöhe bezeichnen eine Einwägung als gut, wenn der mittlere Fehler nicht mehr als ± 3 mm auf 1 km Länge und noch als brauchbar, wenn derselbe nicht mehr als ± 5 mm auf 1 km beträgt. Dabei darf der Unterschied zwischen zwei Messungen gleich dem dreifachen mittleren Fehler sein, also bei guten Einwägungen auf 1000 m Entfernung 9 mm, bei noch brauchbaren 15 mm betragen.

Bei den eingangs besprochenen großen Einwägungen der Landesaufnahme und des Ministeriums der öffentlichen Arbeiten sind Genauigkeiten von ± 1 mm auf 1 km erreicht worden.

B. Dreieckförmige Einwägungen.

103. Allgemeines. Bei den dreieckförmigen Einwägungen erhält man den Höhenunterschied von zwei Punkten aus einem lotrechten rechtwinkligen Dreieck, in dem die Schräge die Verbindungslinie der beiden Punkte ist. In dem Dreieck werden ein Winkel, der Neigungswinkel der Schrägen und eine Seite gemessen. Unter Tage mißt man in schwebenden Strecken die schräge Seite oder flache Länge mit einer Meßkette oder einem Meßband und den Neigungswinkel entweder mit dem Gradbogen oder mit dem Höhenkreise eines Theodoliten. Über Tage wird häufig statt der schrägen die anliegende wagerechte Seite des rechtwinkligen Dreiecks gemessen. Die trigonometrische Abteilung der Preußischen Landesaufnahme hat in Verbindung mit ihren Dreiecksmessungen ausgedehnte Einwägungen vorgenommen, die die Grundlage für die Höhenangaben auf den Meßtischblättern und Generalstabskarten bilden. Dreieckeinwägungen sind durchweg ungenauer als staffelförmige Einwägungen. Die auf den genannten Karten angegebenen Höhenzahlen sind immer um einige Dezimeter unsicher, so daß sie zum Anschluß von genauen staffelförmigen Einwägungen nicht benutzt werden können. Für letztere dienen die auf den Seiten 129ff. beschriebenen Höhenfestpunkte.

Einrichtung und Anwendung des Gradbogens sind bereits auf den Seiten 28, 41 und 96 besprochen worden. Bei der Messung des Neigungswinkels mit dem Theodolit muß letzterer genau unter oder über einem Punkte der schrägen Seite wagerecht aufgestellt werden. Da eine schiefe Stellung des Gerätes einen großen Fehler des Höhenwinkels hervorruft, wendet man bei großen Neigungswinkeln eine empfindliche Reiterlibelle an (Fig. 129). Am Höhenkreise selbst oder an einem Fernrohrträger befindet sich ebenfalls eine Libelle, die Höhenwinkellibelle (Fig. 129), die bei der Messung genau einspielen muß. Die Messung des Höhen- oder Neigungswinkels erfolgt in beiden Fernrohrlagen, damit die Gerätefehler unschädlich werden. Über die Berechnung des Höhenunterschiedes ist auf der Seite 41 das Erforderliche gesagt.

Grubenbilder und andere bergmännische Karten.

I. Grubenbilder.

104. Allgemeines. Unter einem Grubenbild versteht man ein Kartenwerk, auf dem die Feldesgrenzen, die wesentlichen Tagesanlagen und sämtliche unterirdischen Strecken und Abbaue auf Grund markscheiderischer Vermessungen dargestellt sind. Das Grubenbild enthält die Unterlagen für die Einrichtung und Fortführung des bergmännischen Betriebes, sowie dessen Überwachung durch die Bergbehörde. Infolgedessen fordern die Berggesetze durchweg die Anfertigung und fortlaufende Ergänzung von Grubenbildern. Im allgemeinen preußischen Berggesetz sind darüber folgende Bestimmungen enthalten:

§ 72. „Der Bergwerksbesitzer hat auf seine Kosten ein Grubenbild in zwei Exemplaren durch einen konzessionierten Markscheider anfertigen und regelmäßig nachtragen zu lassen. In welchen Zeitabschnitten die Nachtragung stattfinden muß, wird durch das Oberbergamt vorgeschrieben.

Das eine Exemplar des Grubenbildes ist an die Bergbehörde zum Gebrauch derselben abzuliefern, das andere auf dem Bergwerke, oder, falls es daselbst an einem geeigneten Orte fehlt, bei dem Betriebsführer aufzubewahren. Die Einsicht des bei der Bergbehörde befindlichen Exemplares steht demjenigen zu, welcher einen Schadenersatzanspruch erheben will, wenn er einen solchen Anspruch der Bergbehörde glaubhaft macht. Dem Bergwerksbesitzer soll Gelegenheit gegeben werden, bei dieser Einsichtnahme zugegen zu sein."

Im Oberbergamtsbezirk Dortmund findet die Nachtragung der Steinkohlenbetriebe durchweg vierteljährlich statt. Das gewerkschaftliche Grubenbild befindet sich beim Betriebsführer.

105. Zulegerisse. Die zeichnerische Darstellung der markscheiderischen Messungen, nach denen das Grubenbild angefertigt wird, er folgt auf Zulegerissen. Sie bestehen aus bestem trockenen Zeichenpapier, das mit einem Koordinatennetz (vgl. S. 19) bezogen wird. Die Grubenbilder selbst sind Verkleinerungen oder Vervielfältigungen der in den Geschäftsräumen des Markscheiders verbleibenden Zulegerisse. Der Maßstab der letzteren ist in den einzelnen Oberbergamtsbezirken verschieden, im Dortmunder Bezirk meist 1 : 1000, während die Grubenbilder hier mit wenigen Ausnahmen im Maßstab 1 : 2000 angefertigt werden.

106. Einteilung des Grubenbildes. Da auf den Grubenbildplatten räumliche Verhältnisse maßstäblich dargestellt werden sollen, so sind Abbildungen auf mehreren senkrecht zueinander angeordneten Ebenen erforderlich. Die Grundrisse zeigen den Verlauf der Lagerstätte in einer wagerechten Ebene, also im Streichen, während die Aufrisse ihren Verlauf in einer lotrechten Ebene, also im Fallen, zur Anschauung bringen. Je nachdem die Ebene des lotrechten Schnittes senkrecht zur Streichrichtung oder parallel zu ihr steht, unterscheidet man Querschnitte und Längsschnitte. Im Querschnitt zeigt sich das Verhalten der Lagerstätte in bezug auf ihr Einfallen und ihre Mächtigkeit, während sich aus dem Längsschnitt vorwiegend das Einsenken und Ausheben von Sätteln und Mulden ergibt (siehe Fig. 161, Seite 164).

Die Grundrisse enthalten meist außer den Grubenbauen auch eine Darstellung der Tagesoberfläche (die sogenannte Situation).

Je nach dem Inhalt und dem Zweck der einzelnen Pläne unterscheidet man:

1. Lagepläne (Situationspläne).
2. Hauptgrundrisse.
3. Aufrisse (Profile), und zwar Querriß und Längsriß.
4. Abbaurisse und zwar Abbaugrundriß und Abbauaufriß (Seigerriß).

Zu jedem Grubenbild gehört ferner ein Übersichtsblatt mit einem vollständigen Verzeichnis der von jeder Rißart vorhandenen Platten.

Im Oberbergamtsbezirk Dortmund beträgt die Größe der einzelnen aneinanderstoßenden Platten 30×45 cm, so daß jede Platte im Maßstab 1 : 2000 eine Fläche von 600×900 m = 540 000 qm umfaßt. Ein Feld von 2 200 000 qm bedeckt demnach rd. 4 Grubenbildplatten. Die Platten bestehen aus bestem, auf Leinwand aufgezogenen, dicken Zeichenpapier und sind auf der Vorder und Rückseite so bezeichnet, daß eine Verwechslung der Platten unter sich sowie mit denen anderer Zechen ausgeschlossen ist. Zu diesem Zweck tragen die Platten jeder Rißart den Namen der Zeche, des Flözes, der Sohle und die laufende Nummer.

Jedes Blatt Grundriß ist mit einem Koordinatennetz versehen, dem die Entfernungen der einzelnen Netzlinien von dem Koordinatennullpunkt beigeschrieben sind. In den Aufrissen treten an die Stelle des Koordinatennetzes wagerechte Linien, Höhenlinien, bezogen auf die Nullhöhe.

107. Lageplan. Der Lageplan des Grubenbildes enthält einen vollständigen Grundriß der Tagesoberfläche. In der Figur 160 sind die wesentlichsten im Oberbergamtsbezirk Dortmund üblichen Zeichenerklärungen zusammengestellt, nach denen die Einzelheiten des auf Tafel I abgebildeten Lageplanes (Situationsrisses) gedeutet werden können.

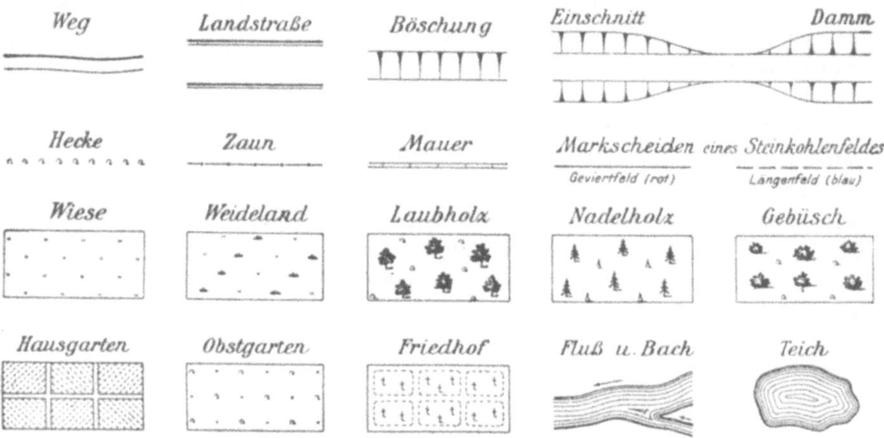

Fig. 160. Zeichenerklärung für den Lageplan des Grubenbildes.

Zur Ergänzung sei bemerkt, daß die zu einer Zeche gehörenden Schachtanlagen und Häuser karminrot, alle übrigen Gebäude mit grauer Tusche angelegt werden. Straßen und Gebäude erhalten einen schwarzen Schattenstrich. Von den Kulturarten bleibt Ackerland weiß, politische Grenzen (Gemeinde-, Kreisgrenzen usw.) werden in schwarzer Tusche strichpunktiert und mit einem grünen Farbstrich versehen.

Die Grenzen des Geviertfeldes einer Steinkohlenzeche werden mit ausgezogenen zinnoberroten Linien, die der Längenfelder mit gestrichelten blauen Linien bezeichnet (auf der Tafel I ist der einfacheren Herstellung wegen karminrot wie bei den Gebäuden gewählt worden). Markscheidensicherheitspfeiler, die im Oberbergamtsbezirk Dortmund wie die Mergelsicherheitspfeiler eine Breite von 20 m haben, werden durch gestrichelte schwarze Linien begrenzt. Bei Eisenerzfeldern sind die Grenzen braun (gebr. Terra di Siena), bei sonstigen Erzfeldern blau, bei Steinsalz- und Soolquellenfeldern hellgrün ausgezogen. Die Beschriftung erfolgt stets in der Farbe der Markscheiden.

108. Hauptgrundriß. Der Hauptgrundriß stellt alle in einer Sohle aufgefahrenen Strecken und die in ihr mündenden oder von ihr ausgehenden Schächte dar. Die letzteren sind durch einfache oder doppelte schwarze Linien begrenzt, ihr Querschnitt wird entweder z. T. oder ganz mit schwarzer Tusche ausgefüllt. Vorschriften hierüber bestehen im Oberbergamtsbezirk Dortmund nicht, es ist aber vielfach üblich, die ausziehenden und blinden Schächte ganz, bei den einziehenden Schächten dagegen nur eine Hälfte schwarz zu zeichnen, die andere Hälfte aber weiß zu lassen.

Alle Streckenstöße werden in einfachen schwarzen Linien ausgezogen, die Strecken selbst farbig angelegt und an der West- oder Nordseite mit einem dichten Schattenstrich von derselben Farbe versehen.

Gesteinstrecken erhalten statt des farbigen einen dunkelgrauen oder schwarzen Schattenstrich von Tusche.

Die Farbe der Strecken ist für jede Sohle verschieden, so daß man auf dem Hauptgrundriß auf den ersten Blick erkennt, auf welcher Sohle die Strecken aufgefahren sind. Im Oberbergamtsbezirk Dortmund sind folgende Sohlenfarben vorgeschrieben:

Sohle	Farbe
Stollensohle	karminrot
I. Tiefbausohle	preußischblau
II. ,,	zinnoberrot
III. ,,	hellgrün (parisergrün)
IV. ,,	braun (gebrannte Terra di Siena)
V. ,,	gelb (gummi gutti)
VI. ,,	dunkelgrün (preußischgrün)
VII. ,,	violett (magenta)
VIII. ,,	rotbraun (caput mortuum = Totenkopf)
IX. ,,	preußischblau wie die I. Sohle
X. ,,	zinnoberrot wie die II. Sohle
usw.	usw.

Die Streichlinien von Verwerfungen werden schwarz gestrichelt und am hangenden Saalbande mit einem orangefarbenen Schattenstrich versehen. Bei dieser Darstellungsweise läßt sich allerdings in vielen Fällen, wenn der Hauptgrundriß mehrere Sohlen enthält, nicht auf den ersten Blick entscheiden, in welcher Sohle die Verwerfung angefahren worden ist. Dieser Mangel wird auf dem Hauptgrundriß ganz, auf dem Abbauriß aber nur z. T. beseitigt, wenn man statt des orangeroten Schattenstriches die Farben der Sohlen einführt, wie es auf den anhängenden Tafeln geschehen ist.

Richtung und Stärke des Einfallens der Lagerstätte und des Verwerfers werden durch schwarze Pfeile mit den beigeschriebenen Gradzahlen bezeichnet. An den beobachteten Stellen ist auch die Mächtigkeit der Lagerstätte in Zentimetern angegeben.

Sattel- und Muldenlinien werden in blauen, gestrichelten Linien, aufgetragen und mit beiderseitigen Pfeilen versehen.

Die auf der Seite 32 besprochenen Kompaßstufen werden durch einen kleinen schwarzen Kreis mit umgekehrtem Dreieck bezeichnet und Monat und Jahr der Anbringung dabeigeschrieben. Theodolit- oder Feinmeßpunkte (siehe S. 32) erhalten nur einen farbigen Kreis und in derselben Farbe die laufende Nummer. Nach den oberbergamtlichen Bestimmungen sollen den Nummern die Buchstaben P.M. (Abkürzung für Präzisions-Messung) vorangestellt werden. Der Kreis und die Beschriftung sind in der Regel in der Farbe der Sohle ausgeführt, in der die betreffenden Punkte liegen, jedoch kommen auch rote Bezeichnungen der Theodolitpunkte in allen Sohlen vor.

An allen Hängebänken, Füllörtern, den Anfangs- und Endpunkten der Querschläge, sowie an sonstigen wichtigen Punkten der Baue werden die Höhen bezogen auf die Nullhöhe in blauen Zahlen mit dem Vorzeichen + oder — angegeben, je nachdem die betreffende Stelle über oder unter der Nullhöhe liegt. Die Angaben gelten für die Sohle oder die Schienenoberkante (abgekürzt S. O.).

Im Oberbergamtsbezirk Dortmund sollen zu beiden Seiten der Querschläge in 10—20 mm breiten Streifen die durchfahrenen Gebirgsschichten wie in den Aufrissen (vgl. Tafel III) farbig angelegt werden, vorausgesetzt, daß der Hauptgrundriß nur eine Sohle darstellt. In der Tafel I sind diese Farben weggelassen worden, um das Bild nicht zu verwirren; da die Ebene des Profiles durch die Querschläge verläuft, so stellt es die durchfahrenen Schichten ohnehin richtig dar.

Meist wird der Hauptgrundriß der I. Sohle mit dem Lageplan zusammen dargestellt, wie es die Tafel I zeigt. Die II. und III. Sohle sind ebenfalls auf eine gemeinsame Platte (Tafel II) gebracht, was der Übersichtlichkeit wegen meist geschieht. Es können auch mehr als zwei Sohlen zusammen dargestellt werden, wenn die Lagerungsverhältnisse es gestatten oder das Bild dadurch nicht unleserlich wird.

In jedem Falle müssen die Platten des Hauptgrundrisses auch ein Koordinatennetz und die wesentlichen Teile des Lageplanes enthalten, aber ohne Farben, Zeichen und Schattenstriche.

109. Aufrisse (Profile). Was unter 108 bei den Hauptgrundrissen über die Darstellungsweise, die Farbenbezeichnung der Sohlen und Verwerfungen sowie die Markscheiderzeichen und die Höhenzahlen gesagt wurde, gilt durchweg auch für die Aufrisse.

Im Querschnitt (Tafel III) erscheinen die Grund- und Richtstrecken als Auge, die Schächte und Querschläge im Längsschnitt, während im Längsschnitt (Fig. 161) die Querschläge als Augen und die streichenden Strecken im Längsschnitt erscheinen. Die Schächte werden in allen Aufrissen mit grauer Tusche angelegt.

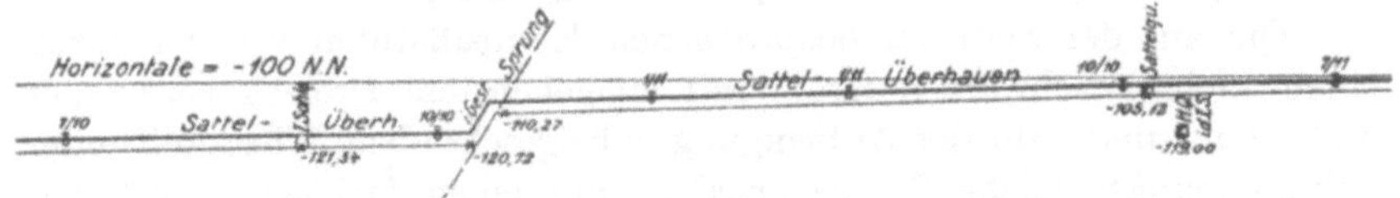

Fig. 161. Längsschnitt durch das Sattelüberhauen auf der Tafel IV.

Für die Darstellung der Lagerstätten und des Nebengesteins sind im Oberbergamtsbezirk Dortmund folgende Farben vorgeschrieben:

Lagerstätte	Farbe	Nebengestein	Farbe
Steinkohlenflöz Brandschieferflöz	schwarz grau[1])	Schieferton Sandschiefer (Sandiger Schiefer) }	hellblau (preußischblau) violett (magenta)
Eisensteinflöz und andere Mineralien	hellrot	Sandstein Konglomerat	hellbraun (gebr. Terra di Siena) hellbraun wie Sandstein, jedoch mit karminroten Punkten.

[1]) Nicht immer durchgeführt.

Von den das Steinkohlengebirge überlagernden Schichten wird von dem Kreidemergel der Grünsand hellgrün, der übrige Mergel hellgelb angelegt.

Auf den Zulegerissen und bei den weiter unten zu besprechenden Normalprofilen wird das Nebengestein statt durch Farben durch entsprechende Zahlen bezeichnet, wobei bedeuten: 1 Sandstein, 2 Sandschiefer, 3 Schiefer.

110. Abbaurisse. Von den auf einer Lagerstätte umgehenden Bauen soll der betreffende Abbauriß ein vollständiges Bild geben. Bei flach fallenden Lagerstätten genügt die Darstellung der Strekken und Abbaue auf einer söhligen Ebene, dem Grundriß, dagegen wird von dem Oberbergamt Dortmund für Lagerstätten, deren Fallwinkel größer als 60° ist, die Darstellung der Sohlenstrecken im Grund- und Aufriß (Seigerriß) verlangt. Der Seigerriß enthält ferner alle in der Lagerstätte aufgefahrenen söhligen und schwebenden Strecken. Er entsteht durch verkürzte Darstellung der Baue auf einer parallel zum Streichen gerichteten lotrechten Ebene.

Für jede Lagerstätte, die sich an irgendeiner Stelle im Abbau befindet, ist ein Abbauriß anzufertigen, so daß das Grubenbild einer Zeche so viel Abbaurisse enthält, wie Flöze im Bau sind oder bereits gebaut wurden. Es kommen alle streichenden, schrägen und schwebenden Strecken, alle Abbaue, sowie alle die Lagerstätte schneidenden Schächte und Querschläge zur Darstellung. Von den außerhalb der Lagerstätte liegenden Strecken und Schächten ist so viel in schwarzpunktierten Linien aufzutragen, daß daraus die Wetter- und Fahrwege zwischen den einzelnen Sohlen und den Hauptschächten zu erkennen sind.

Innerhalb der Lagerstätte erscheinen die Grund- oder Sohlenstrecken in den Farben der Hauptgrundrisse, die Abbauörter in der Farbe der unteren Sohle, so daß z. B. alle Örter, die zwischen der I. und II. Sohle liegen, zinnoberrot angelegt werden. Sämtliche streichenden Strecken innerhalb der Lagerstätte erhalten farbige Schattenstriche; stehen sie im Nebengestein, wie z. B. nach der Ausrichtung von Verwerfungen, so tritt an die Stelle des farbigen ein dunkelgrauer oder schwarzer Schattenstrich.

Von den schwebenden Strecken werden die Bremsberge in zwei schwarzen Doppellinien, die Fahrüberhauen, Wetterdurchhiebe u. dgl. in zwei einfachen Linien ausgezogen, mit grauer Tusche angelegt und an der westlichen oder nördlichen Seite mit einem dunklen (schwarzen) Schattenstrich versehen. Statt der Doppellinien werden bei den Bremsbergen auch einfache Begrenzungslinien gewählt und zuweilen das Wort „Bremsberg" daran geschrieben.

In Strecken, die an einem Stoß ausgezogen, am anderen gestrichelt dargestellt sind, wurden nur die Längen gemessen.

Gestrichelt ausgezogene söhlige Strecken sind nicht markscheiderisch vermessen, sondern nach den Angaben der Betriebsführer oder der Steiger aufgetragen worden.

Verwerfungen werden wie auf dem Hauptgrundriß ausgezogen und farbig bezeichnet. Infolge der Höhenunterschiede zwischen den einzelnen Strecken innerhalb der Lagerstätte erscheinen die Streichlinien der Verwerfungen treppenförmig abgesetzt. Von großer Wichtigkeit ist für den Abbaugrundriß der Verlauf der Kreuzlinien, d. h. der Schnittlinien zwischen dem Verwerfer und der Lagerstätte. Auf der Tafel IV sind die Kreuzlinien am westlichen Sprung und an der nördlichen Überschiebung schwarz strichpunktiert und durch einen roten Farbstrich hervorgehoben. Näheres über die Zeichnung von Kreuzlinien enthält der Absatz 134 auf den Seiten 194 ff.

Vermessungszeichen und Höhenzahlen werden auf den Abbaurissen in der beim Hauptgrundriß besprochenen Weise aufgetragen.

Der Abbau wird durch graue Tusche bezeichnet und zwar in verschiedener Weise, je nachdem kein Versatz, trockener Bergeversatz oder Spülversatz in Anwendung ist. Bruchbau wird kreuzweise schraffiert, Bergeversatz in Form von unregelmäßigen Steinen gezeichnet, Spülversatz durch grau getupfte Punkte hervorgehoben. Ferner sind überall Jahr und Monat anzugeben, in dem der Abbau stattgefunden hat, beim Bergeversatz außerdem die Worte „versetzt" oder „Spülversatz".

In dem auf der Tafel IV dargestellten Abbaugrundriß ist auch die Abbaugrenze eingetragen, die sich unter der Annahme eines Schachtsicherheitspfeilers von 100 m Durchmesser und eines Bruchwinkels von 70° ergibt (vgl. auch den Querschnitt auf der Tafel III).

Jede Platte der Abbaurisse muß einen Maßstab und einen Nachtragungsvermerk enthalten. Im Abbaugrundriß der Tafel IV sind dieselben weggelassen worden, um die übrigen Darstellungen deutlicher hervortreten zu lassen, dagegen ist der Seigerriß (Tafel V) in dieser Beziehung vollständig.

Die Tagesoberfläche wird auf dem Abbaugrundriß nur in Umrissen, ohne Schattenstriche, Kulturarten und Farben verzeichnet.

111. Nachtragung der Grubenbilder. Unter der Nachtragung eines Grubenbildes versteht man seine fortlaufende Ergänzung entsprechend dem Fortschritte der Aus- und Vorrichtungsbetriebe sowie der Abbaue. Über die Nachtragung der Grubenbilder enthält die Bergpolizeiverordnung für die Steinkohlenbergwerke im Verwaltungsbezirke des Königl. Oberbergamtes in Dortmund vom 1. Januar 1911, gültig vom 1. Januar 1912 ab, im XVI. Abschnitt „Vermessungsangelegenheiten" folgende Bestimmungen:

§ 320. Die regelmäßige Nachtragung der Grubenbilder muß, soweit nicht durch besondere Anordnung ein anderes bestimmt ist, bei den im Betrieb stehenden Bergwerken mindestens vierteljährlich stattfinden und stets über das ganze Grubengebäude bis zu den dermaligen Orts- und Betriebspunkten ausgedehnt werden. Die Nachtragung der Tagessituation im Bereiche des Baufeldes hat jährlich einmal zu erfolgen.

§ 321. Unverzüglich müssen auf das Grubenbild und zwar, soweit dies tunlich, auf sämtliche Grundrisse und Profile aufgetragen werden:

1. alle Gegenstände der Tagessituation, zu deren Schutz polizeiliche Anordnungen getroffen sind;
2. alle Aufschlüsse, durch die eine Veränderung des Mergelsicherheitspfeilers bedingt wird, sowie alle Betriebspunkte, bei deren Fortgang der Durchbruch von Standwassern oder bösen Wettern usw. oder der Eintritt einer ähnlichen Gefahr bezüglich der im § 196 des Allgemeinen Berggesetzes bezeichneten Gegenstände zu besorgen ist;

3. alle Markscheiden sowie alle Schutzbezirke und Bau- und Sicherheitspfeilergrenzen, die durch Polizeiverordnungen oder durch besondere Anordnung bestimmt sind. Die betreffende Anordnung ist auf dem Grubenbilde zu vermerken.

§ 322. 1. Wenn auf einer Grube der Betrieb eingestellt wird, so muß jedesmal vorher die vollständige Nachtragung der Grubenbilder erfolgen.

2. Ebenso müssen alle unterirdischen Baue, bevor sie durch den Abbau oder auf andere Weise unfahrbar werden, vollständig zu Riß gebracht sein.

§ 323. Der Betriebsführer hat dafür zu sorgen, daß der Markscheider auf schriftlichem Wege von allem Kenntnis erhält, was nach den bestehenden Vorschriften auf dem Grubenbilde zur Darstellung gelangen muß.

112. Bestimmungen über die Ausführung von Feinmessungen (Theodolitmessungen). Die im vorhergehenden Abschnitt genannte Bergpolizeiverordnung für den Oberbergamtsbezirk Dortmund bestimmt über die Ausführung von Präzisions- oder Theodolitmessungen folgendes:

§ 324. 1. Sämtliche Schächte und sonstige Tagesöffnungen der im Betriebe befindlichen Bergwerke und alle Tagesgegenstände, für die Sicherheitspfeiler bestimmt worden sind, müssen durch eine nach der besten Methode auszuführende Präzisionsmessung (Theodolitmessung mit der durch die Sache im einzelnen Falle gebotenen kunstgerechten Ausgleichung der Beobachtungsfehler) an das Dreiecksnetz der Landesaufnahme angeschlossen werden.

2. Auf dem Situationsrisse des Grubenbildes sind gleichzeitig auch die Koordinaten für die Eckpunkte der im Absatz I bezeichneten Sicherheitspfeiler aufzutragen.

§ 325. Sobald sich die Grubenbaue im Niveau der Bau-, Teil- und Wettersohlen in söhliger Projektion mehr als 400 m vom Schachte entfernt haben, ist ihre Lage, wie sie auf Grund der periodischen Nachtragungen auf dem Grubenbilde verzeichnet ist, durch eine gleiche Präzisionsmessung im Anschluß an die Landesaufnahme zu kontrollieren. Daß dies geschehen, ist unter Angabe der festgelegten, durch besondere Zeichen zu markierenden Punkte, sowie der Zeit durch den betreffenden Markscheider auf dem Grubenbilde zu vermerken.

§ 326. Bei weiterer Ausdehnung der im § 325 bezeichneten Grubenbaue ist die daselbst vorgeschriebene Präzisionsmessung alle 400 m fortzusetzen und bei Einstellung des Betriebes dieser Baue bis vor Ort zu ergänzen.

§ 327. Ebenso ist die Präzisionsmessung vom letzten sicheren Festpunkte fortzusetzen, erforderlichenfalls auch vom Schachte aus oder durch Neuorientierung zu wiederholen, wenn sich die im § 325 bezeichneten Grubenbaue den vorgeschriebenen Sicherheitspfeilern in söhliger Projektion bis auf 50 m Entfernung nähern und die richtige Lage der betreffenden Baue nicht anderweitig durch Schlußmessung kontrolliert ist.

§ 328. 1. Alle Abbaustrecken, Bremsberge und Überhauen, die sich der Grenze eines Sicherheitspfeilers in söhliger Projektion bis auf 20 m genähert haben, sind vor ihrer weiteren Erlängung oder vor Beginn des Abbaues durch eine besondere Theodolit- oder Kompaßmessung von dem letzten durch Präzisionsmessung bestimmten Festpunkte aus zu kontrollieren.

2. Daß dies geschehen, ist durch den betreffenden Markscheider auf dem Grubenbilde zu vermerken.

§ 329. Sobald sich die Grubenbaue einer Markscheide bis auf 400 m genähert haben, sind die Koordinaten der zugehörigen Feldesecken dem Oberbergamte einzureichen.

113. Erhaltung der Markscheiderzeichen und Festpunkte. Hierüber enthält die Bergpolizeiverordnung im Oberbergamtsbezirk Dortmund vom 1. Januar 1911 folgende Bestimmungen:

§ 330. Das unbefugte Verrücken und Beseitigen, sowie das Beschädigen von Markscheiderzeichen und Festpunkten unter und über Tage ist verboten.

§ 331. Der Betriebsführer ist verpflichtet, für die unveränderte Erhaltung der Markscheiderzeichen und Festpunkte zu sorgen.

II. Berechtsamsrisse.

114. Mutungsrisse. Dem Gesuch um Verleihung eines Minerals, der Mutung, die bei demjenigen Bergamt eingelegt werden muß, in dessen Bezirk der Fundpunkt liegt, ist ein Mutungsriß in zwei Ausfertigungen beizufügen oder innerhalb 6 Wochen nach der Anmeldung (Präsentation) der Mutung nachzuliefern. Das Preußische Berggesetz bestimmt darüber folgendes: § 17. „Der Muter hat die Lage und Größe des begehrten Feldes, letztere nach Quadratmetern, anzugeben und einen von einem konzessionierten Markscheider oder Feldmesser angefertigten Situationsriß in zwei Exemplaren einzureichen, auf welchem der Fundpunkt, die Feldesgrenzen, die zur Orientierung erforderlichen Tagesgegenstände und der Meridian angegeben sein müssen.

Der bei Anfertigung dieses Situationsrisses anzuwendende Maßstab wird durch das Oberbergamt festgesetzt und durch die Regierungsamtsblätter bekanntgemacht."

In den Oberbergamtsbezirken Dortmund, Bonn und Breslau ist dieser Maßstab bei Geviertfeldern von 2 200 000 qm auf 1 : 10 000, bei den kleineren Feldern von 110 000 qm auf 1 : 2000 festgesetzt.

Über die Einzelheiten der Anfertigung und Beschaffenheit der Mutungsrisse gelten die Sondervorschriften der verschiedenen Oberbergämter, die durchweg sehr hohe Anforderungen an die zeichnerische Genauigkeit und Zuverlässigkeit der Mutungsrisse stellen.

115. Verleihungsrisse. Die Verleihungsrisse entstehen aus den Mutungsrissen, indem die letzteren bei der Anfertigung der Verleihungsurkunde über das verliehene Bergwerkseigentum von dem Oberbergamt beglaubigt werden. In den Verleihungsurkunden wird auf die Verleihungsrisse Bezug genommen. Eine Ausfertigung des Risses erhält der Bergwerkseigentümer, die andere wird bei der Bergbehörde aufbewahrt.

116. Vereinigungsrisse (Konsolidationsrisse). Bei der Vereinigung oder Konsolidierung von zwei oder mehreren Grubenfeldern zu einem einheitlichen Ganzen, die der Bestätigung durch das Oberbergamt unterliegt, ist ein von einem konzessionierten Markscheider oder Feldmesser in zwei Ausfertigungen hergestellter Lageplan des ganzen Feldes erforderlich. Hinsichtlich der Beglaubigung, Aushändigung und Aufbewahrung der Vereinigungsrisse finden dieselben Bestimmungen wie bei der Verleihung Anwendung. Jedoch wird keine große zeichnerische Genauigkeit verlangt, vielmehr sollen die Vereinigungsrisse nur eine zuverlässige Übersicht geben, da den Konsolidationsurkunden auch die Verleihungsrisse der vereinigten Grubenfelder beigefügt werden.

III. Sonstige Kartenwerke.

117. Felderkarten. In jedem Oberbergamtsbezirk besteht eine Mutungsübersichtskarte, aus der die Grenzen der bereits verliehenen Felder, sowie der Stand der Verleihungen überhaupt ersichtlich sind. Sie wird an den Königlichen Oberbergämtern hergestellt und aufbewahrt, jedoch befinden sich Auszüge aus derselben auf den Bergämtern, wo sie von jedermann eingesehen werden können.

Im Buchhandel sind mehrere Felderkarten erschienen, so z. B.: 1. Übersichtskarte der Steinkohlenbergwerke im Rheinisch-Westfälischen Industriebezirk 1 : 80 000 (Verlag der Koeppenschen Buchhandlung in Dortmund). 2. Karte des Felderbesitzes der wichtigeren Bergwerkseigentümer in Westfalen und am Niederrhein 1 : 160 000 (herausgegeben vom Bergbauverein in Essen). 3. Übersichtskarte der Niederrheinisch-Westfälischen Steinkohlenbergwerke 1 : 75 000 (als Beilage zum Jahrbuch für den Oberbergamtsbezirk Dortmund, Verlag von Baedeker in Essen).

Auch die im folgenden Abschnitt besprochenen Übersichtskarten enthalten alle verliehenen Felder.

118. Übersichtskarten. Zur Darstellung der Aufschlüsse und Lagerungsverhältnisse in einem größeren Bezirk werden Übersichtskarten, bestehend aus Hauptgrundrissen und Aufrissen, angefertigt. Solche Kartenwerke bestehen in fast allen Bergbaubezirken. Im Oberbergamtsbezirk Dortmund ist die in den Jahren 1879—1893 von der Westfälischen Berggewerkschaftskasse zu Bochum herausgegebene „Flözkarte des Westfälischen Steinkohlenbeckens", die aus 43 Blättern Grundrisse und 24 Profilblättern besteht, am bekanntesten geworden. Die im Maßstabe 1 : 10 000 angelegten Grundrisse enthalten außer der Tagesoberfläche alle Feldesgrenzen, Schächte und Bohrlöcher, ferner von den Grubenbauen jeder einzelnen Zeche die Aufschlüsse in einer oder mehreren Sohlen, während die Aufrisse im Maßstab 1 : 5000 die Aufschlüsse sämtlicher Sohlen zur Darstellung bringen.

Von diesem Kartenwerk ist zur Zeit eine Neuauflage in Vorbereitung und z. T. bereits erschienen.

Eine gedrängtere Übersicht als die genannten Flözkarten bieten die im Jahre 1887 in Dortmund erschienene „Flözkarte des Ruhrkohlenbeckens 1 : 50 000" (zusammengestellt von dem Geheimen Bergrat Runge und den Königl. Oberbergamtsmarkscheidern Jüttner, Finke, Haase und Hünnebeck), ferner die „Übersichtskarte des Niederrheinisch-Westfälischen Steinkohlenbeckens 1 : 50 000", im Jahre 1900 herausgegeben von der Westfälischen Berggewerkschaftskasse zu Bochum.

Erwähnt sei hier auch die im Zusammenhang mit der geologischen Aufnahme hergestellte Flözkarte 1 : 25 000 der Geologischen Landesanstalt, welche die Hauptflöze und Leitschichten enthält. In dem für den Oberbergamtsbezirk Dortmund in Betracht kommenden Gebiete sind bisher folgende Blätter erschienen: Dortmund, Hagen, Hohenlimburg, Hörde, Iserlohn, Kamen, Menden, Unna und Witten.

119. Geologische Karten. Die geologischen Verhältnisse werden in grundlegender Weise behandelt in der „Geologischen Karte von Preußen und benachbarten Bundesstaaten 1 : 25 000" nebst eingehenden Erläuterungen bearbeitet und herausgegeben von der Königl. Preußischen Geologischen Landesanstalt in Berlin. Ferner enthält der I. Band, „Geologie und Markscheidewesen, des (vergriffenen) „Sammelwerkes": „Die Entwicklung des Niederrheinisch-Westfälischen Steinkohlenbeckens in der 2. Hälfte des 19. Jahrhunderts" geognostische Übersichtskarten mit Profilen.

Von älteren, dasselbe Gebiet behandelnden Karten seien genannt: „Geognostische Karte des Niederrheinisch-Westfälischen Steinkohlenbeckens 1 : 52 000", bearbeitet nach Grubenbildern und örtlichen Ermittlungen von Markscheider Achepohl, ferner v. Dechen: „Geologische Karte der Rheinprovinz und Westfalen 1 : 80 000"; 1865.

120. Normalprofile. Die geologischen Verhältnisse der Steinkohlen-
ablagerung, insbesondere die Flözausbildung und die Leitschichten,
kommen in sehr deutlicher Weise in den Normalschnitten(-Profilen) zum

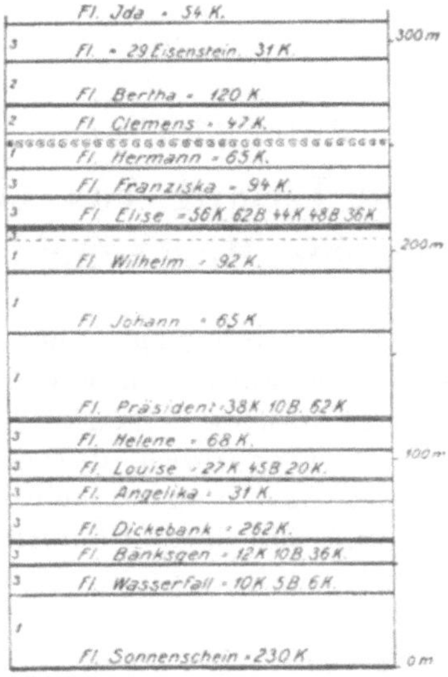

Fig. 162. Normalschnitt. Ungefährer Maßstab 1 : 5000.

Ausdruck. Unter einem Normalschnitt versteht man einen Schnitt
parallel zu der Ebene eines Flözes, aus dem die senkrechten (normalen)
Abstände der einzelnen Flöze und Schichten sowie deren Mächtigkeiten
unmittelbar abgelesen werden können (siehe die Fig. 162).

Besprechung und Lösung von einfachen Aufgaben aus der Markscheidekunde.

121. Streichen einer Gebirgsschicht und einer Störung bestimmen. Unter dem Streichen einer Gebirgsschicht oder einer Störung versteht man den Winkel, den eine parallel zum Hangenden oder Liegenden derselben verlaufende wagerechte Linie mit der magnetischen Nord-Südlinie bildet. Das Streichen wird mit einem Kompaß bestimmt. Es sind

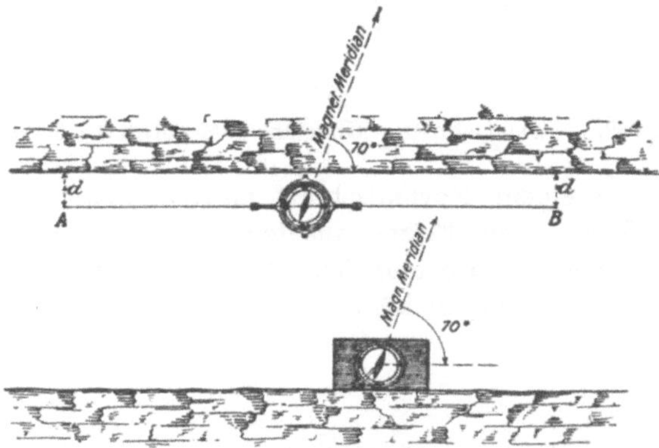

Fig. 163. Bestimmung des Streichens einer mit einer streichenden Strecke durchfahrenen Gebirgsschicht.

zwei Fälle zu unterscheiden, je nachdem das Hangende oder Liegende durch eine streichende Strecke bloßgelegt oder die Schicht querschlägig durchfahren ist. Den ersten Fall stellt die Figur 163 dar. Verwendet man den auf den Seiten 86 und 87 abgebildeten Hängekompaß, so muß man parallel zum Hangenden oder Liegenden eine Schnur oder Kette wagerecht ausspannen. Man erreicht dadurch, daß Anfangs- und Endpunkt der letztern in gleichen Abständen d vom Hangenden oder Liegenden gewählt werden (A und B in der Figur 163). Die Kette ist wagerecht, wenn A und B in gleicher Höhe liegen. In söhligen Strecken mißt man gleiche Höhen über der Sohle ab, in

Fig. 164. Bestimmung des Streichens eines querschlägig durchfahrenen Flözes.

Fig. 165. Bestimmung des Streichens und Einfallens einer Störung.

allen übrigen Fällen richtet man die Kette mit Hilfe des auf der Seite 28 dargestellten Gradbogens wagerecht. Bei flachem Einfallen der Gebirgsschichten muß die Linie, deren Streichen bestimmt werden soll, sehr genau wagerecht verlaufen, da bereits geringe Neigungen große Fehler des Streichwinkels hervorrufen.

Benutzt man bei der Ermittlung des Streichens statt des Markscheiderkompasses den hierfür besonders eingerichteten Geologen-Kompaß (Fig. 163 unten), so ist die Längskante seiner Platte wagerecht an das Hangende oder Liegende zu legen. Das Streichen der Schichten in der Figur 163 beträgt 70°.

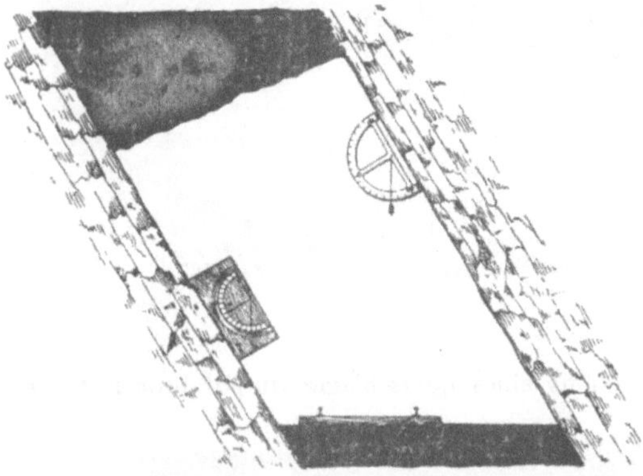

Die Figur 164 zeigt die Bestimmung des Streichens eines querschlägig durchfahrenen Flözes. In derselben liegen die Punkte A und B in gleicher Höhe über der Sohle, so daß die Linie A B parallel zu der in der Sohle des Querschlages verlaufenden Streichlinie CD des Flözes ist.

Fig. 166. Bestimmung des Fallwinkels eines Flözes.

Die Fig. 165 stellt dasselbe Verfahren bei der Ermittlung des Streichen einer durchfahrenen Störung dar. Links in der Figur ist ferner eine in der Fallrichtung des Sprunges ausgespannte Kette zu sehen, an der mit Hilfe eines Gradbogens der Fallwinkel abgenommen wird.

122. Das Fallen einer Gebirgsschicht und einer Störung bestimmen. Die Fallrichtung einer Gebirgsschicht oder Störung verläuft senkrecht zu ihrem Streichen. Z. B. kann ein Flöz, das ostwestlich streicht, nach Norden oder Süden einfallen. Die Himmelsrichtung muß also immer besonders angegeben werden. Unter dem Fallwinkel versteht man den Neigungswinkel der Schicht oder Störung gegen eine wagerechte Ebene. Man bestimmt den Fallwinkel oder kurz das „Fallen" mit Hilfe eines Gradbogens, indem man die Haken des letztern unter das Hangende der Schicht hält und zwar senkrecht zum Streichen, d. h. in der Richtung des größten Einfallens. Diese Richtung erhält man in einfacher Weise durch Versuche, indem man die Hakenlinie so lange seitwärts schwenkt, bis am Lotfaden der größte Fallwinkel erscheint. In der Figur 166 ist außer dem oben genannten Gradbogen auf dem

Liegenden des Flözes eine einfache Setzwage zu sehen, an welcher der Fallwinkel ebenfalls abgelesen werden kann; er beträgt in der Figur 60°. Auch der Geologenkompaß besitzt eine Vorrichtung zur Messung des Fallwinkels; sie besteht aus einem mit einer Spitze versehenen Pendel, das sich über einer Gradteilung einstellt, wenn die Platte des Kompasses in die Ebene der Fallrichtung gekantet wird. Endlich läßt sich der Fallwinkel auch ohne einen Gradbogen mittels eines Metermaßes bestimmen. Zu diesem Zwecke braucht man nur ein Falldreieck zu entwerfen und in diesem zwei Seiten zu messen. **Ein Falldreieck ist jedes in der Einfallebene liegende rechtwinklige Dreieck, dessen Schräge mit dem Hangenden oder Liegenden der Schicht zusammenfällt oder parallel dazu gerichtet ist.** Sind z. B. P und Q in der Figur 167 zwei in der Fallrichtung des Hangenden liegende Punkte, so ist P Q R ein Falldreieck mit dem Fallwinkel α. Ebenso ist $P_1 Q_1 R_1$ das entsprechende Falldreieck auf dem Liegenden.

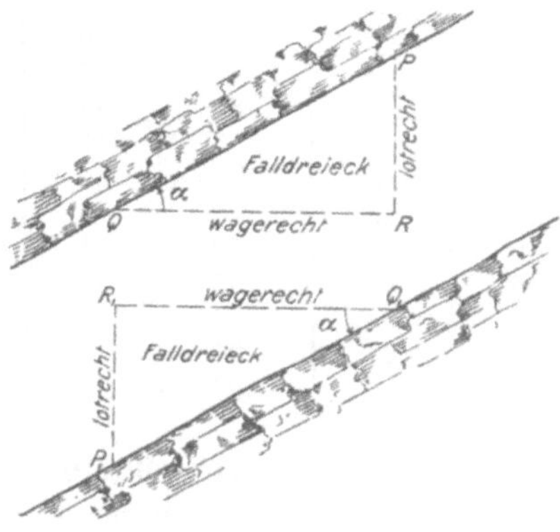

Fig. 167. Falldreiecke.

Ein Falldreieck läßt sich in folgender einfachen Weise entwerfen. Nachdem man die Fallrichtung bestimmt hat, was häufig nach Augenmaß genügt, hält man den Meterstock unter das Hangende, bezeichnet die Enden mit Kreidepunkten, hält darauf den Meterstock in Q wagerecht, lotet den Punkt P herunter und mißt die Länge der Lotrechten P R oder der Wagerechten Q R. Im ersteren Falle erhält man den Fallwinkel α aus der Beziehung

$$\sin \alpha = \frac{P R}{P Q}, \text{ im letztern aus}$$

$$\cos \alpha = \frac{Q R}{P Q}.$$

Ist z. B. P Q = 100 cm gemacht und P R zu 50 cm gemessen worden, so ist $\sin \alpha = \dfrac{50}{100} = 0{,}50$ und $\alpha = 30°$. Wurde statt P R die Wagerechte Q R = 87 cm gemessen, so ist $\cos \alpha = \dfrac{87}{100} = 0{,}87$ und α ebenfalls $= 30°$.

Die folgende Zahlentafel enthält alle Fallwinkel für die Schräge 100 cm und die Seitenlängen von 5 zu 5 cm. Man ersieht aus ihr, daß das Verfahren in sehr flacher und sehr steiler Lagerung unsicher wird. Im übrigen hängt seine Zuverlässigkeit von der Genauigkeit ab, mit der die Wagerechte und Lotrechte bestimmt und die Seiten des Falldreiecks gemessen werden. Für die meisten Bedürfnisse genügt das Verfahren jedoch, so daß die nachstehende Zahlentafel benutzt werden kann.

Zahlentafel der Fallwinkel für eine Schräge von 100 cm und lotrechte und wagerechte Seiten von 5 zu 5 cm
(vgl. hierzu die Figur 167).

Lotrechte Seite in cm	Fallwinkel α^0	Lotrechte Seite in cm	Fallwinkel α^0	Wagerechte Seite in cm	Fallwinkel α^0	Wagerechte Seite in cm	Fallwinkel α^0
0	0	50	30	0	90	50	60
5	3	55	33	5	87	55	57
10	6	60	37	10	84	60	53
15	9	65	41	15	81	65	49
20	12	70	45	20	78	70	45
25	15	75	49	25	75	75	41
30	18	80	53	30	72	80	37
35	21	85	58	35	69	85	32
40	24	90	64	40	66	90	26
45	27	95	72	45	63	95	18
		100	90			100	0

123. Die Mächtigkeit einer Gebirgsschicht bestimmen. Unter der Mächtigkeit einer Gebirgsschicht versteht man den senkrecht zum Einfallen gemessenen Abstand vom Hangenden zum Liegenden. Bei dünnen Schichten oder Flözen, die querschlägig oder streichend durchfahren sind, läßt sich die Mächtigkeit unmittelbar messen. Um Verwechslungen bei unreinen Lagerstätten vorzubeugen, mißt man immer vom Hangenden zum Liegenden. Wenn also z. B. das Flöz Präsident (Fig. 162) eine Oberbank von 38 cm Kohle, ein Bergemittel von 10 cm und eine Unterbank von 62 cm Kohle hat, so schreibt man:

Fl. Präsident = 38 K. 20 B. 62 K.

Läßt sich der Abstand vom Hangenden zum Liegenden (senkrecht zum Einfallen!) nicht unmittelbar messen, was bei mächtigen querschlägig durchfahrenen oder mit Bohrlöchern durchsunkenen Schichten der Fall ist, so ergibt sich die Mächtigkeit aus der söhligen oder seigeren Entfernung zwischen dem Hangenden und Liegenden und dem Fallwinkel der Schicht (Fig. 168). Bezeichnet α den Fallwinkel, s die söhlige, t die seigere Entfernung und m die Mächtigkeit, so bestehen die Gleichungen:

$$1) \quad m = s \cdot \sin \alpha$$

$$2) \quad m = t \cdot \cos \alpha$$

Wenn beispielsweise s = 9,00 m, t = 5,20 m und α = 30,0⁰ gemessen sind, so ergibt sich in beiden Fällen m = 4,50 m.

124. Die Aufnahme eines geologischen Aufrisses (Profiles) (Gebirgsschichtenaufnahme). Die Aufnahme und zeichnerische Darstellung durchfahrener oder durchteufter Gebirgsschichten ist von großer Bedeutung, namentlich, wenn es sich um Aufschlüsse in bisher unverritzten Feldesteilen handelt. Die erhaltenen Profile bilden dann zusammen mit den Beobachtungen über Streichen und Mächtigkeiten der Schichten, insbesondere der Lagerstätten, die Grundlage für alle weiteren Aus- und Vorrichtungspläne. Zur Klarstellung aller Einzelheiten der Lagerungsverhältnisse, insbesondere zur Bestimmung der geologischen Schichten,

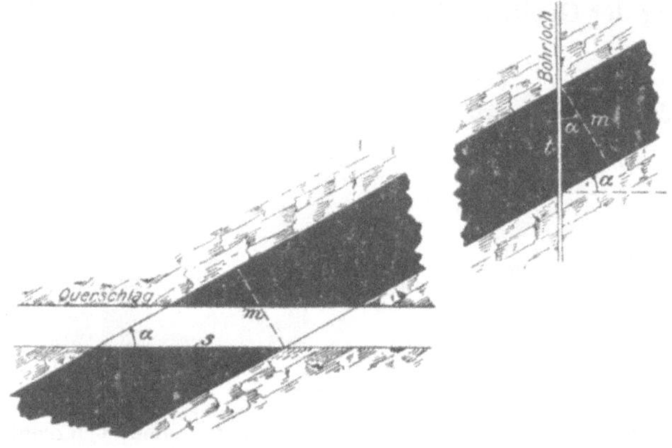

Fig. 168.
Mächtigkeit eines querschlägig und eines seiger durchfahrenen Flözes.

in denen die Aufschlüsse gemacht wurden, sind gesteinkundliche und chemische Untersuchungen erforderlich, deren Besprechung über den Rahmen dieses Buches hinausgeht. Es soll hier nur die Art der genauen markscheiderischen Aufnahme eines Querschlag- und Schachtprofiles besprochen werden.

Man gebraucht dazu folgende Hilfsmittel: Ein Stahlmeßband und eine Meßkette sowie einen Zollstock, ferner einen Kompaß und einen Gradbogen (Hängezeug oder Geologenkompaß). Das durch die Figur 169 erläuterte Verfahren bei der Aufnahme eines Querschlagprofiles ist folgendes: Von dem Anfangspunkte des Querschlages oder von einem bereits vorhandenen Theodolitpunkte (A in der Figur) aus wird das Meßband an einem Stoß entlang auf der Sohle ausgespannt. An diesem liest man nacheinander die Schnittpunkte der Grenzflächen zwischen zwei Gebirgsschichten ab, z. B. 0,7 und

2,6 m im Hangenden und Liegenden von Flöz 17. Bei Gestein-schichten und Störungen verfährt man in derselben Weise. Streichen und Fallen der Schichten sowie die Mächtigkeiten der Flöze werden in der in den Absätzen 121—123 besprochenen Weise gemessen und in eine Handzeichnung eingetragen. Letztere besteht immer aus einem Aufriß und einem Grundriß, von dem ersterer vorwiegend die Angabe der Mächtigkeiten und die Bezeichnung der Gebirgsschichten enthält, während im Grundriß die Streich- und Fallwinkel eingetragen werden. In der Figur 169 sind für Sandstein und Schiefer die Abkürzungen S. und Sch. angewendet worden. Sandschiefer würde dementsprechend mit S.Sch. oder S.S. zu bezeichnen sein, jedoch macht die sichere Er-kennung dieser Übergangsschicht zuweilen Schwierigkeiten. (Über die Bezeichnung der Gebirgsschichten mit Zahlen siehe Absatz 109, S. 164.)

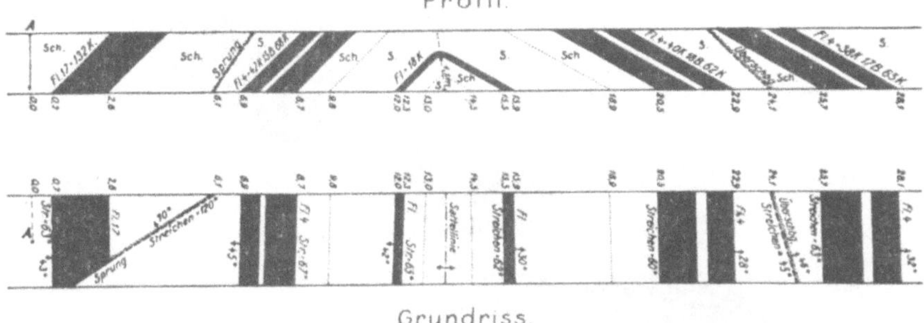

Fig. 169. Aufnahme der Gebirgsschichten in einem Querschlage; oben Aufriß, unten Grundriß.

In den Fällen stark gestörten Gebirges kann es sich empfehlen, beide Stöße des Querschlages genau aufzunehmen. Bei grobklötzigem Sandstein ist besondere Vorsicht geboten, damit dem Sandstein eigene Schnitte nicht als Störungen angesprochen werden.

Schachtaufrisse werden in ähnlicher Weise aufgenommen wie Quer-schlagaufrisse, indem man von der Rasenhängebank aus die Teufen bis zu den höchsten Punkten der einzelnen Schichten am Schachtstoß oder in der Schachtmitte mißt. Streichen, Fallen und Mächtigkeiten werden nach dem im Absatz 123 besprochenen Verfahren bestimmt.

125. Eine Kohlenberechnung anfertigen. Die in einem bestimmten Flöz anstehende oder bereits abgebaute Kohlenmenge läßt sich aus der streichenden Länge, der flachen Bauhöhe und der Mächtigkeit des Flözes berechnen. Streichende Länge und Mächtigkeit sind meist be-kannt oder können aus dem Grundriß des Grubenbildes entnommen werden. Ist ein Querschnitt vorhanden, so gibt dieser auch unmittelbar die flache Bauhöhe an, vorausgesetzt, daß die Schnittebene den Grundriß ungefähr an der Stelle rechtwinklig schneidet, an der die Kohlenberechnung ausgeführt werden soll. In allen anderen Fällen, insbesondere auch bei unregelmäßigem Einfallen, müssen zur Ermittlung der flachen Bauhöhe neue Aufrisse entworfen werden.

Die Figur 170 zeigt den einfachsten Fall einer solchen Schnittzeichnung; aus ihr erhält man die flache Bauhöhe zu rd. 175 m. Da ferner die streichende Länge 300 m, die Mächtigkeit 1,20 m betragen, so ergibt sich zwischen den beiden Sohlenstrecken und den Querschlägen eine anstehende Kohlenmenge von 200 × 175 × 1,20 = 63 000 cbm.

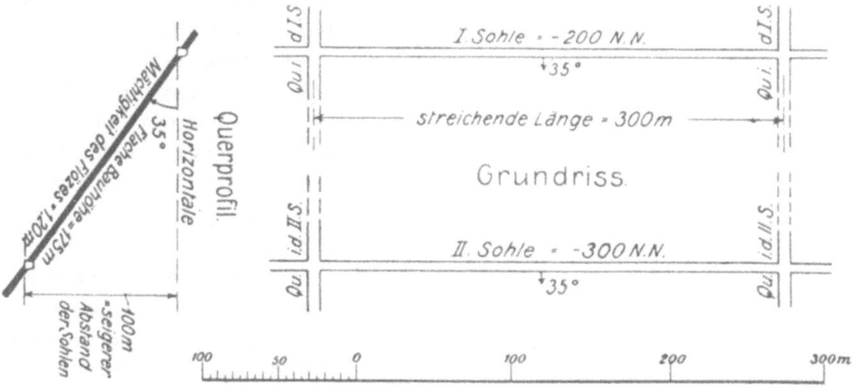

Fig. 170. Zum Beispiel einer Kohlenberechnung.

Bei regelmäßigem Einfallen, wie in der Figur 170, ist die Schnittzeichnung nicht erforderlich, wenn man den söhligen Abstand zwischen den beiden Sohlenstrecken durch den Kosinus oder den Teufenunterschied durch den Sinus des Fallwinkels teilt.

Fallwinkel °	Die flache Bauhöhe ist größer als der		Fallwinkel °	Die flache Bauhöhe ist größer als der	
	söhlige Abstand	seigere Abstand		söhlige Abstand	seigere Abstand
0	1,00 mal	∞ mal	50	1,56 mal	1,31 mal
5	1,00 „	11,47 „	55	1,74 „	1,22 „
10	1,02 „	5,76 „	60	2,00 „	1,15 „
15	1,03 „	3,86 „	65	2,36 „	1,10 „
20	1,06 „	2,92 „	70	2,92 „	1,06 „
25	1,10 „	2,36 „	75	3,86 „	1,03 „
30	1,15 „	2,00 „	80	5,76 „	1,02 „
35	1,22 „	1,74 „	85	11,47 „	1,00 „
40	1,31 „	1,56 „	90	∞ „	1,00 „
45	1,41 „	1,41 „			

In flacher Lagerung, etwa bis 10°, kann die flache Bauhöhe praktisch gleich der söhligen Entfernung zwischen der oberen und unteren

Strecke angenommen werden, ohne daß man einen großen Fehler begeht. Der Unterschied beträgt nur $1\frac{1}{2}\%$. Ebenso ist bei sehr steiler Lagerung, etwa von 80^0 an, die flache Bauhöhe praktisch gleich dem seigeren Abstand der streichenden Strecken zu setzen. Die vorstehende Zahlentafel enthält für Fallwinkel von 5^0 zu 5^0 die Zahlen, mit denen die söhligen und seigeren Abstände vervielfältigt werden müssen, um die flache Bauhöhe zu erhalten.

126. Eine Stunde hängen (mit dem Kompaß). Unter Stundehängen versteht man die Angabe der Richtung, in der eine Strecke aufgefahren werden soll. Der Ausdruck Stunde stammt aus früherer Zeit, wo der Kompaß in Stunden statt in Grade geteilt war (vgl. die Seite 89). Das Verfahren wird an der Figur 171 erläutert. Auf dem Grubenbild seien der Anfangspunkt A und der Endpunkt C eines geplanten Überhauens durch ihre Entfernungen 20 m und 15 m von den Querschlägen in der untern und oberen Sohle gegeben. Es soll in der Grube die Richtung oder Stunde des Überhauens angegeben werden.

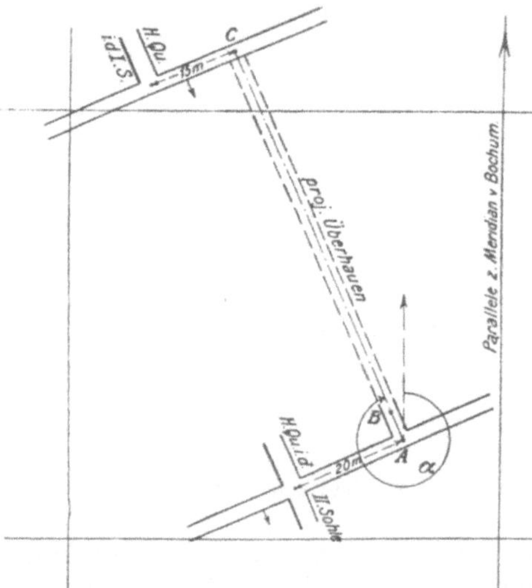

Fig. 171.
Abnahme einer Stunde vom Grubenbild.

Zur Lösung dieser häufig vorkommenden Aufgabe zieht man auf dem Grubenbild zunächst in Blei die gerade Verbindungslinie der Punkte A und C, ferner durch A die Parallele zu den von Süden nach Norden verlaufenden Netzlinien. Darauf ermittelt man mit einer Gradscheibe den Winkel, den die Verbindungslinie AC, d. i. die Achse des Überhauens, mit der Parallelen bildet. Dieser Winkel ist immer rechts herum zu zählen. Er heißt der Richtungswinkel oder schlechtweg auch der Nordwinkel des Überhauens. Um hieraus die Stunde abzuleiten, die man in der Grube mit dem Kompaß angeben will, muß man die magnetische Abweichung hinzuzählen. Ist der auf dem Grubenbild abgenommene Winkel beispielsweise gleich $337,2^0$ und beträgt die Abweichung $11,6^0$, so ist die Stunde oder das Streichen gleich $337,2 + 11,6 = 348,8^0$.

Wird zur Abnahme der Stunde vom Grubenbild der Kompaß in der Zulegeplatte benutzt, was jedoch nur in eisenfreien Gebäuden zu richtigen Ergebnissen führen kann, so stellt der erhaltene Winkel unmittelbar das Streichen dar. In diesem Falle braucht also die magnetische Abweichung nicht mehr zugezählt zu werden. Jedoch ist zu beachten, daß die Zeichnung vor der Abnahme des Streichwinkels nach magnetisch Norden gerichtet werden muß (Seite 108).

Das auf dem Grubenbild ermittelte oder sonst gegebene Streichen wird nebst einer Handzeichnung in das Beobachtungsbuch eingetragen. Darauf begibt man sich in die Grube und mißt vom Querschlag aus 20 m bis zum Punkte A ab. In diesem Punkte wird ein Ringeisen oder Nagel in der Firste an der Kappe oder in einem Pflock befestigt, die Kette angehängt und in der ungefähren Richtung des neuen Überhauens einige Meter weit ausgespannt. Hierauf hängt man den Kompaß an die Kette und zwar mit „Norden voraus", löst die Feststellvorrichtung der Nadel und läßt das vordere Ende der Kette solange seitwärts bewegen, bis an der (blauen) Nordspitze der Nadel das gesuchte Streichen erscheint, im obigen Beispiel also 348,8°. Nachdem der Kompaß abgehängt worden ist, befestigt man lotrecht über dem Endpunkte B der Kette ebenfalls ein Ringeisen oder einen Nagel und zwar zunächst nur lose, läßt die Kette anhalten und beobachtet das Streichen von neuem. Erscheint die gewünschte Ablesung noch nicht, so wird der Punkt B vorsichtig seitwärts geschlagen, bis die Nadel das richtige Streichen angibt. Hierauf kann das Ringeisen oder der Nagel in B festgeschlagen werden. In den Punkten A und B werden Schnüre befestigt und mit Loten oder Steinen beschwert. Damit ist die Stunde gehängt.

Der Abstand der Punkte A und B soll etwa 3—4 m betragen, das Überhauen muß also vor dem endgültigen Hängen der Stunde einige Meter weit ausgesetzt sein.

Beim Hängen einer Stunde ist wie bei jeder Kompaßmessung besonders darauf zu achten, daß die Magnetnadel nicht durch Eisen oder elektrische Ströme abgelenkt wird. Man muß also zunächst alle Eisenteile, wie Messer, Schlüssel, Riemenschnallen (der Beschlag der Schuhe schadet nicht, falls die Füße wenigstens $\frac{1}{2}$ m vom Kompaß entfernt bleiben) u. dgl. ablegen, ferner eine eisenfreie Lampe mitnehmen und endlich Förderwagen, eiserne Platten, Schienen, Rohre, eiserne Gezähe usw. einige Meter weit entfernen. Über die Größe der Ablenkung durch Förderwagen und Schienen sind auf den Seiten 102—105 Mitteilungen gemacht worden, ebenso über den Einfluß von elektrischen Strömen. Im allgemeinen soll man danach streben, von größeren Eisenmassen, wie Förderwagen, eisernen Kappen, Stempeln und Platten 5 m abzubleiben. Eine etwaige Beeinflussung der Magnetnadel stellt man aber allemal dadurch fest, daß man den Kompaß an verschiedenen Stellen der Kette, also in verschiedenen Entfernungen von den ablenkenden Gegenständen, anhängt; die Ablesungen müssen übereinstimmen.

127. Das Auffahren nach einer Stunde. Zur Prüfung, ob eine Strecke nach der angegebenen Stunde aufgefahren worden ist, stellt man sich ungefähr $1/_2$ m vor dem ersten Lote auf, läßt die Schnur des zweiten Lotes von der Seite her beleuchten, wobei die betreffende Lampe nach dem Beobachter hin abgeblendet wird, und sieht zu, ob eine in der Mitte des Ortsstoßes gehaltene Lampe sich in der Verlängerung der Stunde befindet (siehe Fig. 172). Ist das nicht der Fall, so muß die Strecke entsprechend geschwenkt werden, was in den meisten Fällen

Fig. 172. Einhalten der Stunde.

allmählich geschehen kann, so daß kein Knick entsteht. Wenn die Stunde statt in der Mitte näher an einem Stoß hängt, so muß auch die Lampe vor Ort in derselben Entfernung vom Stoß gehalten werden.

Von Zeit zu Zeit ist die Stunde weiterzutragen oder vorzuhängen, weil entweder die Zielungen undeutlich werden oder das Einfallen sich ändert, so daß der Ortsstoß nicht mehr zu sehen ist. Das Verfahren beim Vorhängen einer Stunde wird durch die Figur 173 erläutert. A B sei die ursprüngliche, CD die weitergetragene Stunde. Die Punkte C und D sollen also in der Verlängerung von AB liegen (Fig. 173 oben). Man richtet zunächst den Punkt C ein (Fig. 173 mitten), indem man sich vor A aufstellt, an den in A und B hängenden Lotschnüren vorbeisieht und eine bei C gehaltene Lampe mit diesen zur Deckung bringt. Darauf befestigt man den Punkt C, hängt ein Lot hinein, nimmt das

Lot in B weg und richtet den Punkt D rückwärts in die Verlängerung von AC ein (Fig. 173 unten). In D wird dann ebenfalls ein Lot aufgehängt, womit die Stunde von AB nach CD weitergetragen ist.

Wenn ein Punkt der Stunde zerstört worden ist, so läßt sich derselbe in vielen Fällen mit genügender Genauigkeit durch Einrichten in die Achse der Strecke wiederherstellen, falls die letztere bereits genügend weit aufgefahren ist. Bei wichtigen Auffahrungen, z. B. bei Durchschlagsstrecken, ist jedoch eine neue Angabe der Stunde erforderlich; in solchen Fällen ist die Stunde auch von Zeit zu Zeit nachzuprüfen.

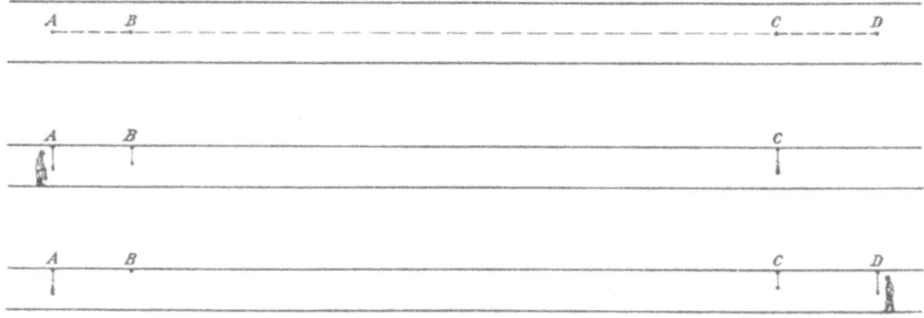

Fig. 173. Vorhängen einer Stunde.

128. Eine Durchschlagsrichtung mit dem Kompaß angeben. Die Angabe einer Durchschlagsrichtung mit dem Kompaß deckt sich im allgemeinen mit dem im Absatz 126 besprochenen Stundenhängen. So kann z. B. die Figur 171 auch zur Erläuterung einer Durchschlagsangabe dienen. Dort sind die Punkte A und C auf dem Grubenbild gegeben, so daß nur die Stunde abgenommen und in die Grube übertragen werden muß. Fehlen jedoch die zeichnerischen Unterlagen noch und sind Anfangs- und Endpunkt der Durchschlagsstrecke nur in der Grube gegeben, so müssen diese beiden Punkte erst durch einen Kompaßzug miteinander verbunden werden. Aus der zeichnerischen Darstellung des letzteren läßt sich dann das Streichen der Verbindungslinie der beiden Punkte bzw. die Stunde der geplanten Strecke in der im Absatz 126 besprochenen Weise ableiten. Die Länge der aufzufahrenden Strecke ergibt sich für söhlige Strecken unmittelbar aus dem Grundriß, bei Überhauen ist die söhlige Länge durch den Kosinus des Neigungswinkels zu teilen (vgl. hierzu auch die Zahlentafel auf der Seite 179). Über die Ausführung und Zulage eines Kompaßzuges ist in den Absätzen 63—64 und 71—75 das Erforderliche gesagt worden.

129. Einen Bremsberg einwägen und das Einfallen ausgleichen. Bremsbergeinwägungen werden durchweg mit Gradbogen und Kette ausgeführt; bei genauen Messungen verwendet man statt der Kette

Hanfschnüre, die sich fester anspannen lassen, und mißt die Längen mit der Kette oder mit einem Meßband. Das Verfahren sei an der Figur 174 erläutert. Zwischen der Grundstrecke und Ort 6, der Teilstrecke, ist ein einfaches Überhauen hochgebracht worden, das nachträglich zu einem Bremsberg erweitert und ausgebaut werden soll. Da die lichte Höhe nicht ausreicht und außerdem das Einfallen unregelmäßig ist, so muß Nebengestein nachgerissen werden. Zur Angabe der Schienenlinie ist eine genaue Aufnahme des Liegenden und Hangenden oder mit anderen Worten ein Längsschnitt erforderlich. Man führt zu diesem Zwecke von der Sohle der Grundstrecke bis zur Sohle der Teilstrecke

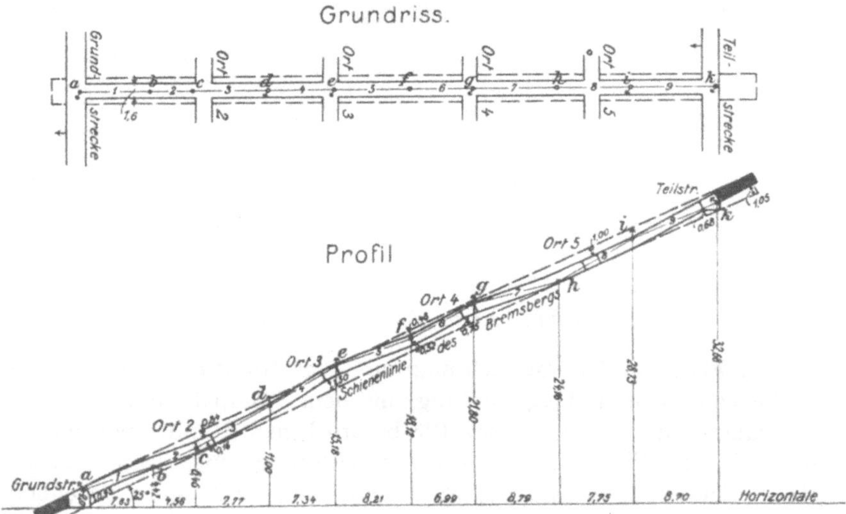

Fig. 174. Einwägung eines Bremsberges und Ausgleichung des Einfallens.

eine Gradbogeneinwägung aus, bei der die Endpunkte der einzelnen Züge in der Mitte des Überhauens und zur Vereinfachung der Schnittzeichnung möglichst am Hangenden oder Liegenden gewählt werden.

Wenn die einzelnen Züge durch die Mitte des Überhauens gehen, so können die Neigungswinkel unmittelbar mit der Gradscheibe in den Aufriß eingetragen und die flachen Längen der Züge mit Zirkel und Maßstab abgestochen werden. Die Zulage erfolgt in großem Maßstabe, etwa in 1 : 200 bis 1 : 500, aber nie auf dem Grubenbild, weil der Maßstab 1 : 2000 zu klein ist und das Grubenbild unter der Zulage sehr leiden würde. Am leichtesten ist die Zeichnung auf Millimeterpapier.

Wird außer dem Gradbogen auch ein Kompaß benutzt, so können die Endpunkte der Züge beliebig rechts, links oder mitten im Überhauen liegen. Die grundrißliche Zulage erfolgt dann in der in den Absätzen 71—75 besprochenen Weise. Für die Profilzeichnung müssen in diesem Falle die Sohlen und Seigerteufen berechnet werden, jedoch empfiehlt sich letzteres zur Nachprüfung auch dann, wenn alle Punkte in der Mitte des Überhauens liegen.

Die nachstehende Zahlentafel enthält die Beobachtungen und Berechnungen, die den Darstellungen der Figur 174 zugrunde liegen.

Beispiel einer Bremsbergeinwägung.
(Vgl. hierzu die Figur 174.)

1	2	3	4				5	6		7	8	9	10
Punkt	Zug Nr.	Gemessene flache Länge m	Ablesung am Gradbogen = Neigungswinkel + 0	+ 1/10°	− 0	− 1/10°	Berechnete Sohle m	Berechnete Seigerteufe m +	−	Höhe des Punktes über der Sohle der Grundstrecke m	Gemessener Abstand des Punktes von der Sohle des Überhauens m	Gemessener Abstand des Punktes von der Firste des Überhauens m	Punkt
a										2 00	1 10	0 20	a
	1	8 00	17	6			7 63	2 42					
b										4 42	0 20	1 05	b
	2	5 00	24	1			4 56	2 04					
c										6 46	0 45	0 65	c
	3	9 00	30	3			7 77	4 54					
d										11 00	0 90	0 20	d
	4	8 45	29	7			7 34	4 18					
e										15 18	0 95	0 21	e
	5	8 72	19	7			8 21	2 94					
f										18 12	0 83	0 38	f
	6	7 90	27	8			6 99	3 68					
g										21 80	1 10	0 15	g
	7	9 10	15	0			8 79	2 36					
h										24 16	0 22	1 00	h
	8	9 00	30	5			7 75	4 57					
i										28 73	1 00	0 23	i
	9	9 55	24	4			8 70	3 95					
k										32 68	0 21	1 00	k

Die Darstellung des Grundrisses und Aufrisses in der Figur 174 geht in folgender Weise vor sich: Für den Grundriß nimmt man den Punkt a beliebig an, zieht durch ihn eine gerade Linie parallel zum oberen Papierrand und trägt auf derselben die berechneten Sohlen der einzelnen Züge ab (Spalte 5 des Beispiels). Auf diese Weise erhält man die Lage der Punkte b, c ... k. Ebenso werden auf Grund der während der Messung in der Grube angefertigten Handzeichnung die Stöße des Überhauens und die Mündungen der Strecken und Örter aufgetragen. In der Figur 174 ist angenommen worden, daß das Überhauen gerade aufgefahren ist; wenn dies nicht der Fall ist, so müssen auch die Streichwinkel der einzelnen Züge gemessen und aufgetragen werden. Bei der Aufrißzeichnung zieht man zunächst eine gerade Linie, die Wagerechte, parallel zur grundrißlichen Achse des Überhauens und nimmt auf ihr den Punkt a in gleicher Entfernung vom linken Papierrand an, wie oben im Grundriß. Von a aus werden die berechneten Sohlen wie im Grundriß aufgetragen. In den Endpunkten derselben errichtet man Senkrechten auf der Wagerechten und macht sie gleich den in der Spalte 7 des Beispiels berechneten Höhen der Punkte a, b, c ... k, deren Lage im Schnitt auf diese Weise erhalten wird. Eine Prüfung der Berechnung und zeichnerischen Zulage (nicht der Messung!) erhält man durch den Vergleich der Längen der Verbindungslinien der Punkte im Aufriß mit den gemessenen flachen Längen (Spalte 3).

Von den einzelnen Punkten aus sticht man nun deren Abstände vom Liegenden und Hangenden (Spalten 8 und 9) ab, verbindet die entsprechenden Punkte und erhält auf diese Weise die Begrenzungslinien des Überhauens im Aufriß. Auf Grund der Handzeichnung werden sodann auch die Strecken und Örter eingetragen. Damit ist die zeichnerische Darstellung der Messungen beendigt. Es sei nur noch bemerkt, daß im Grundriß und Aufriß die söhligen Abstände untereinander übereinstimmen müssen.

Die weitere Aufgabe besteht nun darin, die Schienenlinie des geplanten Bremsberges zwischen der Grund- und Teilstrecke so zu ziehen, daß ihre Neigung möglichst gleichmäßig ist und möglichst wenig Nebengestein angegriffen wird. In der Figur 174 ist die Schienenlinie von unten bis oben mit einem gleichmäßigen Einfallen von 25° durchgezogen worden, wobei sich eine gute Anlehnung an das vorhandene Überhauen ergibt. Es kommen jedoch Fälle vor, in denen es notwendig ist, die Schienenlinie zu krümmen oder zu knicken, um aus dem Liegenden oder Hangenden heraus zu kommen. Inwieweit dies ohne erhebliche Gefährdung einer flotten Förderung und ohne starke Abnutzung des aufliegenden Seiles durch Reibung möglich ist, muß von Fall zu Fall entschieden werden. Bei sehr ungleichmäßigem Einfallen infolge Aufrichtung der Schichten ist es unter Umständen zweckmäßig, den Bremsberg abzusetzen.

Nachdem die Entscheidung über den Verlauf der Schienenlinie und die lichte Höhe des Bremsberges gefallen ist, greift man aus dem Profil mit Zirkel und Maßstab die Abstände des neuen Liegenden und Hangenden von dem Liegenden und Hangenden des Überhauens an mehreren Stellen, vorwiegend an den Örtern, ab und erhält auf diese Weise die Unterlagen für das notwendige Nachreißen des Nebengesteins. In dem Beispiel der Figur 174 ist bei Ort 2 vom Hangenden 0,84 m, bei Ort 3 vom Liegenden 1,50 m nachzureißen usw.

Beim Auffahren des Bremsberges ist den Schienen eine Neigung von 25⁰ zu geben. Man benutzt dabei die in der Figur 166 unten abgebildete Setzwage, den Neigungsmesser (Seite 38) oder die Gradwage (Seite 27).

130. Das Fördergestänge nach einem gegebenen Ansteigeverhältnis richten. Beim Legen des Fördergestänges benutzt man eine auf das geforderte Ansteigen zugeschnittene Latte, die in der Längsrichtung auf die Schienen gesetzt und mit einer Blei- oder Wasserwage wagerecht gerichtet wird (siehe Seite 29). Soll die Strecke z. B. im Verhältnis 1 : 400 ansteigen und verwendet man eine 2 m lange Latte, so ist das eine Kopfende derselben $\frac{2000}{400} = 5\,\mathrm{mm}$ breiter als das andere zu schneiden. Das schmale Ende wird in die Richtung des Ansteigens gelegt.

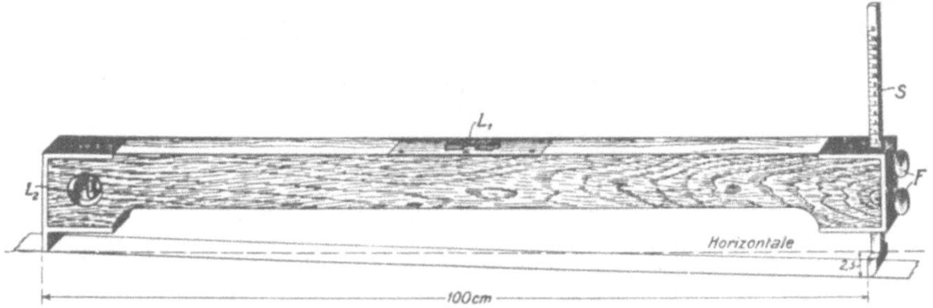

Fig. 175. Gefällwasserwage zum Richten von Fördergestängen usw.

In der Figur 175 ist eine in der Grube bisher wenig benutzte Gefällwasserwage dargestellt, durch die mittels eines verstellbaren Schiebers S jedes beliebige Gefälle oder Ansteigen eingestellt oder ermittelt werden kann. Ist die Wage z. B. 1 m lang und soll die Schiene im Verhältnis 1 : 400 ansteigen, so wird der Schieber auf den Teilstrich $\frac{1000}{400} = 2{,}5\,\mathrm{mm}$ eingestellt und mittels der Flügelschrauben F festgeklemmt. Darauf hebt oder senkt man die Schiene vorn solange, bis die Libelle L_1 einspielt. Bei söhliger Verlegung der Schienen wird der Schieber bis auf den Nullstrich hereingeschoben. Die ausgehöhlte Form der Latte gestattet die Wage auch über Erhöhungen, z. B. Muffen und Flanschen bei Rohrleitungen, hinwegzusetzen. Ferner läßt sie sich infolge der Anordnung einer zweiten Libelle L_2 (wie bei der Richtlatte, Seite 26) auch in aufrechter Stellung zum Lotrechtstellen oder Neigen von Gegenständen verwenden.

Ein weiterer Vorteil ist der, daß man mit ihr auch das Gefälle abnehmen kann. Zu diesem Zwecke setzt man die Wage auf eine Schiene, löst die Flügelschrauben F, verstellt den Schieber so lange, bis die Libelle L_1 einspielt, klemmt die Schrauben fest und liest dann ab. Setzt man dieses Verfahren fort, indem man die Wage aufnimmt und vorsetzt, wobei das linke Ende an die Stelle des rechten, zweckmäßig durch einen Kreidestrich bezeichneten Endes kommt, so erhält man eine Längeneinwägung der Strecke, die auch als Unterlage für die im folgenden Absatz besprochene Ausgleichung der Sohle benutzt werden kann.

Die Figur 176a stellt eine andere Ausführung der Gefäll-Wasserwage dar, bei der statt eines verstellbaren Schiebers eine bewegliche Libelle L angebracht ist. Die Libelle läßt sich mittels der Schraube S und einer Zahnstange um die Achse D drehen, wobei der Zeiger auf

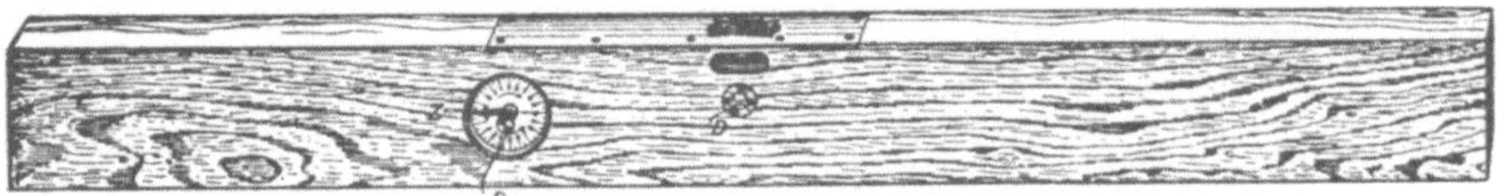

Fig. 176a.   Gefällwasserwage.

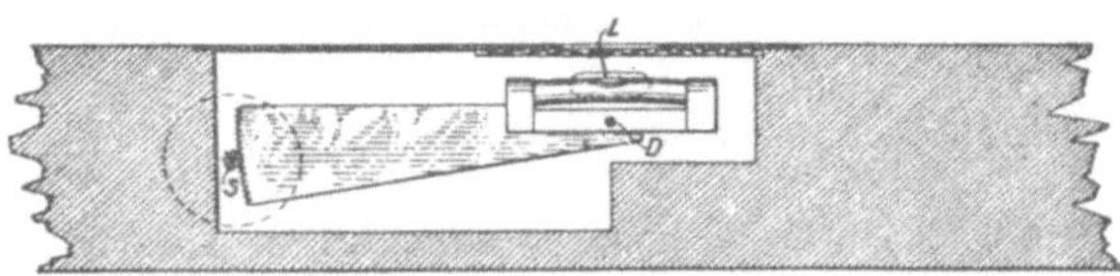

Fig. 176b.   Anordnung der drehbaren Libelle bei der Gefällwasserwage.

einem Zifferblatt weiterwandert. Stellt man den Zeiger auf 0, so liegt die Unterkante der Wage bei einspielender Libelle wagerecht oder söhlig. Einer Drehung um einen Teilstrich rechts oder links herum entspricht ein Steigen oder Fallen der Unterlage um 1 mm auf die Länge der Wage. Soll z. B. mit einer 2 m langen Wage ein Ansteigen von 1 : 400 angegeben werden, so setzt man sie so auf, daß das Zifferblatt in der Richtung der Messung liegt, dreht den Zeiger rechts herum auf den Teilstrich $5 \left(= \dfrac{2000}{400} \right)$ und hebt oder senkt die Schiene so lange, bis die Libelle einspielt. Durch Drehen des Zeigers links herum wird das entsprechende Fallen eingestellt.

Will man mit der Wasserwage einwägen, so setzt man sie auf eine Schiene und dreht den Zeiger solange rechts oder links herum, bis die Libelle einspielt und liest am Zifferblatt ab. Man erhält auf diese Weise unmittelbar die Anzahl Millimeter, um welche die Schiene auf die Länge der Wage steigt oder fällt. Durch Wiederholungen dieses Verfahrens bzw. Aneinanderreihen der einzelnen Lagen der Wage erhält man in verhältnismäßig kurzer Zeit eine Längeneinwägung der Strecke.

Die vorstehend besprochenen Gefällwasserwagen sind in vielen Fällen sehr praktisch, so z. B. auch beim Abwägen von Haussockeln Fußböden usw.

131. Eine Strecke einwägen und die Sohle ausgleichen. Die Sohle eines längeren Querschlages, einer Richt- oder Grundstrecke ist in vielen Fällen durch staffelförmige Einwägungen festzulegen, um das erforderliche Ansteigen nachzuprüfen oder die Unterlagen für die Anfertigung eines Längsschnittes zu gewinnen, auf Grund dessen die durch schlechtes Innehalten der Sohle oder nachträglich infolge Gebirgsdruck und Senkungen eingetretenen Unregelmäßigkeiten ausgeglichen werden können. In der Figur 177 ist ein Längsschnitt dargestellt, an dem das Verfahren erläutert werden soll. Zunächst werden vom Ausgangspunkt der Strecke, hier vom Hauptquerschlag aus, in regelmäßigen Abständen von etwa 20 m die Oberkante einer Schiene des Fördergestänges ein-

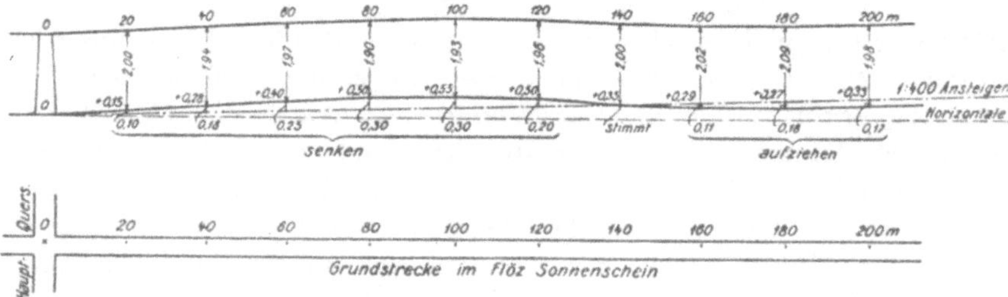

Fig. 177. Einwägung einer Sohlenstrecke; oben Längsschnitt (in 10facher Überhöhung), unten Grundriß.

gewägt und die Abstände der Schiene von der Firste gemessen. Die Punkte 20 m, 40 m usw. werden zweckmäßig an der Firste mit Kreide oder Kalkmilch bezeichnet. In dem Beispiel liegt die Schiene bei 20 m um 0,15 m bei 200 m um 0,33 m höher als die Schiene des Hauptquerschlages. Ihre Abstände von der Firste betragen 2,00 und 1,98 m. Bei der Einwägung benutzt man entweder ein Einwägegerät und eine Gruben-Einwägelatte (siehe Seite 133) oder in weniger wichtigen Fällen eine der im vorigen Absatz besprochenen Gefällwasserwagen. Die Abstände der Schienenoberkante von der Firste können mit einem Zollstock gemessen werden, während man bei der Messung der Entfernungen der einzelnen Punkte 0, 20, 40 m usw. eine Kette oder ein Meßband benutzt.

Auf Grund der gewonnenen Zahlen und der in der Grube angefertigten Handzeichnung entwirft man in der aus Figur 177 ersichtlichen Weise den Längsschnitt, wobei jedoch der Deutlichkeit wegen alle Höhen zehnmal größer dargestellt werden als die Längen. In dem Längsschnitt zieht man darauf die Linie des geforderten Ansteigens, in dem Beispiel 1 : 400, indem man z. B. bei 200 m die Höhe $\dfrac{200}{400} = 0{,}50$ m aufträgt. Wie man sieht, weicht die wirkliche Sohle von der gewünschten ab, und zwar liegt sie im ersten Teile der Strecke durchweg zu hoch, im letzten zu tief. Man greift die Abweichungen an den einzelnen Punkten mit Zirkel und Maßstab ab und erhält auf diese Weise die Beträge 0,10 m, 0,18 m usw., um welche die Sohle gesenkt oder aufgezogen werden muß. Statt diese Zahlen mit Zirkel und Maßstab abzugreifen, kann man sie auch berechnen, indem man von den durch Einwägung ermittelten Höhen 0,15 m, 0,28 m usw. die Beträge abzieht, die sich für die einzelnen Entfernungen aus dem geforderten Ansteigeverhältnis ergeben. In dem vorliegenden Beispiel soll die Schiene bei richtigem Ansteigen 1 : 400 in 20 m Entfernung vom Anfangspunkte um $\dfrac{20}{400} = 0{,}05$ m höher liegen; da jedoch tatsächlich eine Höhe von 0,15 m beobachtet worden ist, so muß die Schiene um 0,15 — 0,05 = 0,10 m gesenkt werden. Bei Anwendung der letztern Berechnung erübrigt sich die Darstellung eines Aufrisses, seine Anfertigung ist dennoch immer zu empfehlen, weil es ein Bild der Verhältnisse liefert und den weniger Geübten vor Irrtümern sichert.

An den Stellen, an denen die Schienen zu hoch oder zu tief liegen, müssen die Abstände von der Firste nach der Ausgleichung der Sohle um die Beträge der Senkung oder Hebung der Schienen größer oder kleiner werden. Man wird die Schiene bei 20 m soviel senken, daß ihr Abstand von der Firste 2,10 m statt 2,00 m beträgt; dagegen verringert sich der Abstand bei 200 m von 1,98 auf 1,81 m. Beim Neulegen der Schienen zwischen zwei eingewägten Punkten, also z. B. zwischen 0 und 20 m, benutzt man die auf der Seite 29 abgebildete Vorrichtung oder eine Gefällwasserwage (Seiten 187 und 188).

Wo es unmöglich oder unpraktisch ist, die Abstände der Schienen von der Firste zu messen, etwa weil das Hangende zu hoch ist oder ebenfalls nachgerissen werden muß, bringt man am Stoß Nägel oder Pflöcke an und mißt von diesen aus die Schienenoberkante ein.

132. Einen Höhendurchschlag angeben. Die Figur 178 stellt den einfachen Fall dar, daß eine vom Hauptquerschlag ausgesetzte Grundstrecke in einen bereits vorhandenen Abteilungsquerschlag münden soll. Da die Länge der Strecke durch die Entfernung der beiden Querschläge ungefähr bekannt ist, so braucht man nur den Höhenunterschied in den Sohlen der Querschläge zu bestimmen, worauf sich dann das erforderliche Ansteigen der Grundstrecke durch eine einfache Rechnung ergibt. In der Figur beträgt die Höhe der Schienenoberkante (abgekürzt S. O.) bei Flöz 17 im nördlichen Hauptquerschlag —227,45 m, im Abteilungsquerschlag —226,5 7 m, so daß der letztere —226,57 —

(—227,45) = 0,88 m höher liegt. Demgemäß muß die 185 m lange Strecke mit einem Ansteigen von $\dfrac{185}{0,88} = 1 : 210$ aufgefahren werden.

Sind die Höhenzahlen in einem oder in beiden Querschlägen nicht gegeben, so ist zwischen dem Anfangs- und Endpunkte der geplanten Strecke eine staffelförmige Einwägung auszuführen, etwa durch eine benachbarte Richtstrecke oder eine bereits aufgefahrene Grundstrecke, und daraus der Höhenunterschied der Sohlen zu ermitteln.

In der Figur 179 ist die Höhenangabe für einen Ortsquerschlag im Grundriß und Aufriß dargestellt. Die Aufgabe ist folgende: Von dem Überhauen aus soll das Ort 2 ausgesetzt und von diesem ein Querschlag nach dem Aufbruch getrieben werden, dessen Sohle 14,00 m über dem Sohlenholz am unteren Anschlag des Aufbruchs auskommt.

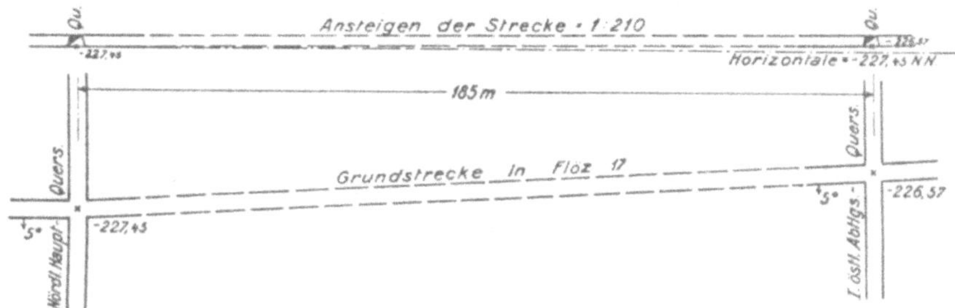

Fig. 178. Höhenangabe für den Durchschlag einer Sohlenstrecke;
oben Aufriß, unten Grundriß.

Außer der Höhe ist hier auch die Stunde des Querschlages anzugeben, worüber im Absatz 126 bereits das Notwendige gesagt ist. Die für die Höhenangabe erforderlichen Messungen setzen sich aus einer staffelförmigen Einwägung mit Einwägegerät und Latte und einer Dreieckeinwägung mit Gradbogen und Kette zusammen. Die staffelförmige Einwägung soll den Höhenunterschied zwischen dem Sohlenholz oder dem Punkte A am Aufbruch und der Schienenoberkante der Grundstrecke am Überhauen ermitteln. Wenn dieser Unterschied, der in der Figur 0,50 m beträgt, auf dem Grubenbild aus bereits aufgetragenen Höhenzahlen abgeleitet werden kann, so fällt die staffelförmige Einwägung fort. Aus den beiden Zügen 1 und 2 der Gradbogeneinwägung, deren flachen Längen 10,00 und 8,50 m betragen mögen, erhält man die Seigerteufen 6,63 m und 7,58 m. Da der Ausgangspunkt B des 1. Zuges 1,72 m über der Sohle der Grundstrecke angenommen ist, so ergibt sich für den Punkt C eine Höhe von 0,50 + 1,72 + 6,63 + 7,58 = 16,43 m über dem Punkte A. Nimmt man nun an, daß das Ort und der Querschlag söhlig aufgefahren werden sollen, so ist die Sohle

(Schienenoberkante) des ersteren $16{,}43 - 14{,}00 = 2{,}43$ m unter dem Punkte C anzunehmen. Sollen Ort oder Querschlag oder beide nach einem bestimmten Ansteigeverhältnis aufgefahren werden, so ist der Einfluß des letztern auf die Höhenangabe unter Berücksichtigung der aus dem Grundriß zu entnehmenden Längen in Rechnung zu setzen.

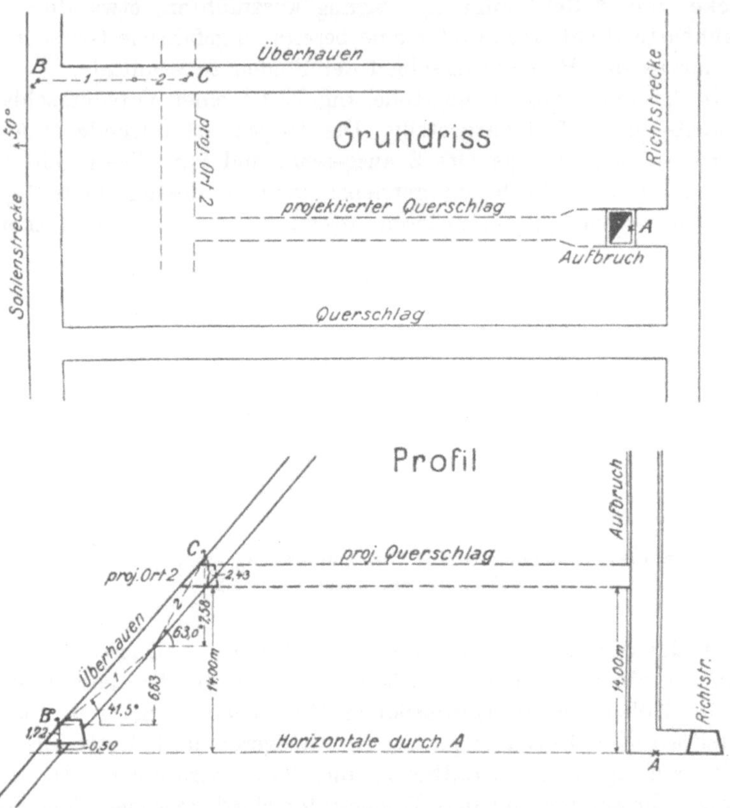

Fig. 179. Höhenangabe für den Durchschlag eines Ortquerschlages.

133. Eine Kurve abstecken. Im einfachsten Falle kann man eine Kreiskurve, nur von dieser soll hier gesprochen werden, dadurch abstecken, daß man vom Mittelpunkte aus eine Kette oder ein Meßband spannt und mit dem gewünschten Halbmesser einen Kreis beschreibt. Dabei ist aber Voraussetzung, daß der Mittelpunkt zugänglich und der Halbmesser nicht zu groß ist. Außerdem wird ein einigermaßen ebenes, unbebautes Gelände vorausgesetzt. In allen anderen Fällen sind andere Verfahren anzuwenden.

Die Figur 180 stellt ein Näherungsverfahren dar, das bei kleinen Halbmessern, z. B. bei Kurven unter Tage, angewendet werden kann.

P_1P_2 ist die Stunde eines Querschlages. Bei P_2 soll eine Kurve vom Halbmesser 15 m beginnen und allmählich in die Stunde P_3P_4 der Richtstrecke übergeführt werden. Zu diesem Zwecke lotet man die Punkte P_1 und P_2 auf die Sohle herab, spannt zwischen beiden eine Kette oder ein Meßband aus, verlängert die Linie um ein Stück x (etwa 2 m) und bezeichnet den Punkt a durch Kreide. Von a aus

mißt man rechtwinklig zu ein Stück $y = \dfrac{x^2}{2\,r} = \dfrac{2^2}{2 \cdot 15} = \dfrac{4}{30} = 0{,}133\,\text{m}$

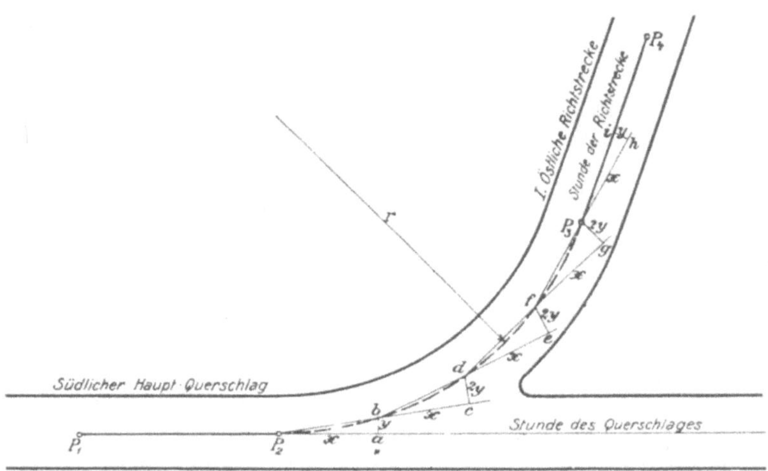

Fig. 180. Abstecken einer Kreiskurve nach dem angenäherten Sehnenverfahren.

ab und erhält auf diese Weise den Kurvenpunkt b. Verlängert man P_2b ebenfalls um $x = 2$ m und trägt von c aus rechtwinklig $2\,y = \dfrac{x^2}{r}$ $= \dfrac{4}{15} = 0{,}267$ m ab, so ergibt sich der Punkt d der Kurve. Die Werte 0,133 m und 0,267 m für y und 2 y sind für $r = 15$ m und $x = 2$ m stetig. Man kann das Abstecken also dadurch erleichtern, daß man ein Winkelholz oder ein rechtwinkliges Dreieck schneidet, dessen anliegenden Seiten 2,000 m und 0,267 m lang sind. Zieht man auf der kurzen Seite einen Teilstrich, so kann man y und 2 y abstecken.

In sehr vielen Fällen, namentlich für fast alle Kurven unter Tage, lassen sich zeichnerische Unterlagen herstellen, nach denen die Absteckung in der einfachsten Weise erfolgt. Ist z. B. die Stunde des Hauptquerschlages (Fig. 181) $= 150^0$, diejenige der geplanten Richt-strecke $= 80^0$ und soll der Halbmesser der Kurve 15 m betragen, so stellt man mit diesen Unterlagen einen Plan in großem Maßstabe, etwa 1 : 100, her, in den die Kurve vollständig eingezeichnet wird. Ferner ermittelt man mit einer Gradscheibe den Winkel α, den die Verbindungslinie P_2P_3 mit der Stunde P_1P_2 des Querschlages bildet und greift mit Zirkel und Maßstab die zu den betreffenden Abständen gehörigen Senkrechten 2,0 m usw. ab und trägt sie in den Plan ein.

Unter Tage werden die in der Karte enthaltenen Abstände mit der Kette oder dem Meßband abgemessen und die Ordinaten rechtwinklig zu den Linien P_1P_2 und P_3P_4 aufgetragen. Die Stunde der Grundlinie wird mit einem Kompaß angegeben oder der Winkel α

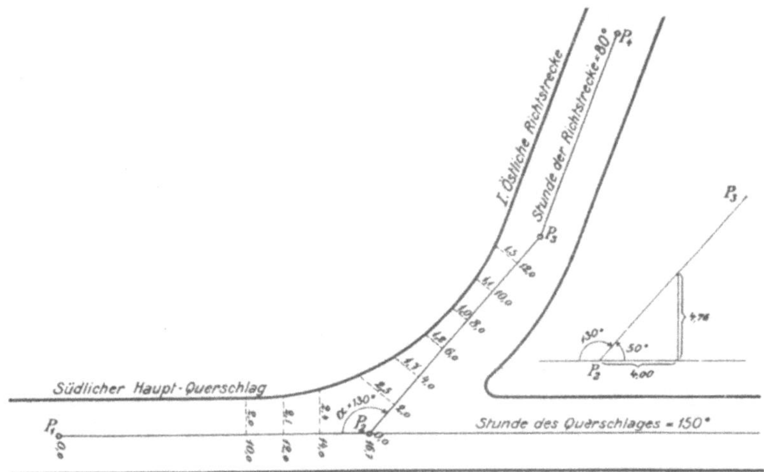

Fig. 181. Abstecken einer Kreiskurve nach einer Zeichnung.

mit einem Theodolit abgesteckt. Statt dessen kann man auch auf dem Plan ein rechtwinkliges Dreieck zeichnen, wie es in der Figur 181 rechts angedeutet ist und die Katheten 4,00 und 4,76 m in der Grube abstecken. Wo es angängig ist, krümmt man die Schienen bereits über Tage nach dem gewünschten Halbmesser und fährt danach die Strecke auf.

134. Kreuzlinien zeichnen. Unter einer Kreuzlinie versteht man die Schnittlinie zwischen einer Lagerstätte und einer Störung. Die Kenntnis des Verlaufes der Kreuzlinien ist für die Ausrichtung von Störungen und für die Vorrichtung des Abbaues von großer Wichtigkeit. Man erhält die Kreuzlinie in einfacher Weise dadurch, daß man die Streichlinien der Lagerstätte und der Störung in zwei verschiedenen Höhenlagen zeichnet und die Schnittpunkte miteinander verbindet (siehe z. B. den Abbaugrundriß Tafel IV). Die Zeichnung von Kreuzlinien wird an folgenden Beispielen erläutert.

In der Figur 182 sei AB die Streichlinie eines Flözes in der oberen Höhenlage, BC die eines Sprunges in derselben Höhenlage. Die beiden Linien schneiden sich in B, einem Punkte der Kreuzlinie. Zeichnet man nun in der aus dem Querprofil der Figur ersichtlichen Weise die Streichlinien in der Teufe t unter der oberen Höhenlage, so erhält man einen zweiten Schnittpunkt G. Die Linie BG ist dann die Kreuzlinie zwischen Flöz und Sprung.

Man unterscheidet echte und unechte Sprünge. Ein Sprung ist echt, wenn er steiler einfällt als die Lagerstätte.

Der Winkel φ, den die Kreuzlinie mit der im Hangenden des Flözes gezogenen Streichlinie des Sprunges bildet, heißt Sprungwinkel. Über seine Bedeutung für die Ausrichtung der Verwerfungen, d. h. die Aufsuchung des verlorenen Flözstückes, ist im folgenden Absatz das Erforderliche gesagt.

Die Figur 183 zeigt die Zeichnung und den Verlauf der Kreuzlinie bei entgegengesetztem Einfallen des Sprunges; im übrigen stellt sie eine Wiederholung der Figur 182 dar.

In der Figur 184 wird das Flöz durch den

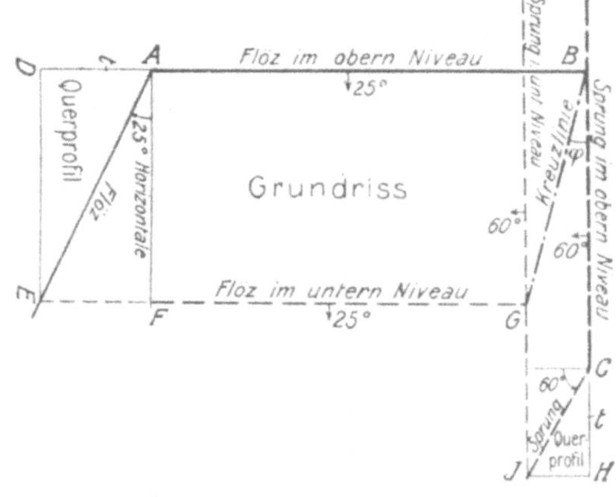

Fig. 182. Zeichnung der Kreuzlinie zwischen einem Flöz und einem querschlägigen Sprung. 1. Beispiel.

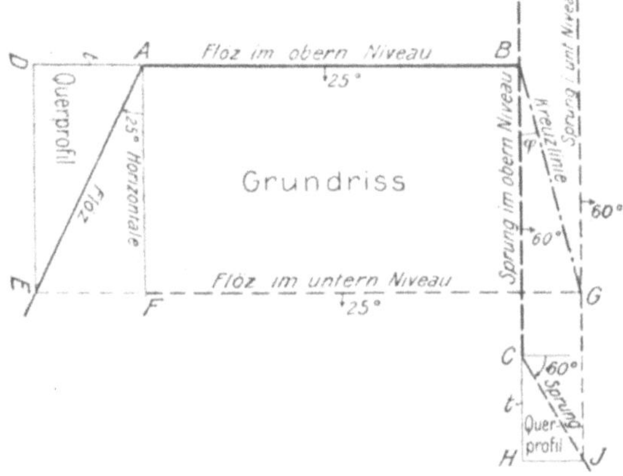

Fig. 183. Zeichnung der Kreuzlinie zwischen einem Flöz und einem querschlägigen Sprung. 2. Beispiel.

Sprung spießeckig geschnitten, wie es meistens der Fall ist.

Die Figur 185 zeigt die Zeichnung der Kreuzlinien bei einer regelmäßigen Mulde mit gleich stark einfallenden Flügeln. Hier wird die untere Höhenlage durch das Muldentiefste dargestellt und die beiden

Flügeln gemeinsame Streichlinie in der unteren Höhenlage ist die Muldenlinie FG. Der Übergang von einem Muldenflügel zum anderen ist in einer kleinen Rundung vollzogen worden, wie es den wirklichen Ver-

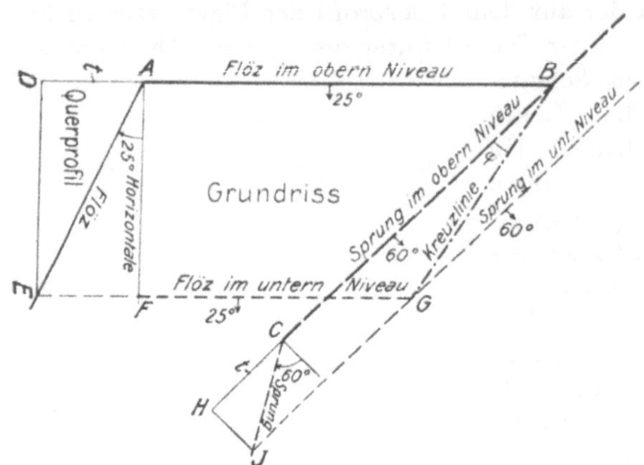

Fig. 184. Zeichnung der Kreuzlinie zwischen einem Flöz und einem rechtsinnigen, spießeckigen, echten Sprung.

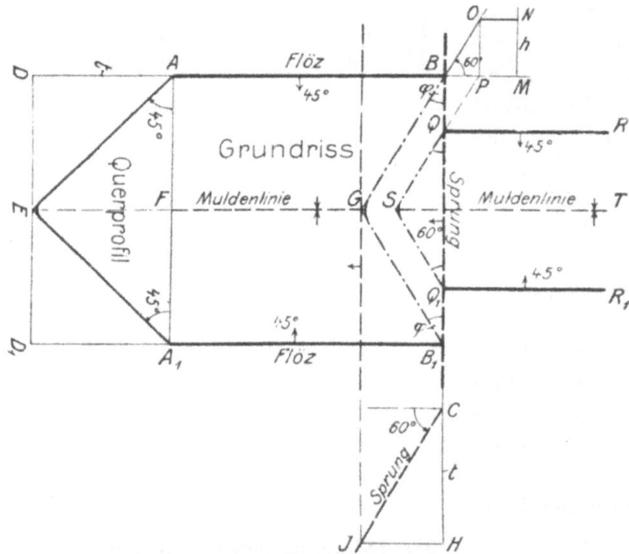

Fig. 185. Zeichnung der Kreuzlinien und der seitlichen Verschiebung bei einer gleichschenkligen Mulde. Querschlägiger, echter Sprung.

hältnissen nahekommt. Infolgedessen gehen die beiden Kreuzlinien BG und B_1G ebenfalls allmählich ineinander über. In der Figur ist die Rundung nach Augenmaß eingetragen worden; will man den Übergang genauer erhalten, so muß die Streichlinie JG des Sprunges in der unteren Höhenlage entsprechend der durch die Abrundung bei E entstandenen geringeren Teufe verschoben werden. Der rechte Teil der

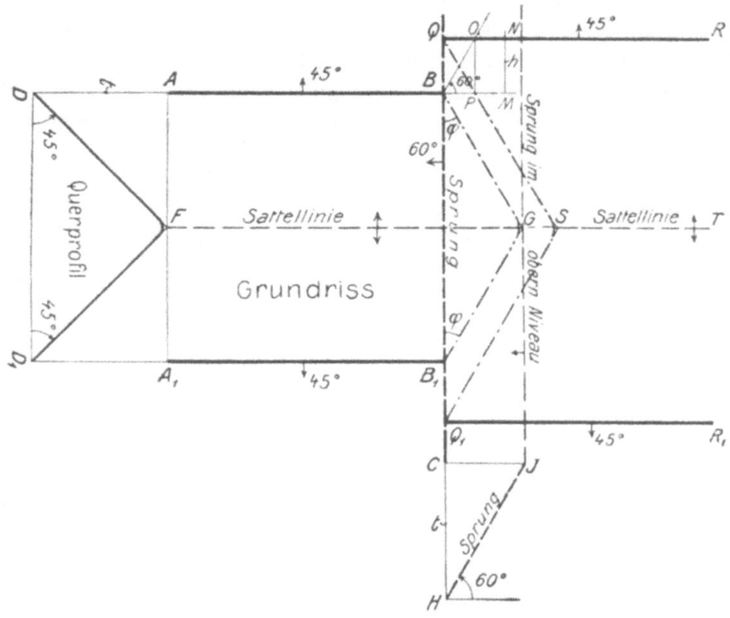

Fig. 186. Zeichnung der Kreuzlinien und der seitlichen Verschiebung bei einem gleichschenkligen Sattel. Querschlägiger, echter Sprung.

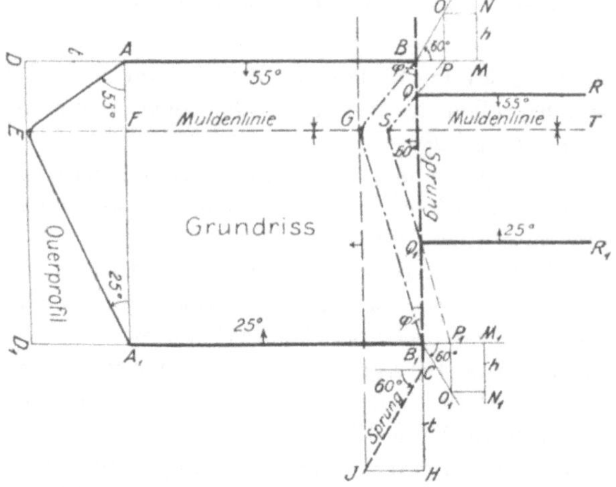

Fig. 187. Zeichnung der Kreuzlinien und der seitlichen Verschiebung bei einer schiefen Mulde. Querschlägiger, echter Sprung.

Figur 185 enthält die Zeichnung des seitlichen Verwurfes der Muldenflügel, die im Absatz 136 näher besprochen wird.

In ähnlicher Weise wie in der Figur 185 bei der Mulde sind in Figur 186 die Kreuzlinien BG und B_1G zwischen den beiden Flügeln eines regelmäßigen Sattels und eines querschlägigen Sprunges gezeichnet worden. Die beiden Flügeln gemeinsame Streichlinie, die Sattellinie FH, liegt natürlich in der oberen Höhenlage, infolgedessen mußte auch die Streichlinie des Sprunges für die um die Teufe t höhere Lage gezeichnet werden.

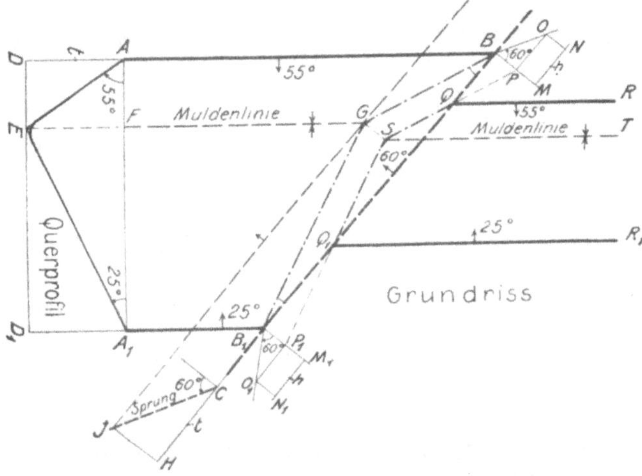

Fig. 188. Zeichnung der Kreuzlinien und der seitlichen Verschiebung bei einer schiefen Mulde. Spießeckiger, echter Sprung.

Die Figur 187 zeigt den Verlauf der Kreuzlinien BG und B_1G bei ungleichmäßigem Einfallen der beiden Muldenflügel, Figur 188 denselben Fall bei einem spießeckigen Sprung.

Bei Überschiebungen und unechten Sprüngen geht die Zeichnung der Kreuzlinien in derselben Weise vor sich, wie bei echten Sprüngen (vgl. die Figuren 189 und 190).

135. Ausrichtung von Störungen. Für die Ausrichtung von Störungen oder Verwerfungen sind Regeln aufgestellt worden. Die für fast alle Fälle gültige Regel von Carnall lautet:

Fährt man das Hangende des Verwerfers an, und ist der Sprungwinkel (φ in den Figuren 182—190) spitz, so hat man das verlorene Flözstück im Hangenden der Gebirgsschichten zu suchen; fährt man das Liegende des Verwerfers an, so ist hinter diesem in das Liegende der Gebirgsschichten aufzufahren.

Bei stumpfem Sprungwinkel, der nur vorkommen kann, wenn der Sprung flacher einfällt als die Lagerstätte (vgl. Fig. 190) und bei Überschiebungen (Fig. 189) ist die obige Regel umzukehren.

Wenn der Sprungwinkel genau 90° beträgt, so liegt das verworfene Flözstück in der Streichlinie des stehengebliebenen Teiles; eine seitliche Auslenkung ist daher nicht erforderlich.

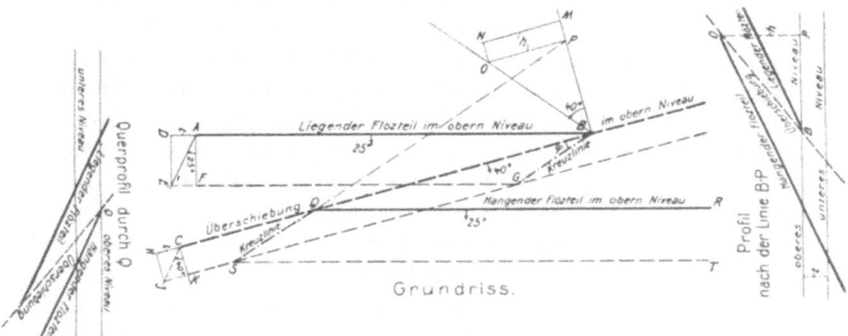

Fig. 189. Zeichnung der Kreuzlinien und der seitlichen Verschiebung bei einer Überschiebung.

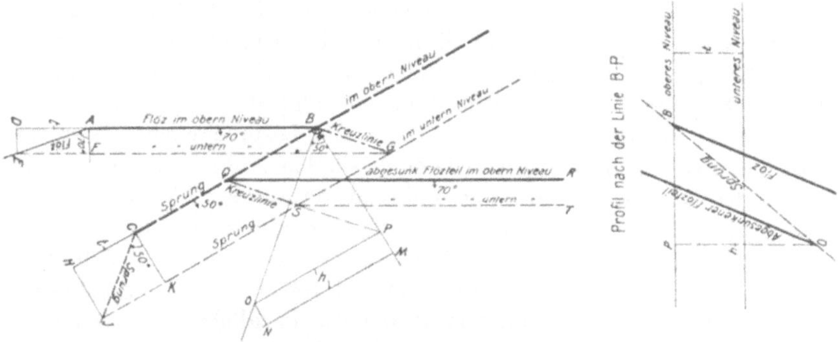

Fig. 190. Zeichnung der Kreuzlinien und der seitlichen Verschiebung bei einem rechtsinnigen, spießeckigen, unechten Sprung.

Die Beantwortung der Frage, ob der Sprungwinkel spitz oder stumpf oder 90° ist, ergibt sich nach der im vorigen Absatz besprochenen Zeichnung der Kreuzlinie.

136. Ermittlung der seitlichen Verschiebung einer verworfenen Lagerstätte aus dem seigeren Verwurf einer Störung und umgekehrt. Unter dem seigeren Verwurf oder der seigeren Verwurfshöhe eines Sprunges oder einer Überschiebung versteht man den lotrechten Abstand des verworfenen Teiles der Lagerstätte von dem gesunden Teile. In den

Figuren 185—190 ist der seigere Verwurf mit h bezeichnet. Söhliger Verwurf oder söhlige Verwurfsweite (in den Figuren 185—190 die Strecke BP) ist die söhlige Verkürzung der flachen Verwurfshöhe, also des von einem Punkte des verworfenen Teiles der Lagerstätte auf der Ebene des Verwerfers tatsächlich zurückgelegten Weges (OB oder BO in den Figuren 185—190).

Mit wenigen Ausnahmen haben alle Störungen seitliche Verschiebungen des verworfenen Teiles der Lagerstätte im Gefolge. Man versteht unter einer solchen seitlichen Verschiebung die in der Streichrichtung des Verwerfers gemessene söhlige Entfernung der getrennten Teile der Lagerstätte. Bei genau querschlägig streichenden Sprüngen ist die querschlägige Ausrichtungsstrecke gleich der seitlichen Verschiebung, bei spießeckigen Sprüngen und Überschiebungen ist die Ausrichtungsstrecke kürzer als die seitliche Verschiebung. Letztere ist in den Figuren 185—190 mit BQ oder BQ_1 bezeichnet.

Eine sehr häufig vorkommende Aufgabe besteht darin, aus dem seigeren Verwurf die seitliche Verschiebung und umgekehrt aus der letzteren den seigeren Verwurf zu ermitteln. Es bestehen einfache rechnerische Beziehungen zwischen diesen Größen, jedoch empfiehlt sich immer eine Zeichnung, weil sie ein Bild der Verhältnisse gibt. In der Figur 185 ist das Flöz bei B und B_1 durch einen Sprung abgeschnitten. Wo liegen die verworfenen Flügel der Mulde? Zur Beantwortung dieser Frage ist die Kenntnis des seigeren Verwurfes erforderlich, in dem vorliegenden Falle sei er gleich h. Die Zeichnung der seitlichen Verschiebung geht dann in folgender Weise vor sich: Man zeichnet zunächst in der im Absatz 134 besprochenen Weise die Kreuzlinie BG, errichtet dann in B eine beliebig lange Senkrechte BM auf der Streichlinie der Störung und legt daran den Fallwinkel der letztern, in der Figur 185 60°. Darauf errichtet man auf BM die Senkrechte MN = h, zieht durch N die Parallele zu MB und fällt von dem Schnittpunkte O die Senkrechte OP auf BM, dann ist OP offenbar auch gleich h. Zieht man nun von P aus die Parallele zur Kreuzlinie BG, so schneidet sie die Streichlinie des Sprunges im Punkte Q, in dem der gesuchte Flözflügel ansetzt. BQ ist dann die gesuchte seitliche Verschiebung des verworfenen Flözstückes und QS die Kreuzlinie zwischen der Störung und dem gesuchten Flözflügel.

Auf dem gegenüberliegenden Flügel der in der Figur 185 dargestellten Mulde ist die entsprechende Zeichnung zu wiederholen; wie man sofort sieht, muß die seitliche Verschiebung $B_1Q_1 = BQ$ werden, weil die beiden Muldenflügel gleiches Einfallen besitzen und der Fallwinkel des Sprunges bei B_1 gleich dem Fallwinkel bei B ist, nämlich 60°. Bei ungleichmäßigem Einfallen (vgl. die Figur 187 und 188) ergeben sich auch ungleiche seitliche Verschiebungen, im übrigen ist die Zeichnung aber in allen Fällen dieselbe (vgl. die Figuren 185—190). Besondere Aufmerksamkeit beansprucht der in der Figur 188 dargestellte Fall, in dem die Muldenlinie FG infolge des spießeckigen Sprunges seitlich nach ST verschoben wird. Eine solche Verschiebung von Mulden- und Sattellinien tritt bei allen spießeckigen Sprüngen ein, auch bei gleichem Einfallen der beiden Flözflügel. Die Größe der Verschiebung ergibt sich aus dem Schnitt der beiden Kreuzlinien QS und Q_1S.

Wenn statt des seigeren Verwurfes die seitliche Verschiebung gegeben ist, so ist der Gang der Zeichnung umzukehren. Man zeichnet dann zuerst die Kreuzlinie BG, zieht zu dieser die Parallele QP, legt an BP den Fallwinkel des Sprunges an und erhält in PO den seigeren Verwurf. Durch die Strecken BP und BO sind auch der söhlige und flache Verwurf gegeben.

Wegen der Zeichnung von Kreuzlinien und des söhligen Verwurfes eines Sprunges siehe auch die Figur 191. Die Schnittlinie des stehengebliebenen Flözteiles mit der Sprungebene ist dort als „obere" Kreuzlinie, die des abgesunkenen Teiles als „untere" Kreuzlinie bezeichnet. Der seigere Verwurf von 45 m wurde durch das Bohrloch M ermittelt.

137. Das Streichen und Fallen eines Flözes aus den Aufschlüssen in drei Bohrlöchern bestimmen. Wenn ein Flöz durch drei nicht in einer geraden Linie liegende Bohrlöcher aufgeschlossen worden ist, so lassen sich Streichen und Fallen desselben rechnerisch und zeichnerisch ermitteln. Es ist dazu nur die Kenntnis der wagerechten Entfernungen der Bohrlöcher von einander und die Höhenlage der drei Punkte erforderlich, in denen das Flöz aufgeschlossen worden ist. Letztere erhält man dadurch, daß man die Höhe der Bohrlochöffnungen (Mundlöcher) aus einer Karte mit Höhenkurven oder durch Einwägung bestimmt und in den einzelnen Bohrlöchern die Teufe bis zu dem betreffenden Flöze mißt. In der Figur 191 sind A, B, C die drei Bohrlöcher im Grundriß, im Querschnitt und im Langschnitt. Für die Zeichnung ist nur der Grundriß erforderlich, jedoch wird das Bild durch die Aufrisse zweckmäßiger gänzt. Die Öffnungen der Bohrlöcher ergeben sich aus den Höhenkurven (im Grundriß) zu 36, 47 und 32 m über Normal-Null. Betragen nun die Teufen bis zum Flöz 136, 73 und 172 m (vgl. das Querprofil), so ergibt sich, daß das Flöz im Bohrloch A bei —100 m, in B bei —26 m und in C bei —140 m angefahren worden ist.

Man bestimmt nun mit Hilfe dieser Zahlen zunächst das Streichen des Flözes in der mittleren Höhenlage, also bei —100 m im Bohrloch A. Da der Aufschluß in B höher, in C aber tiefer liegt als in A, so muß eine durch A gezogene Streichlinie die Linie BC schneiden. Der Schnittpunkt ergibt sich durch Teilung der Linie B C nach dem Verhältnis der Höhenunterschiede der Aufschlußpunkte in B und C gegen A.

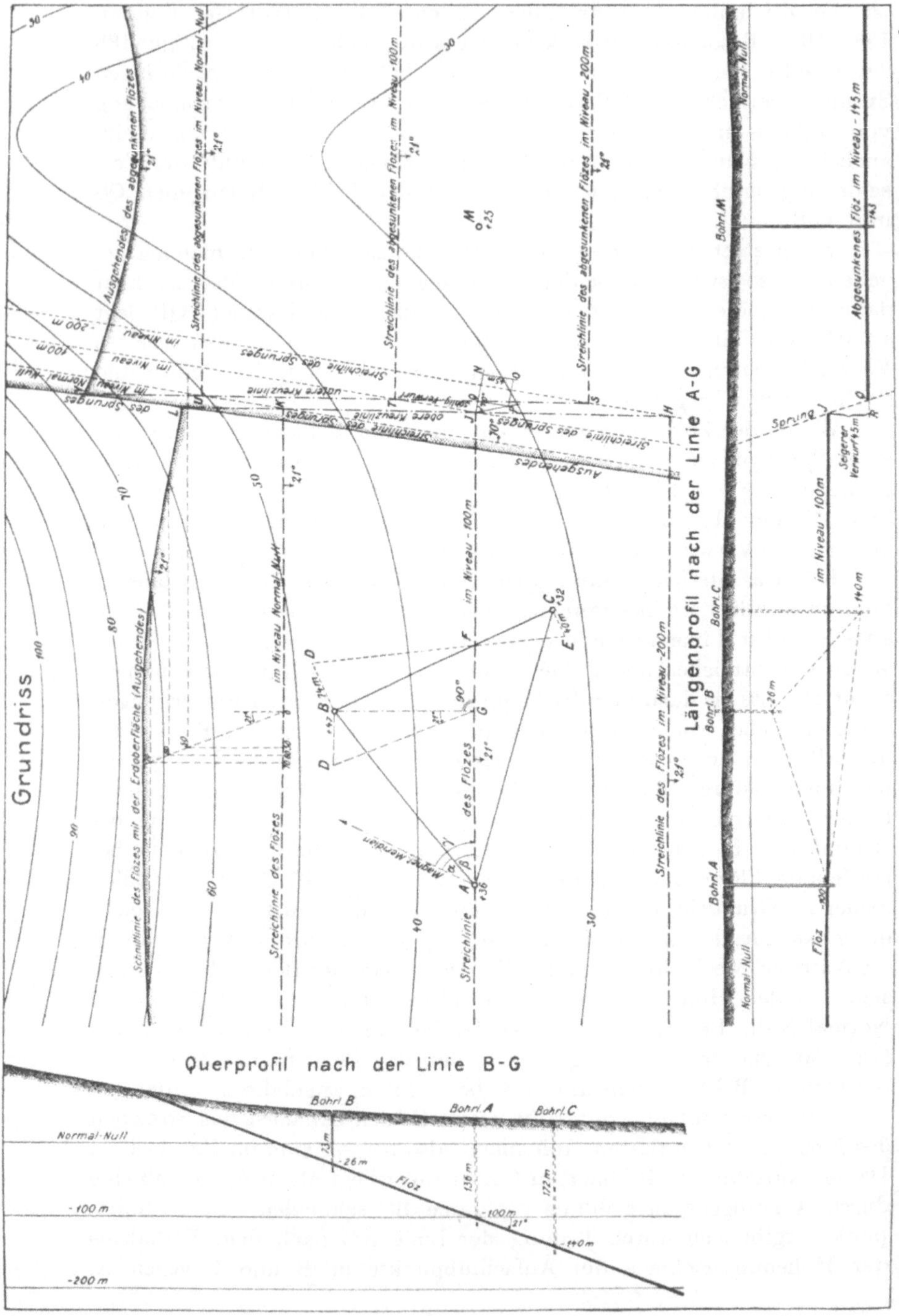

Fig. 191. Ermittlung des Streichens und Fallens eines Flözes aus den Aufschlüssen in drei Bohrlöchern und Zeichnung des Ausgehenden eines Flözes und eines Sprunges.

Verbindet man A, B und C im Grundriß durch gerade Linien, errichtet in B und C auf BC die Senkrechten BD und CE, macht sie gleich den Höhenunterschieden der Aufschlüsse gegen A, also BD = 100 m — 26 m = 74 m, CE = 140 m — 100 m = 40 m und zieht die Verbindungslinie DE, so schneidet diese die Linie BC in einem Punkte der Streichlinie durch A. AF ist also die gesuchte Streichlinie des Flözes in der Höhenlage —100 m. Wenn nun α der Streichwinkel der Linie AB, β der Winkel zwischen AB und AF ist, so ergibt sich das Streichen des Flözes aus $\alpha + \beta = \gamma$. Die Winkel α und β können mit einer Gradscheibe gemessen werden; enthält die Zeichnung die Nordrichtung, so ist die magnetische Abweichung zuzuzählen.

Die in der Figur 191 gezeichneten Streichlinien in den Höhenlagen Normal-Null und —200 m ergeben sich in einfacher Weise mit Hilfe des Querschnitts.

Die Richtung des Einfallens des Flözes folgt aus der Überlegung, daß der Aufschluß im Norden in B am höchsten, im Süden in C am tiefsten liegt; infolgedessen muß das Flöz nach Süden hin einfallen.

Der Fallwinkel kann mit einer Gradscheibe aus dem Querschnitt entnommen werden und beträgt in der Figur 191 21°. Denselben Winkel erhält man, wenn man im Grundriß die Fallinie BG zieht, auf dieser in B die Senkrechte BD' = BD = 74 m errichtet und den Fallwinkel BGD' mit einer Gradscheibe mißt.

Die Lösung der Aufgabe der drei Bohrlöcher ist, wie bereits erwähnt, nur möglich, wenn die Bohrlöcher nicht in einer geraden Linie liegen; ferner wird vorausgesetzt, daß das Flöz im Streichen und Fallen regelmäßig verläuft. Außerdem dürfen in dem von den drei Bohrlöchern eingeschlossenen Gebiet keine Verwerfungen liegen.

138. Das Ausgehende einer Lagerstätte und einer Störung zeichnen. Das Ausgehende einer Lagerstätte ist ihr Schnitt mit der Erdoberfläche. Man muß in der Zeichnung also diejenigen Punkte in der Lagerstätte und an der Erdoberfläche aufsuchen, die gleich hoch liegen. Solche Punkte ergeben sich aus dem Schnitt der Streichlinien des Flözes mit den entsprechenden Höhenkurven des Geländes. Verbindet man diese Schnittpunkte, so erhält man das Ausgehende. In einer Ebene ist das Ausgehende eine gerade Linie, falls die Streichlinie der Lagerstätte gradlinig verläuft. An einem Bergabhang ist die Schnittlinie nach oben gekrümmt, wenn die Lagerstätte in der Richtung des Abhanges einfällt, bei einem Talhang liegt die Krümmung nach unten (siehe die Fig. 191). Fällt das Flöz nach der entgegengesetzten Richtung, so liegen auch die Krümmungen umgekehrt. Die Zeichnung des Ausgehenden geht in folgender Weise vor sich: Auf irgend einer Streichlinie, in der Figur 191 beispielsweise in der Höhe Normal-Null, errichtet man eine Senkrechte und legt an diese den Fallwinkel des

Flözes. Von dem Fußpunkte (0) der letztern trägt man auf der Streichlinie in dem Maßstab der Zeichnung diejenigen Höhen (50, 60, 70 m) ab, in denen die Lagerstätte die Erdoberfläche voraussichtlich schneiden wird (man ersieht diese ungefähre Höhe leicht aus dem Querschnitt), errichtet in den Endpunkten Senkrechten auf der Streichlinie bis zum Schnitt mit dem Schenkel des Fallwinkels. Durch die entsprechenden Schnittpunkte zieht man Parallele zu der Streichrichtung und verbindet deren Schnittpunkte mit den Höhenkurven (50, 60, 70 m). Die Verbindungslinie stellt das Ausgehende dar.

Für den abgesunkenen Flözteil in der Figur 191 ist die Zeichnung des Ausgehenden nicht eingezeichnet worden, weil sie nur eine Wiederholung derjenigen westlich des Sprunges ist.

Bei einer Störung ist dasselbe Verfahren anzuwenden, nur muß hier der entsprechende Fallwinkel (in der Fig. 191 70°) angetragen werden.

Anhang.

Zahlentafeln der Seigerteufen und Sohlen.

Die umstehenden Zahlentafeln enthalten die Seigerteufen und Sohlen für die Neigungswinkel 0^0 bis 90^0 und die flachen Längen 1 m bis 10 m. Demnach können die Seigerteufen und Sohlen für ganze Grade und volle Meter unmittelbar abgelesen werden. Z. B. entnimmt man die zu einem Neigungswinkel von 40^0 und einer flachen Länge von 7 m gehörige Seigerteufe 4,50 m der Zahlentafel auf Seite 1, während die entsprechende Sohle 5,36 m gegenüber auf der Seite 2 steht.

Bei Neigungswinkeln, die zwischen zwei vollen Graden liegen, muß man zwischen den beiden benachbarten Tafelwerten einrechnen. Für $40,3^0$ erhält man die Seigerteufe $4,50 + \dfrac{0,09}{10} \cdot 3 = 4,50 + 0,03 = 4,53$ m, für die entsprechende Sohle $5,36 - \dfrac{0,08}{10} \cdot 3 = 5,36 - 0,02 = 5,34$ m.

Andererseits kann man auch Bruchteile von Metern einrechnen und erhält z. B. für 40^0 und 7,5 m die Seigerteufe $\dfrac{4,50 + 5,14}{2} = 4,82$ m und die Sohle $\dfrac{5,36 + 6,13}{2} = 5,74$ m.

Endlich ist es auch möglich, zwischen den vollen Graden und den vollen Metern einzurechnen, indem man nacheinander zwischen den Tafelwerten für zwei benachbarte volle Grade und darauf zwischen zwei benachbarten Metern einrechnet. Das Verfahren ist jedoch umständlich und nicht genau, es empfiehlt sich statt dessen die Verwendung der ausführlicheren Zahlentafel der Seigerteufen und Sohlen.

Die umstehenden abgekürzten Tafeln leisten jedoch überall dort gute Dienste, wo entweder bei den flachen Längen volle Meter gemessen sind oder wo überschlägige Berechnungen in Betracht kommen.

Wenn statt der flachen Länge die Seigerteufe oder die Sohle gegeben ist, letztere z. B. immer auf den Grundrissen des Grubenbildes, so läßt sich daraus in Verbindung mit dem gegebenen Neigungswinkel die flache Länge oder flache Bauhöhe berechnen (vgl. hierzu jedoch die einfachere Zahlentafel auf der Seite 179).

Seigerteufe.

Neigungs-winkel	Flache Länge									
	1 m	2 m	3 m	4 m	5 m	6 m	7 m	8 m	9 m	10 m
Grad	Seigerteufe in Metern.									
0	—	—	—	—	—	—	—	—	—	—
1	0,02	0,03	0,05	0,07	0,09	0,10	0,12	0,14	0,16	0,17
2	0,03	0,07	0,10	0,14	0,17	0,21	0,24	0,28	0,31	0,35
3	0,05	0,10	0,16	0,21	0,26	0,31	0,37	0,42	0,47	0.52
4	0,07	0,14	0,21	0,28	0,35	0,42	0,49	0,56	0,63	0,70
5	0,09	0,17	0,26	0,35	0,44	0,52	0,61	0,70	0,78	0,87
6	0,10	0,21	0,31	0,42	0,52	0,63	0,73	0,84	0,94	1,05
7	0,12	0,24	0,37	0,49	0,61	0,73	0,85	0,97	1,10	1,22
8	0,14	0,28	0,42	0,56	0,70	0,84	0,97	1,11	1,25	1,39
9	0,16	0,31	0,47	0,63	0,78	0,94	1,10	1,25	1,41	1,56
10	0,17	0,35	0,52	0,69	0,87	1,04	1,22	1,39	1,56	1,74
11	0,19	0,38	0,57	0,76	0,95	1,14	1,34	1,53	1,72	1,91
12	0,21	0,42	0,62	0,83	1,04	1,25	1,46	1,66	1,87	2,08
13	0,22	0,45	0,67	0,90	1,12	1,35	1,57	1,80	2,02	2,25
14	0,24	0,48	0,73	0,97	1,21	1,45	1,69	1,94	2,18	2,42
15	0,26	0,52	0,78	1,04	1,29	1,55	1,81	2,07	2,33	2,59
16	0,28	0,55	0,83	1,10	1,38	1,65	1,93	2,21	2,48	2,76
17	0,29	0,58	0,88	1,17	1,46	1,75	2,05	2,34	2,63	2,92
18	0,31	0,62	0,93	1,24	1,55	1,85	2,16	2,47	2,78	3,09
19	0,33	0,65	0,98	1,30	1,63	1,95	2,28	2,60	2,93	3,26
20	0,34	0,68	1,03	1,37	1,71	2,05	2,39	2,74	3,08	3,42
21	0,36	0,72	1,08	1,43	1,79	2,15	2,51	2,87	3,23	3,58
22	0,37	0,75	1,12	1,50	1,87	2,25	2,62	3,00	3,37	3,75
23	0,39	0,78	1,17	1,56	1,95	2,34	2,74	3,13	3,52	3,91
24	0,41	0,81	1,22	1,63	2,03	2,44	2,85	3,25	3,66	4,07
25	0,42	0,85	1,27	1,69	2,11	2,54	2,96	3,38	3,80	4,23
26	0,44	2,88	1,32	1,75	2,19	2,63	3,07	3,51	3,95	4,38
27	0,45	0,91	1,36	1,82	2,27	2,72	3,18	3,63	4,09	4,54
28	0,47	0,94	1,41	1,88	2,35	2,82	3,29	3,76	4,23	4,69
29	0,48	0,97	1,45	1,94	2,42	2,91	3,39	3,88	4,36	4,85
30	0,50	1,00	1,50	2,00	2,50	3,00	3,50	4,00	4,50	5,00
31	0,52	1,03	1,55	2,06	2,58	3,09	3,61	4,12	4,64	5,15
32	0,53	1,06	1,59	2,12	2,65	3,18	3,71	4,24	4,77	5,30
33	0,54	1,09	1,63	2,18	2,72	3,27	3,81	4,36	4,90	5,45
34	0,56	1,12	1,68	2,24	2,80	3,36	3,91	4,47	5,03	5,59
35	0,57	1,15	1,72	2,29	2,87	3,44	4,02	4,59	5,16	5,74
36	0,59	1,18	1,76	2,35	2.94	3,53	4,11	4,70	5,29	5,88
37	0,60	1,20	1,81	2,41	3,01	3,61	4,21	4,81	5,42	6,02
38	0,65	1,23	1,85	2,46	3,08	3,69	4,31	4,93	5,54	6,16
39	0,63	1,26	1 89	2,52	3,15	3,78	4,41	5,03	5,66	6,29
40	0,64	1,29	1,93	2,57	3,21	3,86	4,50	5,14	5,79	6,43
41	0,66	1,31	1,97	2,62	3,28	3,94	4,59	5,25	5,90	6,56
42	0,67	1,34	2,01	2,68	3,35	4,01	4,68	5,35	6,02	6,69
43	1,68	1,36	2,05	2,73	3,41	4,09	4,77	5,46	6,14	6,82
44	0,69	1,39	2,08	2,78	3,47	4,17	4,86	5,56	6,25	6,95

Sohle.

Neigungs-winkel	Flache Länge									
	1 m	2 m	3 m	4 m	5 m	6 m	7 m	8 m	9 m	10 m
Grad	Sohle in Metern.									
0	1,00	2,00	3,00	4,00	5,00	6,00	7,00	8,00	9,00	10,00
1	1,00	2,00	3,00	4,00	5,00	6,00	7,00	8,00	9,00	10,00
2	1,00	2,00	3,00	4,00	5,00	6,00	7,00	8,00	8,99	9,99
3	1,00	2,00	3,00	3,99	4,99	5,99	6,99	7,99	8,99	9,99
4	1,00	2,00	2,99	3,99	4,99	5,99	6,98	7,98	8,98	9,98
5	1,00	1,99	2,99	3,98	4,98	5,98	6,97	7,97	8,97	9,96
6	0,99	1,99	2,98	3,98	4,97	5,97	6,96	7,96	8,95	9,95
7	0,99	1,99	2,98	3,97	4,96	5,96	6,95	7,94	8,93	9,93
8	0,99	1,98	2,97	3,96	4,95	5,94	6,93	7,92	8,91	9,90
9	0,99	1,98	2,96	3,95	4,94	5,93	6,91	7,90	8,89	9,88
10	0,98	1,97	2,95	3,94	4,92	5,91	6,89	7,88	8,86	9,85
11	0,98	1,96	2,94	3,93	4,91	5,89	6,87	7,85	8,83	9,82
12	0,98	1,96	2,93	3,91	4,89	5,57	6,85	7,83	8,80	9,78
13	0,97	1,95	2,92	3,90	4,87	5,85	6,82	7,79	8,77	9,74
14	0,97	1,94	2,91	3,88	4,85	5,82	6,79	7,76	8,73	9,70
15	0,97	1,93	2,90	3,86	4,83	5,80	6,76	7,73	8,69	9,66
16	0,96	1,92	2,88	3,85	4,81	5,77	6,73	7,69	8,65	9,61
17	0,96	1,91	2,87	3,83	4,78	5,74	6,69	7,65	8,61	9,56
18	0,95	1,90	2,85	3,80	4,76	5,71	6,66	7,61	8,56	9,51
19	0,95	1,89	2,84	3,78	4,73	5,67	6,62	7,56	8,51	9,46
20	0,94	1,88	2,82	3,76	4,70	5,64	6,58	7,52	8,46	9,40
21	0,93	1,87	2,80	3,73	4,67	5,60	6,53	7,47	8,40	9,34
22	0,93	1,85	2,78	3,71	4,64	5,56	6,49	7,42	7,34	9,27
23	0,92	1,84	2,76	3,68	4,60	5,52	6,44	7,36	8,28	9,21
24	0,91	1,83	2,74	3,65	4,57	5,48	6,39	7,31	8,22	9,14
25	0,91	1,81	2,72	3,63	4,53	5,44	6,34	7,25	8,16	9,06
26	0,90	1,80	2,70	3,60	4,49	5,39	6,29	7,19	8,09	8,99
27	0,89	1,78	2,67	3,56	4,46	5,35	6,24	7,13	8,02	8,91
28	0,88	1,77	2,65	3,53	4,41	5,30	6,18	7,06	7,95	8,83
29	0,87	1,75	2,62	3,50	4,37	5,25	6,12	7,00	7,87	8,75
30	0,87	1,73	2,60	3,46	4,33	5,20	6,06	6,93	7,79	8,66
31	0,86	1,71	2,57	3,43	4,29	5,14	6,00	6,86	7,71	8,57
32	0,85	1,70	2,54	3,39	4,24	5,09	5,94	6,78	7,63	8,48
33	0,84	1,68	2,52	3,35	4,19	5,03	5,87	6,71	7,55	8,39
34	0,83	1,66	2,49	3,32	4,15	4,97	5,80	6,63	7,46	8,29
35	0,82	1,64	2,46	3,28	4,10	4,91	5,73	6,55	7,37	8,19
36	0,81	1,62	2,43	3,24	4,05	4,85	5,66	6,47	7,28	8,09
37	0,80	1,60	2,40	3,19	3,99	4,79	5,59	6,39	7,19	7,99
38	0,79	1,58	2,36	3,15	3,94	4,73	5,52	6,30	7,09	7,88
39	0,78	1,55	2,33	3,11	3,89	4,66	5,44	6,22	6,99	7,77
40	0,77	1,53	2,30	3,06	3,83	4,60	5,36	6,13	6,89	7,66
41	0,75	1,51	2,26	3,02	3,77	4,53	5,28	6,04	6,79	7,55
42	0,74	1,49	2,23	2,97	3,72	4,46	5,20	5,95	6,69	7,43
43	0,73	1,46	2,19	2,93	3,66	4,39	5,12	5,85	6,58	7,31
44	0,72	1,44	2,16	2,88	3,60	4,32	5,04	5,75	6,47	7,19

Seigerteufe.

Neigungs-winkel	Flache Länge									
	1 m	2 m	3 m	4 m	5 m	6 m	7 m	8 m	9 m	10 m
Grad	Seigerteufe in Metern									
45	0,71	1,41	2,12	2,83	3,54	4,24	4,59	5,66	6,36	7,07
46	0,72	1,44	2,16	2,88	3,60	4,32	5,04	5,75	6,47	7,19
47	0,73	1,46	2,19	2,93	3,66	4,39	5,12	5,85	6,58	7,31
48	0,74	1,49	2,23	2,97	3,72	4,46	5,20	5,95	6,69	7,43
49	0,75	1,51	2,26	3,02	3,77	4,53	5,28	6,04	6,79	7,55
50	0,77	1,53	2,30	3,06	3,83	4,60	5,36	6,13	6,89	7,66
51	0,78	1,55	2,33	3.11	3.89	4,66	5,44	6,22	6,99	7,77
52	0,79	1,58	2,36	3,15	3,94	4,73	5,52	6,30	7,09	7,88
53	0,80	1,60	2,40	3,19	3,99	4,79	5,59	6,39	7,19	7,99
54	0,81	1,62	2,43	3,24	4,05	4,85	5,66	6,47	7,28	8,09
55	0,82	1,64	2,46	3,28	4,10	4.91	5,73	6,55	7,37	8,19
56	0,83	1,66	2 49	3,32	4,15	4,97	5,80	6,63	7,46	8,29
57	0,84	1,68	2,52	3.35	4,19	5,03	5,87	6,71	7,55	8,39
58	0,85	1,70	2,54	3,39	4,24	5,09	5,94	6,78	7,63	8,48
59	0,86	1,71	2,57	3,43	4,29	5,14	6,00	6,86	7,71	8,57
60	0,87	1,73	2,60	3,46	4,33	5,20	6,06	6,93	7,79	8,66
61	0,87	1,75	2,62	3,50	4,37	5,25	6,12	7,00	7,87	8,75
62	0,88	1,77	2,65	3,53	4,41	5,30	6,18	7,06	7,95	8,83
63	0,89	1,78	2,67	3,56	4,46	5,35	6,24	7,13	8,02	8,91
64	0,90	1,80	2,70	3,60	4,49	5,39	6,29	7,19	8,09	8,99
65	0,91	1,81	2,72	3,63	4,53	5,44	6,34	7,25	8,16	9,06
66	0,91	1,83	2,74	3,65	4,57	5,48	6,39	7,31	8,22	9,14
67	0,92	1,84	2,76	3,68	4,60	5,52	6,44	7,36	8,28	9,21
68	0,93	1,85	2,78	3,71	4,64	5,56	6,49	7,42	8,34	9,27
69	0,93	1,87	2,80	3,73	4,67	5,60	6,54	7,47	8,40	9,34
70	0,94	1,88	2,82	3,76	4,70	5,64	6,58	7,52	8,46	9,40
71	0,95	1,89	2,84	3,78	4,73	5,67	6,62	7,56	8,51	9,46
72	0,95	1,90	2,85	3,80	4,76	5,71	6,66	7,61	8,56	9,51
73	0,96	1,91	2,87	3,83	4,78	5,74	6,69	7,65	8,61	9,56
74	0,96	1,92	2,88	3,85	4,81	5,77	6,73	7,69	8,65	9,61
75	0,97	1,93	2,90	3,86	4,83	5,80	6,76	7,73	8,69	9,66
76	0,97	1,94	2,91	3,88	4,85	5,82	6,79	7,76	8,73	9,70
77	0,97	1,95	2,92	3,90	4,87	5,85	6,82	7,79	8,77	9,74
78	0,98	1,96	2,93	3,91	4,89	5,87	6,85	7,83	8,80	9,78
79	0,98	1,96	2,94	3,93	4,91	5,89	6,87	7,85	8,83	9,82
80	0,98	1,97	2,95	3,94	4,92	5,91	6,89	7,88	8,86	9,85
81	0,99	1,98	2,96	3,95	4,94	5,93	6,91	7,90	8,89	9,88
82	0,99	1,98	2.97	3 96	4 95	5,94	6,93	7,92	8,91	9,90
83	0,99	1,99	2,98	3,97	4,96	5,96	6,95	7,94	8,93	9,93
84	0,99	1,99	2,98	3,98	4,97	5,97	6,96	7,96	8,95	9,95
85	1,00	1,99	2,99	3,98	4,98	5,98	6,97	7,97	8,97	9,96
86	1,00	2,00	2,99	3,99	4,99	5,99	6,98	7,98	8,98	9,98
87	1,00	2,00	3,00	3,99	4,99	5,99	6,99	7,99	8,99	9,99
88	1,00	2,00	3,00	4,00	5,00	6,00	7,00	8,00	8,99	9,99
89	1,00	2,00	3,00	4,00	5,00	6,00	7,00	8,00	9,00	10,00
90	1,00	2,00	3,00	4,00	5,00	6,00	7,00	8,00	9,00	10,00

Sohle.

Neigungs-winkel	Flache Länge									
	1 m	2 m	3 m	4 m	5 m	6 m	7 m	8 m	9 m	10 m
Grad	Sohle in Metern.									
45	0,71	1,41	2,12	2,83	3,54	4,24	4,95	5,66	6,36	7,07
46	0,69	1,39	2,08	2,78	3,47	4,17	4,86	5,56	6,25	6,95
47	0,68	1,36	2,05	2,73	3,41	4,09	4,77	5,46	6,14	6,82
48	0,67	1,34	2,01	2,68	3,35	4,01	4,68	5,35	6,02	6,69
49	0,66	1,31	1,97	2,62	3,28	3,94	4,59	5,25	5,90	6,56
50	0,64	1,29	1,93	2,57	3,21	3,86	4,50	5,14	5,79	6,43
51	0,63	1,26	1,89	2,52	3,15	3,78	4,41	5,03	5,66	6,29
52	0,62	1,23	1,85	2,46	3,08	3,69	4,31	4,93	5,54	6,16
53	0,60	1,20	1,81	2,41	3,01	3,61	4,21	4,81	5,42	6,02
54	0,59	1,18	1,76	2,35	2,94	3,53	4,11	4,70	5,29	5,88
55	0,57	1,15	1,72	2,29	2,87	3,44	4,02	4,59	5,16	5,74
56	0,56	1,12	1,68	2,24	2,80	3,36	3,91	4,47	5,03	5,59
57	0,54	1,09	1,63	2,18	2,72	3,27	3,81	4,36	4,90	5,45
58	0,53	1,06	1,59	2,12	2,65	3,18	3,71	4,24	4,77	5,30
59	0,52	1,03	1,55	2,06	2,58	3,09	3,61	4,12	4,64	5,15
60	0,50	1,00	1,50	2,00	2,50	3,00	3,50	4,00	4,50	5,00
61	0,48	0,97	1,45	1,94	2,42	2,91	3,39	3,88	4,36	4,85
62	0,47	0,94	1,41	1,88	2,35	2,82	3,29	3,76	4,23	4,69
63	0,45	0,91	1,36	1,82	2,27	2,72	3,18	3,63	4,09	4,54
64	0,44	0,88	1,32	1,75	2,19	2,63	3,07	3,51	3,95	4,38
65	0,42	0,85	1,27	1,69	2,11	2,54	2,96	3,38	3,80	4,23
66	0,41	0,81	1,22	1,63	2,03	2,44	2,85	3,25	3,66	4,07
67	0,39	0,78	1,17	1,56	1,95	2,34	2,74	3,13	3,52	3,91
68	0,37	0,75	1,12	1,50	1,87	2,25	2,62	3,00	3,37	3,75
69	0,36	0,72	1,08	1,43	1,79	2,15	2,51	2,87	3,23	3,58
70	0,34	0,68	1,03	1,37	1,71	2,05	2,39	2,74	3,08	3,42
71	0,33	0,65	0,98	1,30	1,63	1,95	2,28	2,60	2,93	3,26
72	0,31	0,62	0,93	1,24	1,55	1,85	2,16	2,47	2,78	3,09
73	0,29	0,58	0,88	1,17	1,46	1,75	2,05	2,34	2,63	2,92
74	0,28	0,55	0,83	1,10	1,38	1,65	1,93	2,21	2,48	2,76
75	0,26	0,52	0,78	1,04	1,29	1,55	1,81	2,07	2,33	2,59
76	0,24	0,48	0,73	0,97	1,21	1,45	1,69	1,94	2,18	2,42
77	0,22	0,45	0,67	0,90	1,12	1,35	1,57	1,80	2,02	2,25
78	0,21	0,42	0,62	0,83	1,04	1,25	1,46	1,66	1,87	2,08
79	0,19	0,38	0,57	0,76	0,95	1,14	1,34	1,53	1,72	1,91
80	0,17	0,35	0,52	0,69	0,87	1,04	1,22	1,39	1,56	1,74
81	0,16	0,31	0,47	0,63	0,78	0,94	1,10	1,25	1,41	1,56
82	0,14	0,28	0,42	0,56	0,70	0,84	0,97	1,11	1,25	1,39
83	0,12	0,24	0,37	0,49	0,61	0,73	0,85	0,97	1,10	1,22
84	0,10	0,21	0,31	0,42	0,52	0,63	0,73	0,84	0,94	1,05
85	0,09	0,17	0,26	0,35	0,44	0,52	0,61	0,70	0,78	0,87
86	0,07	0,14	0,21	0,28	0,35	0,42	0,49	0,56	0,63	0,70
87	0,05	0,10	0,16	0,21	0,26	0,31	0,37	0,42	0,47	0,52
88	0,03	0,07	0,10	0,14	0,17	0,21	0,24	0,28	0,31	0,35
89	0,02	0,03	0,05	0,07	0,09	0,10	0,12	0,14	0,16	0,17
90	0,00	0,00	0,00	0,00	0,00	0,00	0,00	0,00	0,00	0,00

Stichwörter.

(Die Zahlen geben die Seiten an.)

Druck der Spamerschen Buchdruckerei in Leipzig.

Manuldruck von F. Ullmann G. m. b. H., Zwickau Sa.

Additional material from *Einführung in die Markscheidekunde,*
ISBN 978-3-662-30288-0, is available at http://extras.springer.com

Springer-Verlag Berlin Heidelberg GmbH

Zahlentafeln
der Seigerteufen und Sohlen

bzw. zur Berechnung der Katheten eines rechtwinkligen
Dreieckes aus der Hypothenuse und einem Winkel

Nebst einem Anhang
für die Verwandlung von Stunden in Grade

Von

Dr. L. Mintrop

Markscheider, ord. Lehrer an der Bergschule zu Bochum

Sechste Auflage. 1922

1 Goldmark / 0.25 Dollar

Beobachtungsbuch für markscheiderische Messungen. Herausgegeben
von **G. Schulte** und **W. Löhr,** Markscheider der Westf. Berggewerkschaftskasse und ord. Lehrer an der Bergschule zu Bochum. Vierte, verbesserte
und vermehrte Auflage. Mit 18 Textfiguren und 15 ausführlichen Messungsbeispielen nebst Erläuterungen. 1922.   2.40 Goldmark / 0.60 Dollar

---

Mathematische Tafeln für Markscheider und Bergingenieure sowie
zum Gebrauche für Bergschulen. Von **E. Lüling.** Mit in den Text ge-
druckten Figuren. Fünfte Auflage. 1902.
Gebunden 6 Goldmark / Gebunden 1.45 Dollar

Lehrbuch der Bergbaukunde mit besonderer Berücksichtigung des Steinkohlenbergbaues. Von Professor Dr.-Ing. e. h. **F. Heise,** Direktor der Berg-
schule zu Bochum und Professor Dr.-Ing. e. h. **F. Herbst,** Direktor der Bergschule zu Essen. In 2 Bänden.
  I. Band: **Gebirgs- und Lagerstättenlehre. Das Aufsuchen der Lagerstätten
  (Schürf- und Bohrarbeiten). Gewinnungsarbeiten. Die Grubenbaue.
  Grubenbewetterung.** Fünfte, verbesserte Auflage. Mit 580 Abbildungen
  und einer farb. Tafel. 1923. Gebunden 11 Goldmark / Gebunden 3.20 Dollar
  II. Band: **Grubenausbau. Schachtabteufen. Förderung. Wasserhaltung.
  Grubenbrände. Atmungs- und Rettungsgeräte.** Dritte und vierte,
  verbesserte und vermehrte Auflage. Mit 695 Abbildungen. 1923.
  Gebunden 11 Goldmark / Gebunden 3.20 Dollar

Kurzer Leitfaden der Bergbaukunde. Von Prof. Dr.-Ing. e. h. **F. Heise,**
Direktor der Bergschule zu Bochum und Prof. Dr.-Ing. e. h. **F. Herbst,** Direktor
der Bergschule zu Essen. Zweite, verbesserte Auflage. Mit 341 Textfiguren. 1921.   5.20 Goldmark / 1.30 Dollar

---

Springer-Verlag Berlin Heidelberg GmbH

Die Bergwerksmaschinen. Eine Sammlung von Handbüchern für Betriebsbeamte. Unter Mitwirkung zahlreicher Fachgenossen herausgegeben von Dipl.-Ing. **Hans Bansen,** Bergingenieur, ord. Lehrer an der Bergschule zu Tarnowitz.

E r s t e r B a n d : **Das Tiefbohrwesen.** Unter Mitwirkung von Diplom-Bergingenieur **Arthur Gerke** und Diplom-Ingenieur Dr.-Ing. **Leo Herwegen** bearbeitet von Diplom-Ingenieur **Hans Bansen.** Z w e i t e Auflage.

In Vorbereitung

Z w e i t e r B a n d : **Gewinnungsmaschinen.** Bearbeitet von Diplom-Bergingenieur **Arthur Gerke,** Diplom-Bergingenieur Dr.-Ing. **Leo Herwegen,** Diplom-Bergingenieur Dr.-Ing. **Otto Pütz** und Diplom-Ingenieur **Karl Teiwes.** Z w e i t e Auflage. Mit etwa 393 Textfiguren. In Vorbereitung

D r i t t e r B a n d : **Die Schachtfördermaschinen.** Z w e i t e, vermehrte und verbesserte Auflage. Bearbeitet von **Fritz Schmidt** und **Ernst Förster.**

I. T e i l : **Die Grundlagen des Fördermaschinenwesens.** Von Privatdozent Dr. **Fritz Schmidt,** Berlin. Mit 178 Abbildungen im Text. 1923.

8.50 Goldmark / 2 Dollar

II. T e i l : **Die Dampffördermaschinen.** Bearbeitet von Privatdozent Dr. **Fritz Schmidt,** Berlin. In Vorbereitung

III. T e i l : **Die elektrischen Fördermaschinen.** Von Professor Dr.-Ing. **Ernst Förster,** Direktor der Staatl. Verein. Maschinenbauschulen, Magdeburg. Mit 81 Abbildungen im Text und auf 1 Tafel. 1923.

6 Goldmark / 1.50 Dollar

V i e r t e r B a n d : **Die Schachtförderung.** Bearbeitet von Diplom-Bergingenieur **Hans Bansen** und Diplom-Ingenieur **Karl Teiwes.** Z w e i t e Auflage. Mit etwa 402 Textfiguren. In Vorbereitung

F ü n f t e r B a n d : **Die Wasserhaltungsmaschinen.** Von Diplom-Ingenieur **Karl Teiwes.** Mit 362 Textfiguren. 1916.

Gebunden 18 Goldmark / Gebunden 4.35 Dollar

S e c h s t e r B a n d : **Die Streckenförderung.** Von Diplom-Bergingenieur **Hans Bansen.** Z w e i t e, vermehrte und verbesserte Auflage. Mit 593 Textfiguren. 1921. Gebunden 18 Goldmark / Gebunden 4.35 Dollar

---

Vortrieb und Ausbolzung von Gebirgstunneln. Ein kurzer Abriß der bergmännischen Tunnelbauweisen unter Behandlung und Begründung der neuzeitlichen Änderungen und Verbesserungen. Von Regierungs-Baumeister Dr. phil. Dr.-Ing. **Bader.** Mit 40 Textfiguren. 1911.

2.40 Goldmark / 0.60 Dollar

Die Praxis des Eisenhüttenchemikers. Anleitung zur chemischen Untersuchung des Eisens und der Eisenerze. Von Dr. **Carl Krug,** a. o. Professor an der Technischen Hochschule zu Berlin. Z w e i t e, vermehrte und verbesserte Auflage. Mit 29 Textabbildungen. Erscheint im Herbst 1923

Lötrohrprobierkunde. Anleitung zur qualitativen und quantitativen Untersuchung mit Hilfe des Lötrohres. Von Professor Dr. **C. Krug,** Berlin. Mit 2 Figurentafeln. 1914. Gebunden 3 Goldmark / Gebunden 0.75 Dollar

---